はじめての
魚類学

Ichthyology for beginners: an introduction to fish diversity

宮崎佑介 著
福井 歩 写真

“好き”から
魚博士へ
！

"Ichthyology for beginners: an introduction to fish diversity" by YUSUKE MIYAZAKI & AYUMI FUKUI

Published by Ohmsha, Ltd., 3-1, Kanda Nishiki-cho, Chiyoda-ku, Tokyo 101-8460, Japan

はじめに

小学生の時に、釣り上げた魚に芸術を超える美を感じたことが私と魚の出会いです。それから間もなく、諫早湾の干拓が始まったことに強い憤りを感じ、小学校高学年頃からは自然環境を守ることにも関心を寄せるようになりました。

高校2年生の時に、魚図鑑のホームページを自作したところ、京都大学総合博物館の研究員であった佐藤 友康博士から、研究材料として魚類の標本寄贈の依頼がありました。この出逢いは私にとって青天の霹靂(へきれき)で、単なる“好き”が魚類学に貢献できることを知りました。また、アカデミアを身近な存在と感じられるようになり、魚類分類学への関心を大きく高めるきっかけとなりました。それまでは、よく使っていた図鑑の制作者の学歴として記されていた東京水産大学に進学したいという気持ちを持っていただけでしたが、その後のWEB魚図鑑での多様な方々との出会いも相まって、大学進学後に経験・学習したいことが具体化していきました。大学に入学して間もない頃に記した文章に、入学の動機や今後の目標についてが要領よくまとめられているため、ここに紹介します。

『拓海』vol.2

「私には夢が二つある。一つは魚の研究者になることであり、もう一つはライター、ジャーナリスト、TVの出演などを通す自然環境に対する啓蒙活動家になることである。また、昨年から私は『神奈川県立生命の星・地球博物館』で魚類ボランティアをしており、魚類分類学や生物地理学などを、余暇を利用して研究したり研究の手伝いをしている。東京海洋大学に入学し、私はスタート地点に立ったといえる。環境教育に関する分野を学ぶこと、特に生物多様性の考えを重視したいと思う私には、その本質を学ぶことが必要だ。(中略) これらの夢を達成すべく、必要となる知識や経験などを積むうえで、最も重要な場として活用していきたい。」

多くの方々の支えと運にも恵まれ、大学入学当初に夢として語っていたことをそれなりに実現することができました。そして今でも、生物多様性の解明と生物多様性保全の普及の両面をさらに深化させていきたいという、同じ想いを継続して持っています。今回もその実現への一環として、魚との出会いを果たした方々とアカデミアの世界を繋ぐ橋渡しの機会を提供したいと考えています。

21世紀は、人間社会と自然環境の関係性を見直し、絶滅種を出さないような持続可能な自然資源の利用を実現していく必要があります。なぜならば、人間社会は自然環境なしには成立せず、持続可能な自然資源の利用なしに将来世代も含めた人間社会の安定した和平の実現もあり得ないからです。

自然との関係性が危機的な現代だからこそ、本書を通して一人でも多くの方々に、筆者が感じている自然の魅力と畏敬の念に対して共感を得ていただければ幸甚の至りです。

平成30年5月　宮崎佑介

はじめての魚類学 Contents

部位の名称

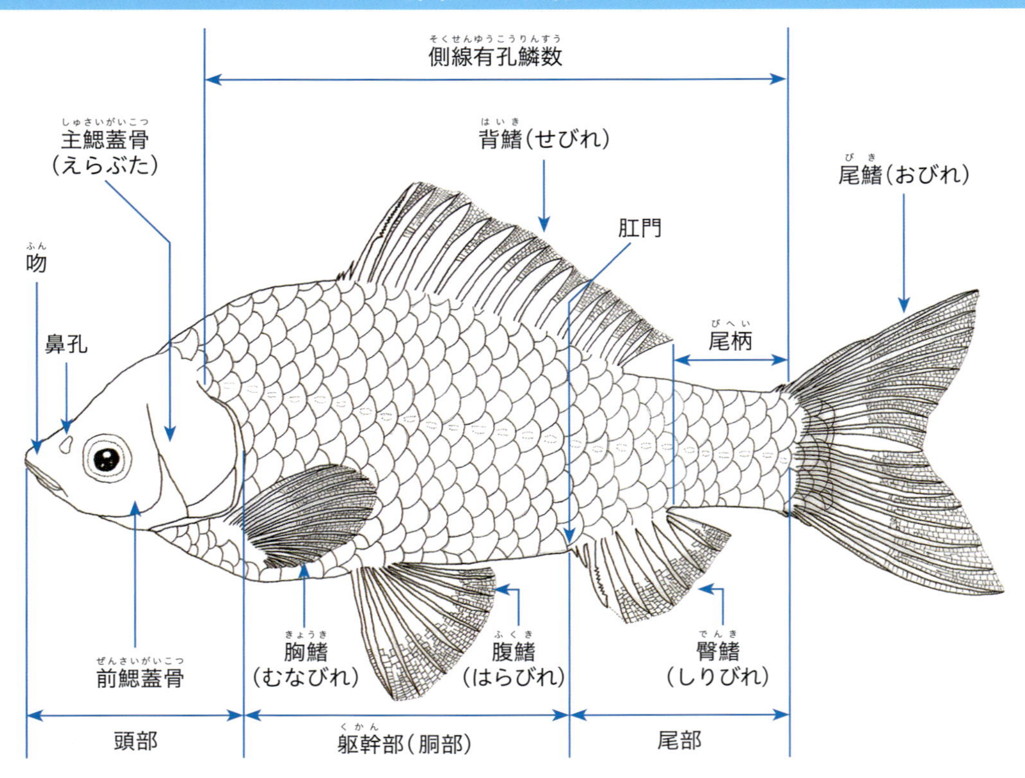

詳しい解説はp. 96を参照してください。

魚類の表記について

本書の魚類画像には、可能な限り、下記の情報を付しています。魚類の名称にはさまざまな呼び方や表記があります。また、「出世魚」などのように、成長段階によって呼称が変わる魚種も存在します。
本書は標準和名を掲載しました。分類階級などの詳細は第4章（p. 93～）を参照してください。

●分類階級（目・科・属）
分類学的な種や亜種の位置付け

●標準和名
日本において学名の代わりに用いられる生物の名称

●漢字表記
主として『日本大百科全書ニッポニカ』による漢字表記

●英名
FishBase による英語の一般名称

●学名
世界共通で用いられる学術的な名称（ラテン語表記）、及び命名者と命名年

（例）

図1-85
スズキ目スズメダイ科オヤビッチャ属
●標準和名：オヤビッチャ
●漢字表記：親美姫
●英名：Indo-pacific sergeart
●学名：*Abudefduf vaigiensis* (Quoy & Gaimard, 1825)
●採捕日：2017年8月12日
●採捕場所：神奈川県・横須賀市　●全長：22～24 mm

体側に幅の広い5本の横帯がある。背部は黄色っぽいことが多い。本種によく似たロクセンスズメダイとは、尾鰭上下葉にある黒色帯が本種にはないことで識別できる。

●採捕・観察日
採捕、あるいは観察した日付。
＊「撮影日」となっているものは、採捕から約1～2週間前後で撮影しています。

●採捕場所
採捕した場所、採捕時の情報と合わせることによって、分布情報として用いることができる。（「採捕場所：東京湾」は、沖合や沖釣り等で詳細な場所の特定が不可能なもの）

●全長・標準体長
被写体となった個体の大きさ。成長段階による形態の目安となる。

※「神奈川県立生命の星・地球博物館魚類標本資料」の写真については、神奈川県立生命の星・地球博物館より写真資料の提供をいただいた。
撮影者：村瀬 敦宣（p. 101 ヘビギンポ）
撮影者：瀬能 宏（p. 36 アユ；p. 42 ワラスボ；p. 45 サクラマス；p. 47 ギバチ；p. 83 ニジマス；p. 103 ウグイ）
撮影者：宮崎 佑介（p. 42 ムツゴロウ；p. 45 ヤマメ；p. 49 シナイモツゴ・モツゴ；p. 52 ニシン；p. 53 イカナゴ；p. 55 エビスシイラ・クロタチカマス；p. 83 オオクチバス・コクチバス；p. 84 ヌノサラシ；p. 100 ユメカサゴ・ギス；p. 101 エゾイワナ・オニアジ；p. 103 サクラダイ・キタマクラ）

1章

どこに、どんな生き物がいる？

海水や淡水で、生息する魚種が違うだけでなく、
砂泥域や岩礁域など地形によっても棲む生き物が異なってくる。
また、季節によって、見られる魚も変わってくる。

トラザメ

魚類が利用する環境

どこにどのような魚が見られるのかは、その土地の履歴と
そこを利用してきた生き物同士の関係によって変化します。
多様な自然環境・現象が観察できる日本列島とその近海は、
まさに魚の玉手箱です。河川の源流から河口、
海では沿岸から外洋にかけての、
あらゆる水域で魚類と出逢えます。
魚を通して地球の歴史と生物進化を体感し、
そこに含まれる謎を少しずつ紐解く旅に
出かけてみませんか？

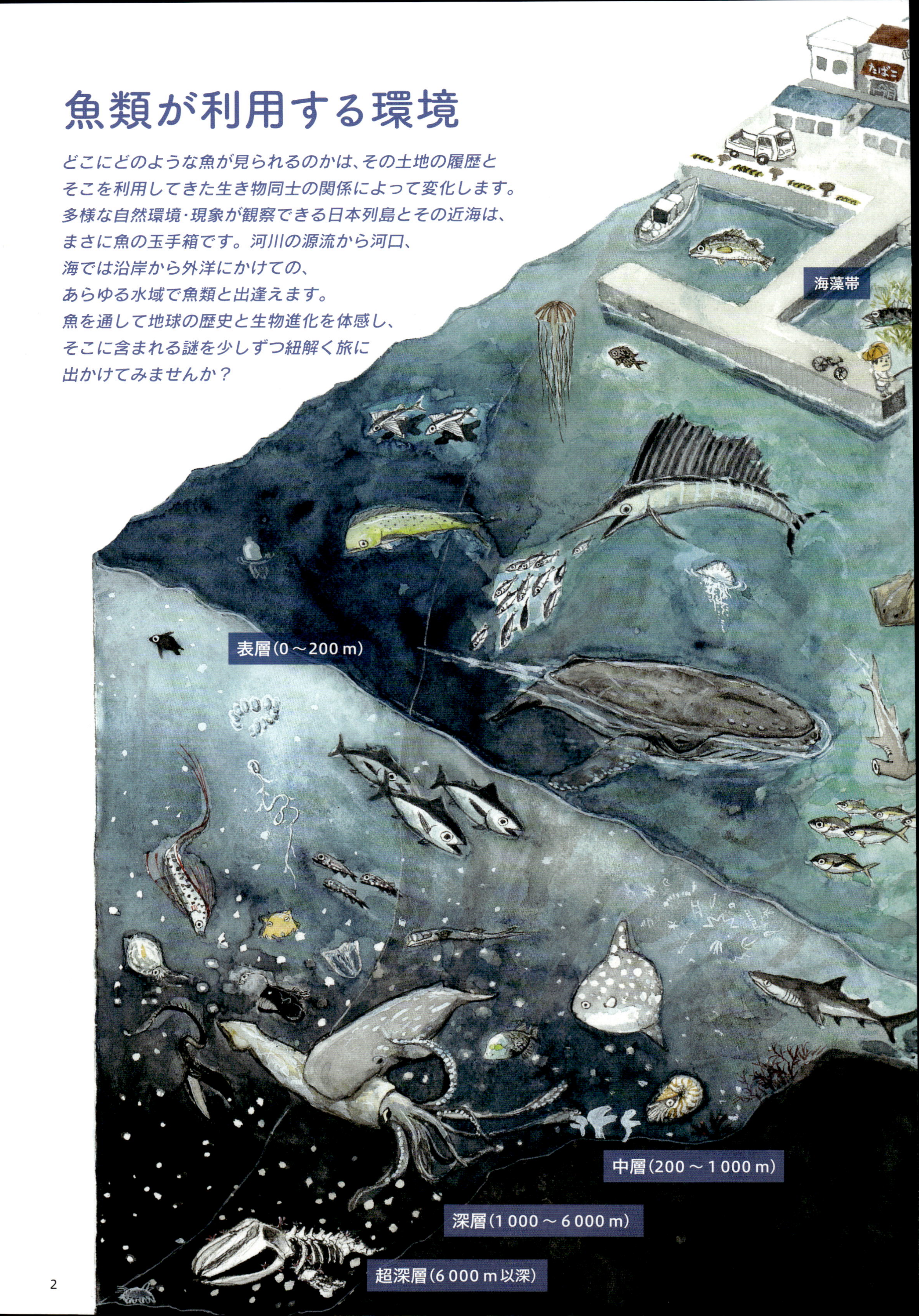

イラスト/かわさきしゅんいち

どこに、どんな生き物がいる？

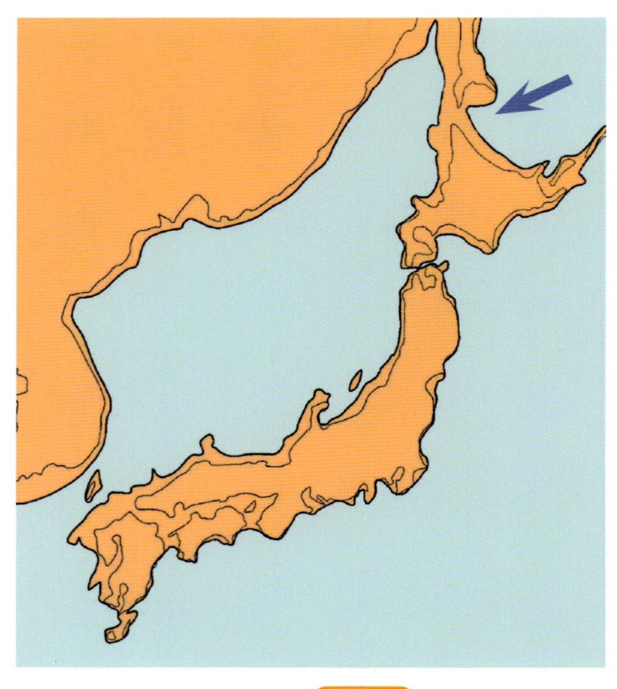

あなたの身近には気になる水辺の環境はありますか？そこには魚がすんでいますか？もし、魚が自然の状態でそこにいるならば、その由来には地質学的な時間スケールを有した壮大なストーリーがあるはずです。ぜひ、魚の自然史に思いを馳せてみましょう！

地球上からこれまでに知られている魚類は約32 000種に上ります。日本列島からは、2018年1月までに、そのうちの約4 400種が報告されています。あまり多くないように感じられるかもしれませんが、種よりも上位の分類単位である「科」というレベルで見てみると、約7割のグループが日本から記録されています。一般的には島国における淡水魚の多様性は低いのですが、日本列島はユーラシア大陸と地続きとなった歴史を有するため（図1-1）、大陸に由来する淡水魚が豊かです。また、南北に長い日本列島を沿うように、南から北へ向かって暖流の黒潮が、北から南へ向かって寒流の親潮が流れています。そのため、サンゴ礁が広がる亜熱帯の海から、流氷が接岸する亜寒帯の海まで、幅広い環境勾配が見られます（図1-2）。このような特殊な地理条件こそが、日本産魚類の高い多様性に寄与しているのです。

魚類には、淡水域や海域のみを利用する種だけでなく、海と川を行き来するような種や汽水域（海と川の水が混じり合う水域）を好んで利用する種もいます。海辺や川辺に見られるような、ちょっとした水溜まりにすら、魚が潜んでいることもあります。たとえば、磯辺の潮溜まり（タイドプール）や川辺の小水域でも観察できることがあります（図1-3）。どのような場所でどのような魚が見られるのかは、その土地の履歴と密接な関係があり、色々な自然環境の違いによっても魚の種類や形などが変わってきます。それではまず、魚の棲む環境について知るところから、学びをスタートしましょう。

図1-1
日本列島は、もともとユーラシア大陸の一部だった土地で、大陸移動や海水準*の上昇や下降を経て四方を海で囲まれた今の形状に至った。最後にユーラシア大陸と地続きになったのは、この想像図で示される最終氷期で、シベリア方面の大陸からエゾホトケドジョウやヤチウグイなどが渡ってきたと推察されている。図はDavisonらによって2005年に『PLoS Biology』3巻9号e 282で発表された図8より一部改変。

*
海水準
陸地に対する海面の相対的な高さのこと。地球規模の気候変動によって地球上の水と氷の量が変化することにともなって、海水準の高さが大きく変動する。すなわち、寒冷化すると海水準は低くなり、温暖化すると海水準は高くなる。

図1-2
(1) 北海道・宇登呂。水平線まで続く流氷が見られる亜寒帯の海。
(2) 沖縄県・渡嘉敷島。青のグラデーションが映え、サンゴ礁が見られる亜熱帯の海。

図1-3
(1) 北海道・寿都町（弁慶岬）において観察された潮溜まり（タイドプール）。ここは比較的大きいタイドプールであったため、ニホンイトヨ、タケギンポ、ギスカジカ、アサヒアナハゼ、ドロメなどの多様な種の稚魚が観察された。
(2) 北海道・朱太川中流域。信じられないかもしれないが、このような一見、素通りしてしまいそうな河川敷の一時的水域にすら、魚が潜んでいることがある。

海の生き物と生息地

海は地球の表面積の約71%を占めます。最深部は海面直下の約11 000 m、平均水深は約3 800 mと見積もられ、そのほとんどが水深200 mを超える、いわゆる“深海”です（図1-4）。垂直方向に伸長するため、緯度経度で表される同一地点であっても幅広い水温帯を持ちます。たとえば、赤道直下の熱帯域の公海においては、表層域では30℃を上回る高水温を示すことも珍しくありませんが、同一地点の水深2 000 ～ 3 000 mの水温は4℃を上回らず、さらに深くなると0～3℃に低下していきます。近年の研究によって、海底火山の噴出孔付近で特別な生態系が見られることなどがわかってきたものの、深海は人類未踏の地が多く、まだまだ多くの謎に包まれている領域といえます。

しかし、その広大な海域で、生産性が高く多様な生き物が密集している場所は限られています。生産性が高い場所の特徴としては、日光が届き、海藻、海草や植物プランクトンが光合成を盛んに行える浅い海域が挙げられ、次いで陸からの栄養塩の豊富な流入が光合成を促進する沿岸域が挙げられます。沿岸域の浅所は生物の存続を巡る争いが激しく起こっている場所です。

ひとくちに沿岸域といっても、海中林が茂る藻場、アマモ場が広がる海草帯、砂地、砂泥地、岩礁域やサンゴ礁域など、多様な環境が見られます。

それぞれの環境を利用する生物は異なってきますが、多様な環境を利用できるジェネラリストは広範囲に出現します。一方、ピンポイントのごく限られた環境しか利用できないスペシャリストも存在します。ここでは、それぞれの生息環境を大まかに紹介していきます。

図1-4
海洋における水深帯の生態的な区分け。これ以外にも様々な定義が知られる。

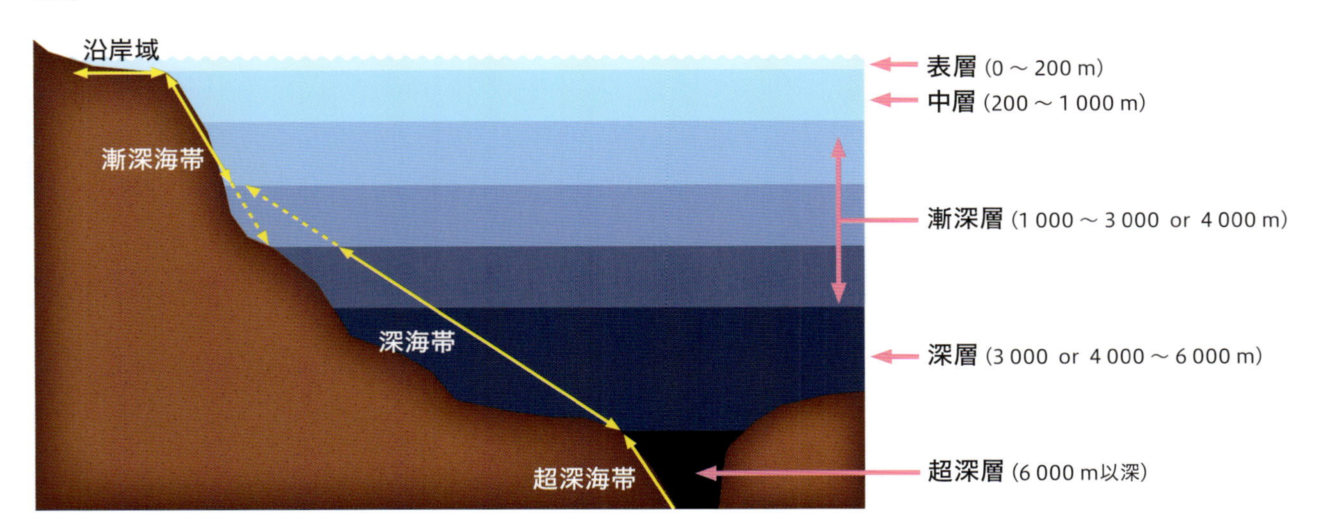

砂・砂泥・泥底域／海草帯

「砂」はその粒径で規定されますが*、砂の由来は生物の死骸（貝殻・死サンゴ等）から岩鉱石まで様々です。したがって、対象となる地域の地史的背景や生物相によって砂の色味や形状が変わってきます（図1-5）。砂の質によって、利用する生物は変わるかもしれません。日本近海において一般的に砂場で見られる魚の代表例としてキスの仲間（図1-6）とカレイの仲間（図1-7）が挙げられます。ともに漁業上の重要種*で、食卓でも馴染みの深い魚たちです。

図1-5
砂浜海岸も地域によって様変わりする。写真は神奈川県横須賀市の観音崎の浜。

湾奥部、河口域や港湾施設の最奥部などでは海流による循環が乏しく、水が淀んでいることがあります。このような場所には砂より粒径の小さい泥が沈殿・堆積しやすくなります。そのため緩流域や止水域では砂泥底（さでいてい）や泥底域（でいてい）が形成されます。

酸素の供給が潤沢な健全な干潟域では、生物による有機物の分解と消費が盛んに起こっています。このような干潟域は、ハゼの仲間（図1-9）を代表とする多くの生き物が利用します。一方、船着場の奥部などの富栄養な泥底では、有機物の分解に酸素の量が足りず、酸欠に陥りやすくなっています。有機物の供給がその分解速度と酸素の供給量を上回ると、底にはヘドロが蓄積するとともに、貧酸素あるいは無酸素の水塊が生じるため、生物の生息環境としては厳しい水域となってしまいます。

*

粒径による基質の変化の一例
（さらに細かい定義もある）

巨礫（boulder）：> 256 mm
大礫（cobble）：64 ～ 256 mm
小礫（gravel/pebble）：2 ～ 64 mm
砂（sand）：0.0625 ～ 2 mm
泥（mud）：0.0625 mm未満

漁業上の重要種（水産上重要種）
漁業対象種のうち、一般的に取引・流通されている種。養殖や畜養が行われている種はもちろんのこと、天然資源のみに依存する種についても該当するものもいる。各地域における漁業を語るうえで、欠くことのできないような種を指す。日本全体で該当する種や、特定の地域でのみ該当するような種が存在する。

図1-6
スズキ目キス科キス属
●標準和名：シロギス　●漢字表記：白鱚
●英名：Japanese sillago
●学名：*Sillago japonica* Temminck & Schlegel, 1843
●撮影日：2005年4月22日　●採捕場所：神奈川県・小田原市

天麩羅には欠かせない水産上重要種で、遊漁の対象としても人気が高い。夏季に産卵期を迎える。

図1-7
カレイ目カレイ科ツノガレイ属
●標準和名：マコガレイ　●漢字表記：真子鰈　●英名：marbled flounder
●学名：*Pseudopleuronectes yokohamae* (Günther,1877)
●撮影日：2015年2月8日　●採捕場所：東京湾　●全長：100 mm

カレイ科魚類の中では比較的南方に分布が偏る。無眼側の縁辺は黄色くないことや両眼の間に鱗があることなどでマガレイと、背鰭と臀鰭に黒色帯が見られないことなどでクロガシラガレイと識別される。

図1-8
(1) 神奈川県・横浜市（海の公園）の砂地に根を張るアマモ。北海道から沖縄まで、生えている種こそ違うものの、アマモ場が見られる。ほどよい海流に恵まれた環境でなければ生育できないという気難しい側面もある。
(2)沖縄県·西表島ではリュウキュウスガモが優占する。

図1-9
スズキ目ハゼ科ハゼ属
●標準和名：マハゼ　●漢字表記：真鯊
●英名：yellowfin goby
●学名：*Acanthogobius flavimanus*(Temminck & Schlegel, 1845)
●撮影日：2014年9月15日　●採捕場所：神奈川県·横浜市
●全長：130 mm

多くの個体は1年で生涯に幕を下ろす年魚とされるが、少数ながら越冬して2年目を生きる個体も知られる。カリフォルニアとシドニー湾には、バラスト水*によって不随意導入されたと考えられる個体群が定着している。

*
バラスト水
積み荷を降ろした船体は浮力が強すぎ、バランスを保ちにくくなる。船体のバランスを安定させるために“重し”として取り入れられる海水のこと。荷物を積む際に他地域で取り入れてきたバラスト水は放出されるため、この海水に含まれていた浮遊生物も不随意に導入される。海の外来生物問題を引き起こす一つの要因となっている。2017年9月8日に「船舶バラスト水規制管理条約」が発効し、同時に「海洋汚染等及び海上災害の防止に関する法律」も改定された。

砂底・砂泥底域には、しばしばアマモの仲間が群生します（図1-8）。アマモの仲間は花を咲かせる被子植物であるため、漢字では“海草”と表記し、緑藻類・紅藻類·褐藻類の“海藻”とは区別されます。海草帯は、“海のゆりかご”と評されるように、流れが緩やかで生産性が高く多様な魚種の仔稚魚が成長する場として知られます。一生涯を通して利用する種も多いです。よく見られるのは、メバルの仲間、カワハギの仲間やタウエガジの仲間などです（図1-10, 11）。

図1-10
フグ目カワハギ科アミメハギ属
●標準和名：アミメハギ　●漢字表記：網目剥
●英名：whitespotted pygmy filefish
●学名：*Rudarius ercodes* Jordan & Fowler, 1902
●撮影日：2016年12月21日　●採捕場所：神奈川県·横須賀市
●全長：38 mm

大きくても全長10 cmを超えないような小型種。体側に散在する白斑が特徴。海藻·海草帯でよく見られる。

図1-11
スズキ目タウエガジ科カズナギ属
●標準和名：コモンイトギンポ　●漢字表記：小紋糸銀宝、小紋糸銀寶
●学名：*Zoarchias neglectus* Tanaka, 1908
●採捕日：2016年1月24日
●採捕場所：神奈川県·三浦市　●全長：32 mm

神奈川県から千葉県にかけてのごく限られた沿岸の岩礁域に分布する日本固有種。近縁種のトビイトギンポも本種と同様に局所的な分布域をもつ。

岩礁域／サンゴ礁域／海藻帯

日本の沿岸域では、溶岩が固まった場所や、サンゴ礁が隆起した場所などが岩場となっています（図1-12）。不規則な凹凸に加え、海藻が生えていたりフジツボの仲間やカキの仲間が表面に付いていたりするため、砂浜海岸に比べると、人間にとっては足を踏み外したり滑ったりする危険が多く、立ち入るには注意が必要な場所です。特に水でふやけた肌は切れやすいので十分注意しましょう。

満潮を迎えたときには海中に没し、干潮を迎えたときには水上に露出する陸と海の推移帯は注目すべき環境です。凹凸の地形が広がっている場所では、干潮時に「潮溜まり（タイドプール）」が生じます。とりわけ大潮（おおしお）*の最干潮時は、普段の干潮時には海に没している場所にも、比較的容易に立ち入りが可能となります。安全面にさえ配慮できていれば、干潮前後の潮間帯は、磯の生物を観察・採集するうえで、楽しいひと時を過ごせる場所となります（図1-13）。

大潮の最干潮時でも海中に没している場所は「潮下帯」と呼ばれます。海中の世界は陸上から覗き見ることができず、陸上生物のヒトには秘境といえるでしょう。

健全な磯には海藻の群落が繁茂します。“海藻”にアマモの仲間（被子植物で“海草”と表記）を含まないことは既に述べましたが、“海藻”とは、緑藻類（りょくそうるい）、褐藻類（かっそうるい）、及び紅藻類（こうそうるい）という主に三つの系統を含む藻類の総称で、すなわち側系統群（※第4章p. 92参照）です。私たちの食卓にも上る馴染み深い仲間を例示すると、緑藻類ではクビレズタ（海ぶどう）やボウアオノリ（青海苔）など、褐藻類ではワカメ（若布）、マコンブ（昆布）やヒジキなど、紅藻類ではマクサ（天草；寒天の材料）やオニアマノリ（岩海苔）などが挙げられます。こうした海藻に体の色や模様を似せた保護色を呈し、周囲の環境に同化して潜むアイナメの仲間、カサゴの仲間やカジカの仲間などは特に“根魚”

図1-12
(1) 静岡県・伊東市（城ケ崎海岸）。荒々しさを感じさせられる岩礁域。
(2) 鹿児島県・喜界島。サンゴ礁が隆起した岩場。

*
大潮
干満の差が最も大きくなる潮汐作用を指す。日々の潮汐は月の引力と遠心力に影響されるが、月と太陽の起潮力が重なると干満の差が大きくなる。毎月約2回のサイクルで訪れ、年間では春分と秋分の頃が最大となる（第2章p. 51参照）。

図1-13
スズキ目イソギンポ科ロウソクギンポ属
●標準和名：ロウソクギンポ　●漢字表記：蝋燭銀宝
●英名：barred-chin blenny
●学名：*Rhabdoblennius nitidus* (Günther, 1861)
●観察日：2009年7月21日　●採捕場所：鹿児島県・屋久島

タイドプールの浅場に生息していた個体。イソギンポ科魚類は潮間帯に適応した種が多く、半陸生の生態を持つヨダレカケやタネギンポも含むグループ。

図1-14
スズキ目イシダイ科イシダイ属
●標準和名：イシダイ　●漢字表記：石鯛　●英名：barred knifejaw
●学名：*Oplegnathus fasciatus* (Temminck & Schlegel,1844)
●撮影日：2016年1月31日
●採捕場所：東京湾　●全長：170 mm

若魚までの成長段階では、白地に7本の黒色横帯が見られる特徴的な体色をしている。成魚はこの横帯が不明瞭になり、釣り人には“クチグロ”と呼ばれているように、口が黒色を呈するようになる。

図1-15

北海道・寿都町（弁慶岬）。特に海藻が顕著に繁茂する場合、"海中林"と表することもある。

図1-16

サンゴ礁といえば、ミドリイシの仲間が代表的。海水温上昇や開発による直接的・間接的な影響を受けて全世界的に死滅が急速に進んでおり、危機的な生態系の一つとなっている。琉球諸島もその例外ではない。写真は2005年10月29日の渡嘉敷島渡嘉志久湾の光景だが、2006年以降に大規模に喪失してしまい、現在は見ることができない。なお、泳いでいる魚影はデバスズメダイ。

と呼ばれます。また、海藻の繁茂する場所はメジナの仲間、イシダイの仲間（図1-14）、タイの仲間、フエダイの仲間やイサキの仲間など、多くの遊泳する魚たちで賑わう環境でもあります。海中林（図1-15）の生産性の高さが、多くの水生生物を涵養（かんよう）するのです。

南の海ではサンゴ礁が発達します（図1-16）。サンゴ礁は、サンゴ虫が途方もなく長い年月をかけて沈殿させた炭酸カルシウムの塊であり、古いもので5億年前まで遡ることができるといいます。この蓄積が、外洋からの強い海流を外側で受け止める礁湖（ラグーン）や島を形作っているのです。太平洋には、約200万歳のグレートバリアリーフや約6 000万歳のオセアニアの環礁の存在が知られているように、現存するサンゴ礁の歴史も途方もなく長いものです。サンゴ礁は、他の生物にとっての生活空間・餌資源などを、直接的あるいは間接的に提供しています。色鮮やかな魚たちを支えるサンゴ類に共生する「褐虫藻（かっちゅうそう）」が活発に光合成を行うことで、熱帯・亜熱帯の海域における生産を支えています。ここはチョウチョウウオの仲間、スズメダイの仲間、ベラの仲間などをはじめとする多くの熱帯魚が育まれる場です（図1-16～18）。

図1-17

スズキ目メギス科メギス属

●標準和名：メギス　●漢字表記：奴妓簾　●英名：fire-tail devil

●学名：*Labracinus cyclophthalmus*（Müller & Troschel, 1849）

●採捕日：2017年9月24日　●採捕場所：沖縄県・浜比嘉島

●全長：81 mm

雌雄で体色が異なり、雄では頭部や鰭がさらに赤みが強くなる。琉球諸島の岩礁・サンゴ礁域ではふつうに見られる。

図1-18

スズキ目スズメダイ科ルリスズメダイ属

●標準和名：ルリスズメダイ　●漢字表記：瑠璃雀鯛

●英名：sapphire devil

●学名：*Chrysiptera cyanea*（Quoy & Gaimard, 1825）

●採捕日：2017年9月24日　●採捕場所：沖縄県・宮城島

●全長：31～37 mm

その名の通り、体色が一様に瑠璃色であることが特徴で、大きくても全長10 cmを超えない小型種。水深1 m前後のごく浅いサンゴ礁域においてよく見られる。雄の成魚では、鰭の全体が青くなる。

岩礁交じりの砂底域

海の環境を捉えようとすると、明瞭に岩礁域や砂底域などと分けることが難しい場所も存在し、その周縁には境界領域とも呼べるような地帯が広がっています。岩礁が砂地に点在していることはふつうにあり、岩礁域の中にひょっこりと砂地がある光景は実によく見受けられます(図1-19)。サンゴ礁も、群落の間に砂地を挟むことは一般的で、むしろ両者が混在するような環境(たとえば岩場の近くの砂地、あるいは砂地近くの岩場)を好むキュウセンやヒラメのような生物の方が多いかもしれません(図1-20, 21)。

図1-19

沖縄県・うるま市。砂浜に岩礁が点在する場所、またその逆で岩礁に砂底域が点在する場所もある。一般的に、底の基質が推移する場所では、出会える水生生物の種数が増加しやすい。

図1-20

スズキ目ベラ科キュウセン属

●標準和名:キュウセン　●漢字表記:求仙

●学名:*Parajulis poecileptera* (Temminck & Schlegel, 1845)

●採捕日:2017年6月26日　●採捕場所:神奈川県・横浜市

●全長:148 mm

体側に淡色と暗色の縦帯が複数見られることがその名の由来の一つ。基本的には雌性先熟で、大型の個体は雌から雄へ性転換し、それにともない体色も変化する。

図1-21

カレイ目ヒラメ科ヒラメ属

●標準和名:ヒラメ　●漢字表記:鮃　●英名:bastard halibut

●学名:*Paralichthys olivaceus* (Temminck & Schlegel, 1846)

●採捕日:2017年5月24日　●採捕場所:千葉県・館山市　●全長:68 mm

各地で養殖や放流が行われている。人工種苗に由来する個体は、有眼側に白色の斑紋が見られたり、本来は一様に白色の無眼側に褐色や黒色の斑紋が出現したりすることが多く、天然物との識別点として一般的に用いられている。

図1-22
高知県・土佐清水市。漁港の岸壁付近を漂う流れ藻。ロープ下に潜むのはナンヨウツバメウオの幼魚。

流れ藻／浮遊物

岩礁域に生えている褐藻類のうち、ホンダワラ属種群（ホンダワラ、ヒジキやアカモクなど）は気胞を形成し、切れて流出した欠片が流れ藻となって海面を漂います。その他の海藻・海草に加え、草片や陸上から流出した木片なども海面を漂流します。これらの漂流物を利用する魚種もおり（図1-22）、トビウオの仲間（図1-23）やサンマは、流れ藻を産卵場所にすることが知られています。また、仔稚魚期に隠れ家として利用するものもいます。中には、それらの仔稚魚を捕食しようとするハナオコゼ（図1-24）が潜んでいたり、大型の魚類が訪れたりすることもあります。

漁港や岩礁域に漂う流れ藻ごと網ですくうと、海藻・海草片に混じって仔稚魚も採集できます。浮遊物の観察は難易度が低い割に、多様な種と出遭うことができるだけでなく、新たな発見につながることも少なくありません。仔稚魚は同定のための形態・色彩情報が限られていたり、出現時期等が明らかでなかったりする種も多いからです。それだけで研究として成立してしまうこともあります。

図1-23
ダツ目トビウオ科ニノジトビウオ属
●標準和名：ニノジトビウオ　●漢字表記：二之字飛魚
●英名：mirrorwing flyingfish
●学名：*Hirundichthys speculiger* (Valenciennes, 1847)
●採捕日：2017年8月13日　●採捕場所：神奈川県・横浜市
●全長：42 mm

全大洋の熱帯域に広く分布する種。日本近海における稚魚の出現は、初夏から真夏に盛期を迎える。

図1-24
アアンコウ目カエルアンコウ科ハナオコゼ属
●標準和名：ハナオコゼ　●漢字表記：花騰
●英名：sargassumfish
●学名：*Histrio histrio* (Linnaeus, 1758)
●採捕日：2017年7月23日　●採捕場所：神奈川県・平塚市
●全長：51 mm

沿岸や沖合の浮遊物に付く。海が荒れた日には、岸辺の漂着物とともに打ち上げられたばかりの本種を拾えたこともある。

堤防／波止場

自然では考えられないような人工の構造物ですが、海面からほどよい高さに足場のある堤防や波止場（図1-25）は、私たちに安全な自然体験の機会を提供してくれます。ただし、そこは漁業従事者や港運関係者の仕事場であり、立ち入り禁止となっている場所あります。遊漁者だけでなく研究者であっても、漁業従事者の仕事場にお邪魔している立場であることをくれぐれも忘れてはいけません。

足場から急に深く落ち込む地形は、さながら岩礁域やサンゴ礁域のリーフエッジに立ったような環境です。もともと浅かった場所を掘削して、船が停泊できる深さを確保したような港もあり、自然下で同じような条件を有する場所はそう多くはなく、むしろ極めて限られるかもしれません。

特に大きな港の最奥部は潮の出入りが少なく、多くは閉鎖的な環境となっており、泥が海底に溜まっている場所もあります。潮の流れがほとんどないような環境から、流れが激しく見られる環境もあるだけでなく、砂地から岩礁域の環境まで、コンパクトな水域に多様な環境が創出されていることが特徴です。そのため、人工構造物ではあるものの、見られる魚種の数は砂浜海岸や岩礁海岸を合わせたような多様な顔ぶれが揃います（図1-26～30）。とりわけ、ニシン科やアジ科などのように、回遊性の魚類が手軽に延べ竿（のべざお）で釣れるというような、自然海岸ではほとんどあり得ない状況に恵まれることもあります。

ただし、堤防や波止場は、周辺の海流を変えて砂浜が侵食される原因となるなど、周囲の海岸や海底の環境を大きく変える可能性があります。足元の安全性や気軽に魚の採捕を楽しめる場という点だけで、その存在を肯定するのは早計で、市民科学者としては、堤防や波止場が生態系に与えている悪影響についても理解しておくことが重要です。上記と同様の負の側面としては、傾斜状の地形がほとんどないため、陸と海の推移帯を主要な生息場所としている生物が利用できなかったり、空気中の酸素が水中に溶け込む場が少なく、浄化能力を下げていたりすることも挙げられます。

図1-25

(1)北海道・長万部町（大中漁港）。砂地に突き出た形をしており、岸壁には海藻や牡蠣などの貝が生息しているため、砂地だけでなく岩礁域に暮らす魚種にも出会える。
(2)神奈川県・横浜市（磯子・海の見える公園）。ヨットハーバーのように、立ち入りや遊漁が禁止されているエリアもあるので、注意が必要。

図1-26

スズキ目メジナ科メジナ属
●標準和名：メジナ　●漢字表記：眼仁奈
●学名：*Girella punctata* Gray, 1835
●撮影日：2014年9月30日　●採捕場所：神奈川県・横浜市
●全長：210 mm

クロメジナと酷似する。本種の方が内湾的な環境にも出現する。また、鰓蓋の後縁は黒くないこと、背鰭棘条部中央下における横列鱗数が6～9枚と少ないこと（クロメジナは8～13枚）などで見分けられる。

図1-27

スズキ目タイ科クロダイ属
●標準和名：クロダイ　●漢字表記：黒鯛
●英名：blackhead seabream
●学名：*Acanthopagrus schlegelii* (Bleeker, 1854)
●撮影日：2018年2月28日　●採捕場所：東京湾　●全長：130 mm

沿岸域から汽水域までにかけての岩礁域やその周辺に生息する。雑食性で、釣り人の間では悪食家として有名。釣りでは甲殻類や多毛類といった一般的に広く使われている餌だけではなく、スイカ、ミカン、カイコのサナギやトウモロコシなどの一風変わったものも用いられる。

図1-28

スズキ目アジ科マアジ属
●標準和名：マアジ　●漢字表記：真鰺
●英名：Japanese jack mackerel
●学名：*Trachurus japonicus* (Temminck & Schlegel, 1844)
●採捕日：2014年10月11日　●採捕場所：神奈川県・横浜市
●全長：180 mm

稜鱗（りょうりん）は大きく、側線の全体にある。小離鰭（しょうりき）は無い。体は比較的に側扁する（部位の名称は第4章p. 101参照）。

図1-29

スズキ目スズキ科スズキ属
●標準和名：スズキ　●漢字表記：鱸
●英名：Japanese seabass
●学名：*Lateolabrax japonicus* (Cuvier, 1828)
●撮影日：2014年9月5日　●採捕場所：神奈川県・横浜市
●全長：210 mm

沿岸域から河川下流域までの幅広い環境に出現する。釣りでは人気の魚種の一つで、出世魚としても有名。

図1-30

トウゴロウイワシ目トウゴロウイワシ科ギンイソイワシ属
●標準和名：トウゴロウイワシ　●漢字表記：藤五郎鰯
●英名：Chinese silverside
●学名：*Doboatherina bleekeri* (Gunther, 1861)
●採捕日：2014年9月11日　●採捕場所：神奈川県・横浜市

岩礁域の浅所で群れを形成する。この仲間は、よく似た近縁種が複数存在するため、正確な同定には肛門と腹鰭の位置関係や頭部の小棘（しょうきょく）の有無が確認できる資料が必要となる。

川の生き物と生息地

淡水は地球上の水の量にしてわずか3%も満たしません。しかもそのほとんどが氷土の形で存在し、河川域・湖沼域に限るとさらに少ない0.0093%と見積もられています。しかし、海洋に比べて極めて少ない容積しか存在しないにも関わらず、そこには極めて多様性に富んだ淡水魚類が適応放散しています。川は、その始まりをみると、湧水、雨水や融雪水が、重力によって凹地に沿って流れ、このような集水域のうち、山の尾根や谷津*に見られるものが河川の源流となります。一つの河川には、源流域がいくつも存在するものの、注目されやすいのは支川のそれではなく、最も流程の長い本川でしょう。長い距離を紆余曲折して流れ、海に注いでいく過程に思いを馳せることは、ひとつの浪漫かもしれません。海と川との境界は河口と呼ばれ、河口から海側にいくらか出た水域、及び河川側にいくらか入った水域は、海水と淡水の混じった「汽水域」と呼ばれる推移帯です。

源流から上流にかけては、両岸に生える木々によって未だ細い川面は覆われ、河川敷に立って見ると晴天の昼間でも薄暗く、鬱蒼とした雰囲気を醸し出しているのが一般的です(図1-31)。その水は冷たく、河床は大きな礫が目立ちます。日本の源流域に生息する魚類を代表するのはイワナの仲間です。ヤマメやアマゴは、イワナの仲間よりもやや下流側に分布域が偏っていることが知られ、流程によって棲み分けている例としてよく取り上げられます。大きな礫に生息場所を依存する、カジカの仲間やギギの仲間なども上流域に分布するものが多いです。

図1-31
(1)北海道・清里町(神の子池)。豊富な湧水地は河川の水源として重要な場所。
(2)(3)北海道・朱太川上流域。ヤマメが見られるほか、礫の下にはハナカジカやフクドジョウが、淵の陰かにはエゾイワナ・アメマスが潜む。河川を横断するような倒木が見られることもある。

中流域から下流域に向かうにつれて川幅は広がり、水温も上昇し、河床の粒径は小さくなっていきます。また、大雨によって河川が増水すると、普段は陸地だった場所が河川の一部となります。その雨が引くと、平地の窪地には水溜まりが残ることがあります。このような陸と河川の推移帯は「氾濫原湿地」と呼ばれ、多くの水生生物と陸生生物が行き交う場となっています(図1-32)。氾濫原にできる水域は、水温が上がりやすく栄養塩に富んでいるため生産性が高く、仔稚魚の速い成長を促す場として知られています。さらに、本来、河川は縦横無尽にその河道を変えるものですが、変わる前の河道がとり残され、その名残の一部が「三日月湖」として現存している場所もあります。

氾濫原湿地というと馴染みがないかもしれませんが、「田んぼ」がその代替機能を有する場として知られます。日本人は弥生時代以降から、その生産性の高さを活かし、氾濫原湿地を水田地帯として開発してきました。従来の水田地帯は農薬の利用もなく、また、水田・水路と溜め池(水田生態系ネットワーク)は相互に高い連結性を有していました。多くの在来の水生生物が存続可能な、二次的自然として機能していたのです。しかし、戦後の近代化にともない、高い生産能力や収益性の確保を目的とした圃場整備が各地で行われた結果、水田生態系ネットワークの連結性は低下し、また、これに相まって強力な農薬の使用が在来の水生生物を各地で絶滅に追い込むこととなりました。日本の中下流域に発達する氾濫原湿地や、その代替地となって

*
谷津(谷戸)
湧水と降水によって集水域が形成される。丘陵地において、このような集水域が溝(あるいは谷)のようになってできる地形のこと。

いる水田生態系ネットワークは、コイの仲間、ドジョウの仲間やナマズの仲間などをはじめとする多くの魚類が、その産卵場所や仔稚魚の成育場所として利用しています。特に日本の雨季である梅雨に、日本列島の河川は増水するため、この時期に多くの魚種が産卵を行います。天然記念物のアユモドキは、梅雨のタイミングに合わせて河川から用水路を経由して水田に溯上してくるという産卵生態を獲得したにも関わらず、圃場(ほじょう)整備や開発によって、途方もない年月をかけた進化の中で得た生態が折り合わなくなってしまい、絶滅の危機に瀕しています。

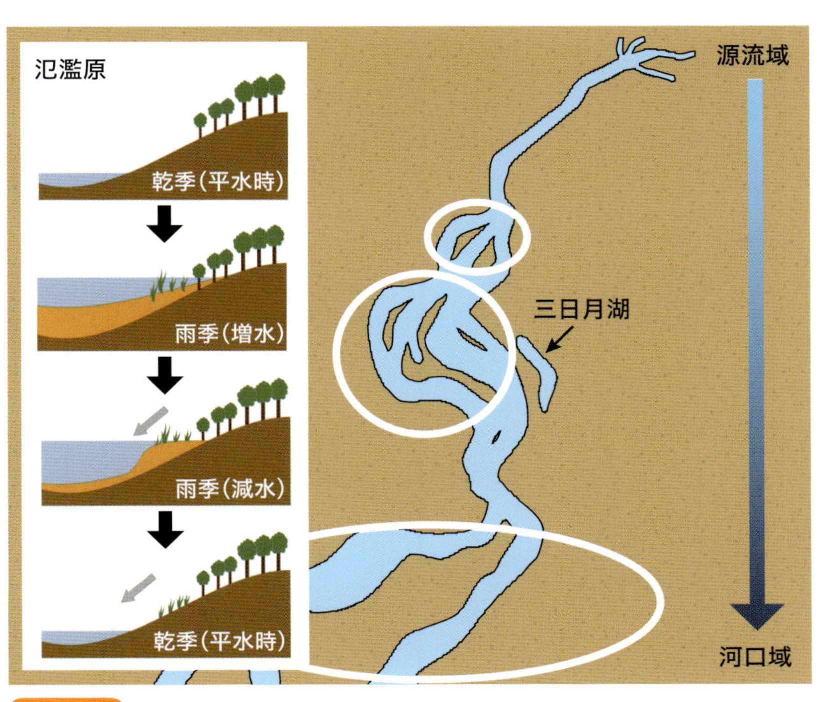

図1-32
自然状態における一般的な河川の形状。平地では大雨や融雪水によって河川が氾濫しやすく、河道も枝分かれしやすい(白丸部:氾濫原)。三日月湖のような旧河道は中下流域でよく発達する。

さらに、梅雨と秋雨の日本の二つの雨季に加えて、その間に訪れる台風による豪雨が日本の降水を特徴づけています。これにともなって河川や水路を溯上して産卵のタイミングをはかる魚類が多くいることは、頭に留めておきたいものです。たとえば、コイ、フナ類、ナマズやギバチのような産卵のために河川や水路から氾濫原湿地へ進入する種だけでなく、カワヤツメやサケのように中上流域の河川床で産卵するような種にもあてはまります(図1-33)。

河川の最終地点である河口域は、氾濫原湿地と同様に最も生産性の高い場所の一つです。泥干潟や、マングローブ林が広がり、独特の生態系が築かれている地域もあります。河口域は水温が高く、栄養塩が豊富に蓄積されています。健全な泥干潟(どろひがた)が発達しているような場所は、酸素の供給が閉ざされておらず、多様な生物が生息しています。

汽水域は、海から入ってくる生物、川から海へ出て行く生物の双方が、身体を塩分の違いに慣らすためにそれなりの時間を滞在する場所です。また、シラウオなど、一生涯のほとんどを汽水域に留まって過ごす生物も珍しくありません。

それでは、それぞれの区域の特徴を詳しく見ていきましょう。

両側(りょうそく)回遊魚
アユ
カンキョウカジカ
ウキゴリ
ボウズハゼ
タナゴモドキ 等

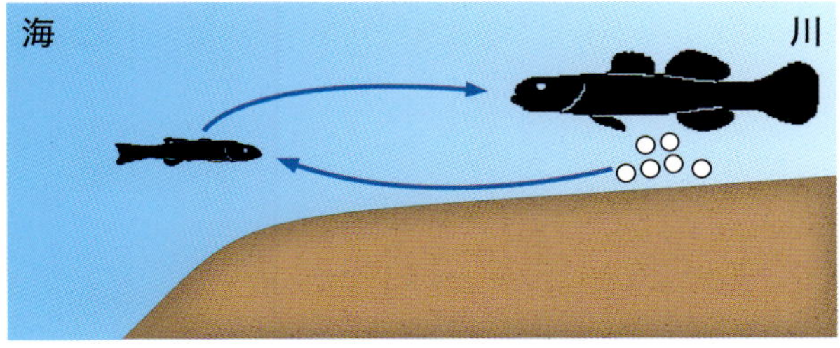

溯河(そか)回遊魚
カワヤツメ
サケ
シシャモ
ニホンイトヨ
シロウオ 等

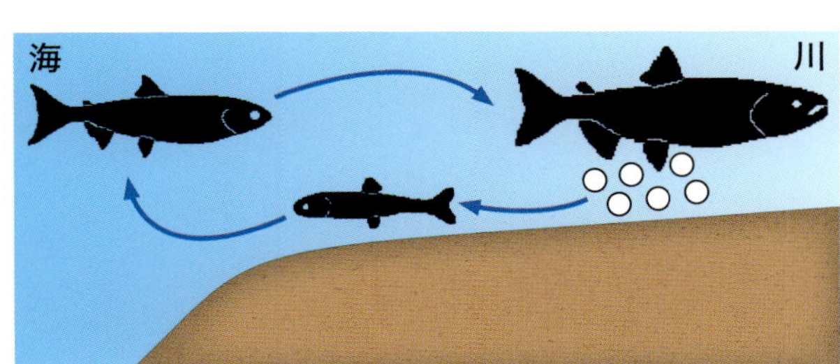

降河(こうか)回遊魚
ニホンウナギ
オオウナギ
カマキリ
ヤマノカミ 等

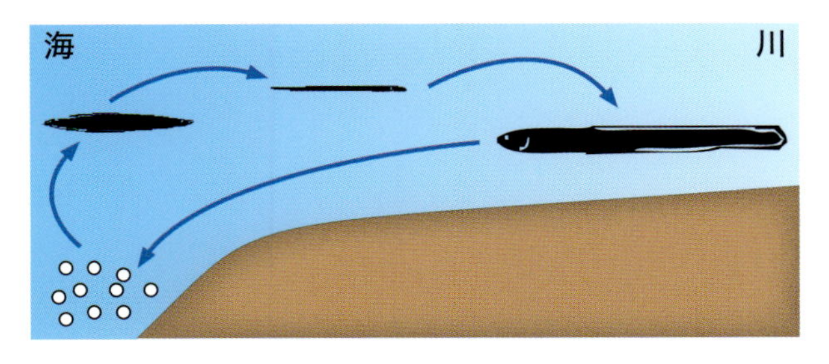

図1-33
代表的な通し回遊魚(海域と河川域を往来する生活史を有する魚)の例。溯河回遊:海で成長し、河川で産卵する。降河回遊:河川で成長し、海で産卵する。両側回遊:親魚は河川で産卵する。孵化した仔魚は海に降りて成長する。その後、河川に溯上してさらに成長し、産卵を行う。また広義では、海で産卵し、河川・海で成長する正反対の生態を有するものも含む。詳しくは、p. 19も参照。

源流域／上流域

源流域の河道は狭く、瀬と淵が短い距離の間に交互に現れるような地形が観察できます(図1-34)。特に瀬は、大人の身長にも満たないような川幅になっている場所も珍しくありません。健全な環境が維持されている河川であれば、その浅瀬に見られる大礫の陰にはカジカの仲間が潜んでいるでしょうし、深みの木陰にはイワナ(図1-35)の仲間やヤマメかアマゴが潜んでいることでしょう(図1-36)。下流側にダムや堰堤がなければ、ニホンウナギやオオウナギが現れたとしても不思議ではありません。

季節によっては珍客が訪ねている可能性もあります。たとえば、秋季であれば、産卵期を迎え中流域の淵に群れていたサクラマスやサツキマスの個体がさらに溯上し、木陰の淵に隠れていたり、産卵場所を探して右往左往している姿が見られたりします。

図1-34

一般的な瀬の特徴として、川幅が狭い・河床勾配が急・水流が速い・水深は浅い・河床は大礫で占められる、ことが挙げられる。対する淵の一般的な特徴として、川幅は広い・河床勾配は緩やか・水流が遅い・水深は深い・河床は砂泥で占められる、ことが挙げられる。河川の蛇行区間では1組以上の瀬と淵を交互に繰り返す構造が観察されるものの、下流側では瀬の構造はわかりにくくなる。瀬や淵の構造はさらに細かく類型化されることもあり、その形状により見られる魚類相の特徴が変化することもある。

図1-35

サケ目サケ科イワナ属
●標準和名：エゾイワナ　●漢字表記：蝦夷岩魚
●英名：whitespotted char
●学名：*Salvelinus leucomaenis leucomaenis* (Pallas, 1814)
●採捕日：2017年6月11日
●採捕場所：北海道・朱太川水系　●全長：170 mm

エゾイワナとアメマスは同亜種である。エゾイワナは陸封型の標準和名であり、アメマスは降海型の標準和名を指す。このようにサケ科魚類には標準和名を二つ有する種や亜種が存在する。

図1-36

サケ目サケ科サケ属
●標準和名：ヤマメ　●漢字表記：山女魚
●英名：masu salmon
●学名：*Oncorhynchus masou masou* (Brevoort, 1856)
●採捕日：2017年6月11日
●採捕場所：北海道・朱太川水系　●全長：85 mm

ヤマメとサクラマスは同亜種である。ヤマメは陸封型の標準和名であり、サクラマスは降海・降湖型の標準和名を指す。

図1-37

スズキ目カジカ科カジカ属
●標準和名：カジカ大卵型　●漢字表記：鰍
●英名：Japanese fluvial sculpin
●学名：*Cottus pollux* Günther, 1873
●採捕日：2017年7月9日　●採捕場所：東京都・多摩川水系
●全長：87 mm

大卵型は、その名の通り2.5～3.7 mmの比較的大きい卵を産み、胸鰭軟条は12～14本と比較的少ない。中卵型は海と河川を往来し、小卵型(ウツセミカジカ)は琵琶湖と流入河川を往来するが、この大卵型は一生を河川の上流から中流域にかけて過ごす。

図1-38
北海道・朱太川下流域。下流域では、画角に収まらないほどの川幅へと広がっていく。浅くて流れが緩やかな場所を見つければ、立ち込むこともできる。

中流域／下流域

川幅が広くなり、立ち入ることが困難なほど深い水域も珍しくなくなるため、実際に河川へ入水する際には注意が必要です（図1-38）。また、一見陸地に見えたとしても、その下が河川水の影響を大きく受けていることがあります。腰まで泥沼にはまって、身動きがとれなくなるような湿原も存在します。

観察しやすいのは、流れが緩やかな河川の岸辺です。水深の浅い瀬が形成されている場所があれば、河川を横断して観察することも可能でしょう。河川の脇に広がる湾処（わんど）*や、氾濫原湿地に散らばる一時的水域も入りやすい場所です。他方、淵のように、立ち入るには深すぎる水域は、釣りや漁業のような手法で魚類の生息を確かめるのが安全です。流れが速くなければ潜水観察が確実で有効な方法ですが、危険もともないます。

日本の淡水魚のほとんどは、中下流域を主要な生息場所としています。瀬と淵（図1-34）、あるいは河川と氾濫原湿地のように、異なる環境下で見られる生物相は一般的には変化します。特に、生息環境や餌の選好性が強い、いわゆる「スペシャリスト」は、ある特定の環境に偏って出現するはずです。他方、環境の選好性の幅が広い「ジェネラリスト」は、あらゆる環境に共通して出現します。

日本は、『古事記』や『日本書紀』で「豊葦原（とよあしはら）の瑞穂（みずほ）の国（くに）」と称されているように、もともと葦原に恵まれた平地（まさに氾濫原湿地）を広大に抱えていました。コイの仲間、ドジョウの仲間や、メダカの仲間など、日本人であれば誰もが知っているような馴染み深い魚たちを育んできた場です（図1-39～46）。同時に、その土地を農地や宅地として活用しながらも、水生生物と共存してきた背景を持ち合わせています。しかし、近代以降の急速な開発から、その共存の関係が絶たれ、水生生物の存続には悪影響が出ています。ここは、いま一度見直したい場でもあります。

*
湾処
ワンド。川のよどみや水溜まり。人工的に河川に作られることもある。

図1-39
コイ目ドジョウ科シマドジョウ属
●標準和名：ヒガシシマドジョウ ●漢字表記：東縞泥鰌
●学名：*Cobitis* sp. BIWAE type C
●撮影日：2015年6月14日 ●採捕場所：神奈川県海老名市
●全長：43 mm

「シマドジョウ」から区別された4種のうち、「シマドジョウ東日本グループ」とされていた種。本州中部から青森県にかけての東日本に広く分布する。尾鰭基部の黒点が不明瞭であることや、雄の胸鰭の骨質盤は細長いことなどが特徴。

図1-40
スズキ目ケツギョ科オヤニラミ属
●標準和名：オヤニラミ ●漢字表記：親睨
●学名：*Coreoperca kawamebari* (Temminck & Schlegel, 1843)
●採捕日：2017年7月9日 ●採捕場所：東京都・多摩川水系
●全長：29～31 mm

河川中流域の緩流域に生息する。京都府桂川・由良川水系から九州北部にかけての本来の分布域では、個体数を減らしており、環境省レッドリスト（p. 145参照）で絶滅危惧II類に選定されている。しかし、観賞魚としての需要が高く、自然分布域外の琵琶湖水系や関東地方などで定着しており、国内外来生物の側面も持ち合わせる種。

図1-41

コイ目コイ科カマツカ属
●標準和名：カマツカ　●漢字表記：鎌柄
●学名：*Pseudogobio esocinus* (Temminck & Schlegel, 1846)
●採捕日：2017年5月31日
●採捕場所：神奈川県・相模川水系　●全長：110 mm

河川の中流域から下流域にかけての砂礫底から砂泥底の環境で見られる。砂や小礫の間隙に潜む生物を捕食し、自身も身の危険を感じた時などに砂中に潜る。遺伝的・形態的に異なる3型が報告されており、それぞれ関東以北(但し、放流によって交雑が生じている地域もあり)、関西から九州にかけて広範囲に、及び関西から山陽地方の一部地域に分布するとされる。

図1-42

ウナギ目ウナギ科ウナギ属
●標準和名：ニホンウナギ　●漢字表記：日本鰻
●英名：Japanese eel
●学名：*Anguilla japonica* (Temminck & Schlegel, 1847)
●撮影日：2015年5月9日　●養殖個体

ニホンウナギの産卵場所はマリアナ諸島西部海域の1箇所のみであると推察されている。人工授精は成功しているものの、仔魚期から稚魚期にかけての減耗率が高く、完全養殖の商業化が実現できていない。流通している養殖の個体はすべて自然水域から採捕された“シラスウナギ”(稚魚)に依存する。天然資源は減少の一途を辿っており、環境省レッドリストにおいて絶滅危惧ＩＢ類に選定されている。

図1-43

コイ目コイ科ウグイ属
●標準和名：ウグイ　●漢字表記：石斑魚　●英名：big-scaled redfin
●学名：*Pseudaspius hakonensis* (Günther, 1877)
●採捕日：2014年8月25日　●採捕場所：神奈川県・横浜市
●全長：140 mm

初春から初夏にかけての産卵期には、婚姻色として体側に3本の朱色の縦線が出現する。鱗は日本産ウグイ属魚類の中で最も少なく、背鰭前方鱗数は36枚以下。ウグイ属魚類はコイ科の中でも例外的に海へ降るものの、本種は一生を海に留まったり、降海したりと生活史は一定でない。また、この海に降りる利点や理由などの詳しいことも明らかになっていない。

図1-44

コイ目コイ科ニゴイ属
●標準和名：ニゴイ　●漢字表記：似鯉　●英名：barbel
●学名：*Hemibarbus barbus* (Temminck & Schlegel, 1846)
●採捕日：2017年8月19日　●採捕場所：神奈川県・相模川水系
●全長：97 mm

吻は長く、口髭は一対ある。大きめの河川の中流域から下流域にかけて生息し、産卵期は春から初夏にかけて。九州北部と琵琶湖以東の本州に分布する日本固有種。

図1-45

コイ目コイ科ヒメハヤ属
●標準和名：アブラハヤ　●漢字表記：油鮠　●英名：Amur minnow
●学名：*Phoxinus lagowskii steindachneri* Sauvage, 1883
●採捕日：2014年5月31日　●採捕場所：神奈川県・横浜市
●全長：70 mm

タカハヤによく似るが、尾柄が細長く、尾鰭の切れ込みはやや深い。また、体側の小黒点は側線付近に集まる傾向があり、縦帯のように見えることが多い。河川の中上流域に生息する。

図1-46

コイ目コイ科モツゴ属
●和名：モツゴ　●漢字表記：持子　●英名：stone moroko
●学名：*Pseudorasbora parva* (Temminck & Schlegel, 1846)
●採捕日：2014年8月8日　●採捕場所：神奈川県・横浜市
●全長：40 mm前後

もともとの国内の分布域は関東以西の本州・四国・九州であったが、コイやフナ類の放流にともなって全国各地へ分布域を広げた。欧州などにも同様の随伴導入が生じており、深刻な外来生物問題となっている。

河口域

河川の最終地点は海への入り口となります(図1-47)。最も河道が広い場で、しばしば干潟が発達します。海の潮汐の影響を受けるため、満潮から干潮、干潮から満潮へと水位は絶えず変化します。河川の勾配によっても塩分の影響を受ける範囲は変化しますが、常に塩分*の影響を受ける環境です。この特殊な環境でのみ見られる生物もいます(図1-48～50)。

河川で産まれた後、すぐに海へ降り、稚魚期に再び河川へ戻ってくるカジカの仲間やヨシノボリの仲間は「両側回遊魚」"marine-amphidromous"と呼ばれています。また、河川で産まれてしばらく河川で成長した後、海へ降りて更に成長し、産卵のために河川へ戻ってくるヤツメウナギの仲間やサケの仲間は「溯河回遊魚」"anadromous"と呼ばれます。上記の2タイプとは逆に、海で産まれて河川で成長し、産卵のために海へ戻っていくウナギの仲間は「降河回遊魚」"catadromous"と称されます。基本的には海水魚ですが、生活史の一部で河川にも進入するスズキの仲間やフエダイの仲間は、「周縁性淡水魚」と称されることが多く、英語では"freshwater-amphidromous"と記され、広義の両側回遊魚として認識されます。河口域はこれらの通し回遊魚(図1-33)の通り道となります。

同様に、一生のほとんどを汽水域で過ごすシラウオの仲間やハゼの仲間は、「汽水魚」とされたり、「周縁性淡水魚」に含まれたりしますが、英語では"marine-amphidromous"ないし"freshwater-amphidromous"に分類され、広義の両側回遊魚と捉えられます。なお、通し回遊を行う種の中には、ウグイ、シラウオ、ヤマメ・サクラマスやニホンイトヨなどのように、一生を河川に残留する個体と通し回遊を行う、個体の生活史に2型がある種もおり、そのような種の生活史型をまとめて"partial migration"と称することがあります。なお、一生を河川に留まる魚は「純淡水魚」や「一次性淡水魚」と呼びます。

図1-47
北海道・朱太川河口域。河口に近付くと、海水の影響を受けるようになる。

図1-48
スズキ目ハゼ科トビハゼ属
●和名:トビハゼ
●漢字表記:跳鯊
●英名:shuttles hoppfish
●学名:*Periophthalmus modestus* Cantor, 1842
●撮影日:2021年6月12日
●撮影場所:千葉県・江戸川河口域

河口干潟を代表する半陸生魚。

*
塩分による多様な定義のうち、よく用いられている一例

海水:25～35‰
汽水:0.5～25‰
淡水:0.5‰未満

河川は、淡水域と汽水域からなるため、淡水域は河川と同義ではない。また、河川は湖沼や水田を含む概念ではない。河川水系内の水域全体を含む概念としては、一般的には「陸水」が用いられ、行政的には「内水面」が用いられる(対する海域は「海面」)。

図1-49
スズキ目ハゼ科チチブ属
●標準和名:チチブ ●漢字表記:知々武
●英名:dusky tripletooth goby
●学名:*Tridentiger obscurus* (Temminck & Schlegel, 1845)
●撮影日:2014年9月15日 ●採捕場所:神奈川県・横浜市
●全長:80 mm

ヌマチチブと酷似するが、本種はヌマチチブよりも下流側の河口域に多く生息する。また、第1背鰭の棘条は伸長する傾向が強く、胸鰭基部の黄色横帯は枝分かれや途切れたりすることはないことなどでヌマチチブと識別できる。

図1-50
スズキ目ハゼ科スナゴハゼ属
●標準和名:マサゴハゼ ●漢字表記:真砂鯊 ●英名:masago goby
●学名:*Pseudogobius masago* (Tomiyama, 1936)
●採捕日:2017年5月14日 ●採捕場所:神奈川県・川崎市
●全長:29 mm

干潮時には水深がほとんどなくなるような砂泥底や泥底の河口干潟に生息する。生息地の埋立や護岸整備、ダムや堰堤の建設などの影響を受けて生息環境が悪化しており、環境省レッドリストで絶滅危惧II類に選定されている。

水田／水路／溜め池（水田生態系ネットワーク）

人による管理がなされている水域で、「二次的自然」とも表されるのが水田生態系です（図1-51～55）。ただし、個人所有の敷地となっている場所が多く、立ち入るときには注意が必要です。河川の氾濫原湿地は開発の影響を受けて激減し、その環境も悪化が進んでいるため、水田生態系ネットワークでのみ現存するウシモツゴやヒナモロコなどのような絶滅危惧種も少なくありません。管理者の許可が得られた場合や公共の水域では、上記のような魚類に限らず、ゲンゴロウやタガメなどの水生昆虫類やヒルムシロやタヌキモなどの水草のように幅広い分類群の希少な水生生物との出会いが楽しめます（図1-56～59）。

図1-51
滋賀県・琵琶湖流域。琵琶湖と流入河川を回遊するニゴロブナやナマズをはじめとする魚類の繁殖・成育の場としての水田を復活させる「ゆりかご水田プロジェクト」が取り組まれている。河川・水路や水路の落差工を見直し、落差をなくして水系連結を強め、魚類の移動を妨げないための土木工事やその維持管理が行われている。

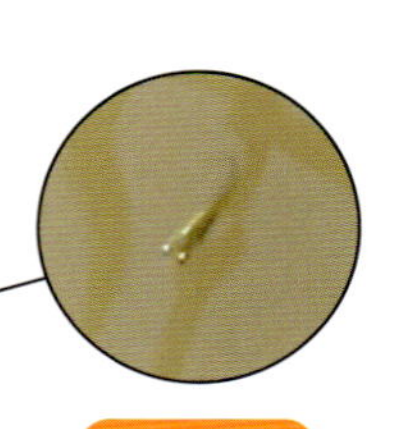

図1-52
岩手県・北上水系。水田と連結する灌漑用溜め池。湛水期の水田には、溜め池から進入してきたミナミメダカがよく見られる。

図1-53
ダツ目メダカ科メダカ属
●標準和名：ミナミメダカ　●漢字表記：南目高
●英名：Japanese rice fish
●学名：*Oryzias latipes*（Temminck & Schlegel, 1846）
●撮影日：2015年5月15日　●採捕場所：神奈川県・横浜市
●全長：35 mm前後

日本産のメダカとされていた種は、2012年に、北日本集団やハイブリッド集団と呼ばれていたキタノメダカと、南日本集団とされていたミナミメダカとの2種に整理された。キタノメダカは体側の黒色素胞が黒い染みや網目を形成せず、雄の背鰭の切れ込みが浅いことで識別可能。本種の分布域は日本海側で京都府以西、太平洋側では岩手県以南で、対するキタノメダカは兵庫県以北の日本海側と下北半島でありほとんど重ならない。環境省レッドリストで絶滅危惧II類に選定されている。

図1-54
福井県・三方湖流域。湖と直接連結する水田・水路。農家の作業によって水路へ濁水が流れ込み、それを雨水と勘違いしたフナが誤って産卵のために田んぼへ遡上してしまった。

図1-55
熊本県・菊池川水系。平田は全国的に圃場(ほじょう)整備がよく進んでいる。ここでは、水路と水田は塩化ビニルパイプによる落差工が施されており、このような場所では水田へ魚類は進入できず、産卵や成育の場として利用できない。圃場整備は農業従事者の農場管理を楽にし、生産の効率を高める一方で、水生生物の多様性の減少を招いてきた。しかし、現在では双方を両立できる土木技術も模索されつつある。

図1-56
トンボ目ヤンマ科ギンヤンマ属
●標準和名：ギンヤンマ　●漢字表記：銀蜻蜓
●学名：*Anax parthenope julius* Brauer, 1865
●撮影日：2015年7月15日　●採捕場所：神奈川県・横浜市
●全長：32 mm

ヤンマ科の中で最もふつうに見られる。極めて近縁のクロスジギンヤンマと酷似するが、幼虫は下唇側片の先端部の形に違いが見られ、本種では外縁とほぼ直角に近い形を呈することで識別される。

図1-57
無甲目ホウネンエビ科ホウネンエビ属
●標準和名：ホウネンエビ　●漢字表記：豊年蝦
●学名：*Branchinella kugenumaensis*（Ishikawa, 1895）
●撮影日：2017年6月17日　●採捕場所：神奈川県・横浜市
●全長：23 mm

日本の在来種。腹を上にして、仰向けになって泳ぎ回る。冬季の乾田の土中において、卵の状態で休眠する。春に水が湛えられた後、水温の上昇によって孵化する。飼育によく用いられるアルテミア類（ブラインシュリンプと呼ばれる種を含む）と近縁だが、アルテミア類は日本には分布しない。

図1-58
コイ目ドジョウ科ドジョウ属
●標準和名：ドジョウ　●漢字表記：泥鰌　●英名：pond loach
●学名：*Misgurnus anguillicaudatus*（Cantor, 1842）
●採捕日：2020年5月5日　●福岡県・小郡市
●全長：102 mm

全国的に水田生態系の劣化（生息地の減少）が進行している他、大陸産のドジョウやカラドジョウの放流によって遺伝的多様性の減少も生じていることなどから、環境省レッドリストの2018年5月の改訂において「情報不足」から「準絶滅危惧」へと評価が見直された。

図1-59
ナマズ目ナマズ科ナマズ属
●標準和名：ナマズ　●漢字表記：鯰　●英名：Amur catfish
●学名：*Silurus asotus* Linnaeus, 1758　●採捕日：2017年5月31日
●採捕場所：神奈川県・相模川水系　●全長：430 mm

本来の自然分布は東海地方以西の本州・四国・九州。江戸時代以降に関東から北海道にかけて導入されたと推察されている。晩春から初夏にかけての夜間に河川・水路から水田へ進入して産卵する生態が観察されている。

湖沼／池沼

ひとくちに湖沼と言っても、その成立過程は様々ですが、河川との高い連結性を有していれば（図1-60）、止水域*を好む魚が定着していることでしょう。一方、火山の噴火でできた山上のカルデラ湖や都市公園の池は、河川との連結を持たないこともあり、そのような場合には魚類が生息していないのが自然です。同じく山上にあることの多いダム湖は、治水や利水などの目的で建設されたもので、もともと河川だった場所を堰き止めて、広大な止水域に仕立て上げた場所です。

池沼は、湧水や融雪によって自然に生じたものと、人工的に掘られたものの二つが一般的な成立過程です。やはり湖と同様に、河川との連結の機会がなければ、魚類が自然にやってくることはありません（図1-61）。しかし、そのような孤立している池沼であったとしても、農業用・灌漑用の溜め池として使われているような場合は、魚類が放流されていることもあります。大雨による流路の変更が生じ、旧河道が三日月湖のように残った池沼においては、その河川に生息する止水性の魚類が封じられています（図1-62,63）。どのような種が存続しているのか、どのような種が卓越した個体数を維持しているのか（これは年による変動もあり得ます）など、環境によって種組成が変化します。

*
止水域
停滞水域ともいう。湖や池、沼など、水が流れているかどうか、人の目ではわからないほどゆっくりした流れの水域。

図1-60
群馬県・城沼。谷田川を経て、利根川と連結する。1969年に出版された中村守純博士の『日本のコイ科魚類』には、キンブナについて「東京都の池沼では著しく減少したが、城沼には多産する」という旨の記述があるものの、筆者が訪ねた際には出会えなかった。キンブナは関東各県において絶滅が危惧されている。

図1-61
静岡県・東山湖。自然水域との連結のない人造湖。

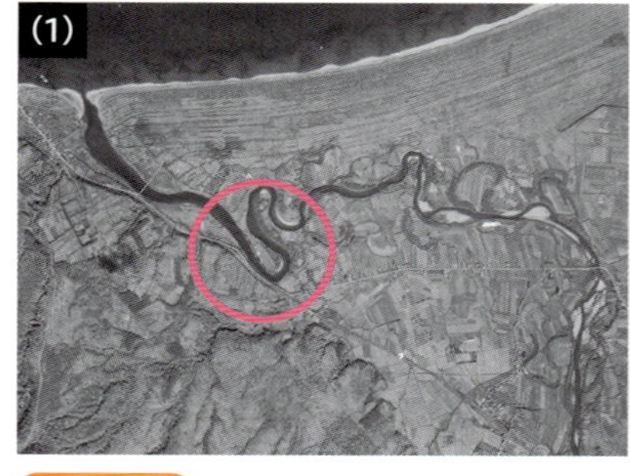

図1-62
北海道・朱太川（寿都湾）。この1947年（1）と2000年（2）の航空写真の比較によって、かつての朱太川では河道の複雑な蛇行が見られたものの、この50年間の土地利用の変化にともない直線化が進んだことがよくわかる。（1）1947年10月18日、国土地理院撮影空中写真（米軍撮影USA-M591-68）© 国土交通省国土地理院（2）2000年9月22日、国土地理院撮影空中写真（国土地理院HO200011Y-C2-6）© 国土交通省国土地理院

図1-63
北海道・朱太川下流域の三日月湖。ここは河川の捷水路化（直線化）の土木工事によって人工的に三日月湖になった場所（左：図1-62の赤い円で囲われた部分と同一地点）。

古来より、湖沼は魚類の放流が行われやすい場所です。たとえば宮城県魚取沼（ゆとりぬま）のテツギョ生息地は国の天然記念物として1933年に指定されましたが、2016年に、テツギョはミトコンドリアDNAと核DNAの解析によって中国原産の金魚（原種はチンユ）と日本産フナ属魚類との交雑由来であることが明らかとなりました。江戸時代以前に、既に国外外来生物の放流が生じていたことの証拠の一つとみなせます。近年でも国外外来生物であるブラックバス類やブルーギルの違法放流のみならず、国内外来生物の放流についても大きな問題として取り上げられることが増えている場です。

図1-64

サケ目サケ科サケ属
●標準和名：ヒメマス　●漢字表記：姫鱒
●英名：sockeye salmon
●学名：*Oncorhynchus nerka*（Walbaum, 1792）
●採捕日：2011年10月29日
●採捕場所：北海道・屈斜路湖

北海道美幌峠から眺める屈斜路湖。屈斜路湖はカルデラ湖として知られるが、釧路川と連結しており、ヒメマス等の魚類の生息が知られる。晩秋には婚姻色の出たヒメマスが屈斜路湖流入河川へ溯上していく様子が見られる。上が雄、下が雌。

図1-65

トゲウオ目トゲウオ科トミヨ属
●標準和名：トミヨ属淡水型
●漢字表記：富魚　●学名：*Pungitius* sp.
●採捕日：2017年6月10日
●採捕場所：北海道・朱太川水系　●全長：45 ～ 52 mm

生活史の中で海に降ることなく、一生を淡水域で過ごす純淡水魚。春から初夏に産卵期を迎え、婚姻色の出た雄の体色は黒ずむ。雄が植物片を用いて営巣し、ジグザグダンスで雌を誘って巣に呼び込む。受精卵は孵化するまで雄が保護する生態が知られる。

図1-66

コイ目コイ科フナ属
●標準和名：ギンブナ　●漢字表記：銀鮒
●学名：*Carassius* sp.
●採捕日：2015年7月13日
●採捕場所：神奈川県・相模川水系　●全長：32 mm

その名の通り、体色は銀白色を呈する。第1鰓弓の鰓耙数は41 ～ 57本。他の日本産フナ属魚類よりも体高は高い傾向がある。日本全域に生息するが、導入由来の地域もあり、正確な自然分布域は不明。雑食性。

産卵生態と移動・分散

産卵生態

図1-67
シロウオによる産卵遡上が開始する時期の緯度的変化

魚の産卵は千差万別です。カタクチイワシ（図1-68）のように、一年中、季節を問わずに産卵（周年産卵）している種も存在する一方で、産卵の時期が決まっている種も多いです。産卵期が定まっている場合、春・夏・秋・冬のうちのいずれかの季節、あるいは春から秋にかけて産卵を行う種が多いかもしれません（図1-69, 70）。また、同じ種であったとしても、日本列島は南北に長いため、地域による時間差が出てくることもふつうに見られます。

たとえば、ハゼ科のシロウオは、分布の南限にあたる福岡県で産卵遡上する個体を狙う漁が、例年2月頃にマスメディアで風物詩として取り上げられますが、分布の北限域にあたる北海道・朱太川（しゅぶとがわ）では、6月に遡上が見られます（図1-67）。イシガレイの産卵期は、東京湾では12～2月ですが、北海道・オホーツク海沿岸では5～6月です。このように、同種であっても産卵期が場所によって異なる場合があります。しかし、そのような情報がない種も多く、調べ甲斐のあるテーマの一つといえるでしょう。

河川に生息する魚類の多くは、春から夏にかけて産卵を行います。とりわけ、梅雨の増水時に、氾濫原湿地や水田生態系ネットワークを活用して産卵する種は、ヒトの生活の場に近いため観察しやすい対象です。

夏は水温が最も上昇する季節です。植物の生産力が最も高くなる季節であり、魚にとっても生理的に素早い成長が見込めます。とりわけ氾濫原湿地は河川と比べて、植物による生産に必要な窒素・リン酸・カリウムなどの栄養塩類に恵まれ、水温の上昇も顕著であるため、生産性が高い場所です。豊富な餌を供給するだけでなく、温かく素早い成長が見込める氾濫原湿地を活用する利点はここにあります。一方、アユやサケなどの流水性の魚類は、秋季に産卵するものが多いかもしれません。河川よりも温かい海へ出て冬を過ごしたり、外敵が少なくなる冬場に、ゆっくりと河川で成長したりするのもひとつの戦略なのでしょう。

他方、淡水域で産卵をしない「通し回遊魚」（p. 19参照）や海水魚の産卵生態はよくわかっていない種がたくさんあります。「純淡水魚」よりも産卵場所が把握しづらいことに加え、多くの種で産卵が夜間に行われている可能性などが挙げられます。また、部分的な産卵生態の知見が得られている種であっても、地域による産卵生態の違いはほとんど研究されておらず、知見が少ないのが現状です。例外はマダイ、マアジやヒラメなど誰もが名前を知っている水産上重要種で、天然資源（養殖ではない魚）の生殖腺の発達などから産卵期が特定されていたり、養殖のための技術開発が進んでいたりします。しかし、ニホンウナギやブリのように、初期（発生から稚魚まで）の好適環境や餌資源がよくわかっていない種は、完全養殖においては受精卵の孵化や仔魚から稚魚への成育段階における減耗率が高く、商業ベースでは採算が見合わないことも少なくありません。そのため現在でも、特に需要の多いニホンウナギやブリは自然水域から稚魚を漁獲し、その天然資源を蓄養して市場へ出荷しています。また、水産資源のうちの大半は養殖技術が確立されておらず、野菜や畜肉と比べて、流通している自然資源の割合が群を抜いて高くなっています。しかしそれは、自然本来の季節の移り変わりの中で、その季節にだけ出回ったり、特に美味になったりする「旬」が明瞭に現れる食材だと捉えることもできます。水産上の対象種にならないような海水魚の産卵生態の解明には、水族館やアクアリスト*が果たしてきた役割が大きいです。個人の飼育によって、産卵生態の解明やその糸口に繋がることがあります。他方、飼育が難しい種の場合、その推測の鍵を握るのは自然水域で卵や仔稚魚の出現を捉えたり、漁獲物を解剖して生殖腺の状態を調べたりする手立てにかかってきます。

* アクアリスト
水生生物の飼育の愛好家。

飼育が難しい種を調べる場合、一年を通して同じ場所に定期的に通ってみることは有効な手段です。どのような時期に、どのような種の仔稚魚や成熟した成魚が出現するのかを知ることができます。産卵行動の観察や受精卵の採集ができれば、それに優る産卵生態の証拠はないのですが、そう得られるものではありません。

年間を通して一定の成長段階の個体しか見られない種や、すべての成長段階が見られる種に二分すると、その場所に定住しているのか、あるいは生活史の中で回遊を行う種なのかを捉えることができます。その中でも、さらに成熟した成魚と仔稚魚がセットで見られるかどうかが、その場所における産卵の有無を知るうえで大きな鍵を握ります。一時的にその場に滞在する種よりも、一生涯をその場所で過ごしている種の方が、その産卵生態を捉えやすいでしょう。

図1-68
ニシン目カタクチイワシ科カタクチイワシ属
●標準和名:カタクチイワシ ●漢字表記:片口鰯
●英名:Japanese anchovy
●学名:*Engraulis japonica* Temminck & Schlegel, 1846
●採捕日:2015年6月7日 ●採捕場所:神奈川県・横浜市
●全長:130 mm

生シラス、ちりめんじゃこ、煮干などのように、稚魚から成魚まで食用とされるだけでなく、養殖業の飼料としても重要。

春～秋に産卵する種

図1-69
スズキ目タイ科キダイ属
●標準和名:キダイ ●漢字表記:黄鯛 ●英名:yellowback sea-bream
●学名:*Dentex hypselosomus* Bleeker, 1854
●撮影日:2017年1月23日 ●採捕場所:東京湾 ●全長:125 mm

やや深い大陸棚縁辺の砂泥域に棲む。東シナ海産の個体群では、春から秋にかけての長期にわたって産卵が行われており、特に春と秋がその盛期と考えられている。

決まった時期に産卵する種

フグ目フグ科トラフグ属
●標準和名:クサフグ ●漢字表記:草河豚
●学名:*Takifugu alboplumbeus* (Richardson, 1845)

クサフグは晩春から初夏にかけての大潮の夜間に、砂礫海岸で集団産卵を行うことが知られているが、宮崎県・延岡市では写真のように日中にも観察されるという。〔写真提供(産卵シーン):村瀬 敦宣〕

卵の種類

卵は、沈性卵と浮性卵の二種類に大別されます。沈性卵はさらに、ニシンやコイの卵のような粘着卵（卵の表面に粘着物質を有する）、アユやシシャモの卵のような付着卵（卵の表面に付着膜を有する）、メダカ・トビウオの仲間のような纏絡卵（卵から纏絡糸が生えており、水草や海藻などに絡みつく）、及びサケの卵（イクラ）のような不付着卵、の4タイプに細分されます。浮性卵はさらに、アンコウやフサカサゴの仲間などの凝集性浮性卵、及びウナギやタイの仲間のような分離浮性卵の2タイプに細分されます（図1-71,72）。浮性卵を産む魚種の戦略は水の流れを利用して、より広範囲に自分たちの子孫を分散させることにあると考えられています。したがって、その産卵は水中の表層から中層にかけて行う「バラマキ型」をとる事例が代表的です。実際に、日本列島で夏から冬にかけて、熱帯・亜熱帯域から黒潮や対馬暖流に乗って流され、沿岸域や河川で一時の彩りを加える魚種は、このような卵を産むグループです。

沈性卵の多くは、礫・海藻・水草などの産卵基質に付着します。一般的に、淡水魚で沈性卵を産む種や海水魚で沈性粘着卵を産む種の卵は、浮性卵を産む種の卵と比べて、卵径は大きく、卵数は少ないです。また、卵サイズと産む卵の数には相関関係があり、大型卵の場合は卵の数は少なく、小型卵の場合は卵の数が多い傾向があります。卵サイズが大きいということは、卵黄が多く、餌を取らなくてもじっくりと成長できることに繋がります。一方、卵サイズが小さいものは卵黄が少なく、生まれてすぐに接餌を開始する必要があります。前者の代表例として挙げられるのはサケで、イクラの栄養を充分に冬の間に使って、礫底の間の緩流域に留まりながらゆっくり稚魚へと成長します。後者の代表例としては、外洋域で卵を産むサバの仲間（カツオやクロマグロなど）が挙げられ、もともと卵黄が小さくて仔稚魚の口が大きく、共食いすることが前提としか考えられないという驚きの生活史戦略をとっています。

図1-71

コイ目コイ科ウグイ属
●標準和名：マルタ
●漢字表記：丸太
●学名：*Tribolodon brandti maruta* Sakai & Amano, 2014
●採捕日：2017年4月5日
●採捕場所：神奈川県・多摩川

マルタの受精卵。これは粘着沈性卵。

図1-72

(1) 粘着卵

ニシン目ニシン科ニシン属
●標準和名：ニシン　●漢字表記：鰊、鯡
●英名：Pacific herring
●学名：*Clupea pallasii* Valenciennes, 1847

マコンブにニシンの粘着卵が付いている状態のものを加工した商品が“子持ち昆布”。自然条件下でもこのような産卵が行われているが、市場に出回っている商品は人工的に作られているものの方が多いかもしれない。

(2) 付着卵

サケ目アユ科アユ属
●標準和名：アユ　●漢字表記：鮎
●英名：ayu sweetfish
●学名：*Plecoglossus altivelis altivelis* (Temminck & Schlegel, 1846)
●協力：朱太川漁業協同組合

受精卵を“シュロ”に付けて孵化まで管理する。

(3) 不付着卵

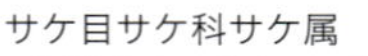

サケ目サケ科サケ属
●標準和名：サケ　●漢字表記：鮭　●英名：chum salmon
●学名：*Oncorhynchus keta* (Walbaum, 1792)
●採捕日：2017年10月23日
●採捕場所：北海道・朱太川水系
●協力：寿都町漁業協同組合、朱太川漁業協同組合

写真はサケの受精卵で、不付着卵。私たちがお寿司などで口にするサケの卵“イクラ”は、海域で獲れた雌の未受精の卵巣“筋子”から一個ずつバラバラにして、味をつけたもの。条鰭魚綱の卵の中では一個あたりの直径が大きい方で、6～9 mmもある。

(4) 分離浮性卵

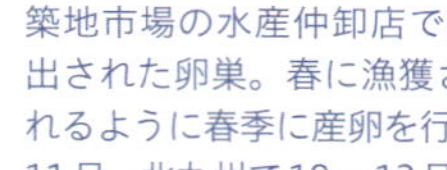

スズキ目タイ科チダイ属
●標準和名：チダイ　●漢字表記：血鯛
●英名：yellowback seabream
●学名：*Evynnis tumifrons* (Temminck & Schlegel, 1843)

築地市場の水産仲卸店で購入した熊本県産チダイから摘出された卵巣。春に漁獲されたマダイは“桜鯛”とも呼ばれるように春季に産卵を行うが、チダイの産卵は館山で9～11月、北九州で10～12月と秋季に行われる。卵径0.89～0.98 mmの分離浮性卵で、サケの“イクラ”に比してかなり小型。

胎生

一部の魚類では、お腹の中で卵を受精（体内受精）させ、受精卵を産むのではなく、ヒトと同じように仔魚あるいは稚魚を出産する胎生種もいます。魚類の胎生は、卵黄の栄養で成長する「卵黄依存」と母体から栄養が供給される「母体依存」に大きく二分されますが、最も体外受精に近いのは「卵胎生」と呼ばれることもある卵黄依存タイプです。発生から仔魚にかけての成長を卵黄のみに依存し、胎仔を出産するアブラツノザメ、ジンベイザメ、カサゴやアカメバル等の仲間がこれに該当します。

母体依存はさらに「卵食・共食い型」、「組織栄養型」及び「胎盤型」の3タイプに細分されます。「卵食・共食い型」はネズミザメ目魚類などが該当し、母体からの子宮内分泌物、他の卵や胚を食べて稚魚まで育った後に出産されます。「組織栄養型」は一部のサメの仲間、アカエイ科、トビエイ科、ウミタナゴ科魚類が該当し（図1-73）、子宮内壁や卵巣から分泌される栄養物質を摂取・吸収して稚魚まで成長した後に出産されます。「胎盤型」は、メジロザメ科やシュモクザメ科魚類が該当し、胚発生の中途段階で卵黄嚢の先端が分枝し、それが母体の子宮上皮と接着して胎盤を形成し、稚魚まで育った後に出産されます。このような魚類の胎生は、体外受精では受精卵が天敵に食べられやすいという欠点が改善された適応進化であると考えられています。しかし、体外受精を行う魚種の中にも、テンジクダイ科やカワスズメ科のように口腔内で受精卵や仔稚魚を保護するもの（図1-74）、コケギンポ、ダンゴウオやウロハゼのように巣穴で受精卵を保護したり（図1-75）、タツノオトシゴのように育児嚢で仔稚魚まで保護するもの、仔稚魚を天敵から守って餌の供給まで行う生態を持ち、受精卵を天敵に捕食されないような適応進化を遂げた種も存在します。

図1-73
スズキ目ウミタナゴ科ウミタナゴ属
●標準和名：マタナゴ
●漢字表記：真鰔
●学名：*Ditrema temminckii pacificum* Katafuchi & Nakabo, 2007
●採捕日：2017年11月12日
●採捕場所：神奈川県・藤沢市
●全長：135 mm

2007年に新亜種としてき記載された。基亜種のウミタナゴとは、前鰓蓋縁の黒色斑が三日月状であること（ウミタナゴでは互いに離れた二つの点状）や、腹鰭基部に1黒色点が見られない点で識別される。また、ウミタナゴは主に日本海側、マタナゴは主に太平洋側に生息し、分布域はほとんど重ならない。

図1-74
スズキ目テンジクダイ科サンギルイシモチ属
●標準和名：アマミイシモチ　●漢字表記：奄美石持
●英名：ambonia cardinalfish
●学名：*Fibramia amboinensis* (Bleeker, 1853)
●採捕日：2017年5月17日　●採捕場所：沖縄県・石垣島

そろそろ孵化しそうな卵塊を口内保育中の雄個体。テンジクダイ科魚類は雌の産出した受精卵が孵化するまで雄が口腔内で保護する習性が知られている。

図1-75
スズキ目ハゼ科
●標準和名：ウロハゼ　●漢字表記：洞鯊
●学名：*Glossogobius olivaceus* (Temminck &Schlegel, 1845)
●撮影日：2017年9月3日
●撮影協力：NPO法人 多摩川大師干潟ネットワーク

エの字型の鉄塊に産み付けられた卵（上部にも産み付けられている）を守るウロハゼの雄。背鰭や胸鰭を使って常に新鮮な水を送る。

繁殖行動

配偶システムは、以下の7つに分類されます（図1-76）。

一夫一妻：一対の雌雄が相手を変えずに繰り返し繁殖する。また、同じペアで子どもの保護を行うような生態を持つものも、これに含まれる。

ハレム型一夫多妻：1個体の雄が、自身の縄張り内に複数個体のつがい関係にある雌を独占する。この際、雌同士の行動圏が重複する場合と、雌も縄張りを構えて雌同士の行動が重ならない場合との2タイプが知られる。

縄張り訪問型複婚：雄の縄張りに雌が訪問して産卵を行うもので、特定の雄と雌がつがい関係にはならない。

複雄群：集団で生活を送る習性のある種で、群れは1個体の雄に対して複数個体の雌から構成されるが、大きな群れでは複数の雄が含まれる複雄群となる。

ランダム配偶：1個体の雄と1個体の雌のペアで産卵を行うが、繁殖の度にパートナーが変わる。雄同士で争うこともなく、体サイズにも繁殖は影響されない。

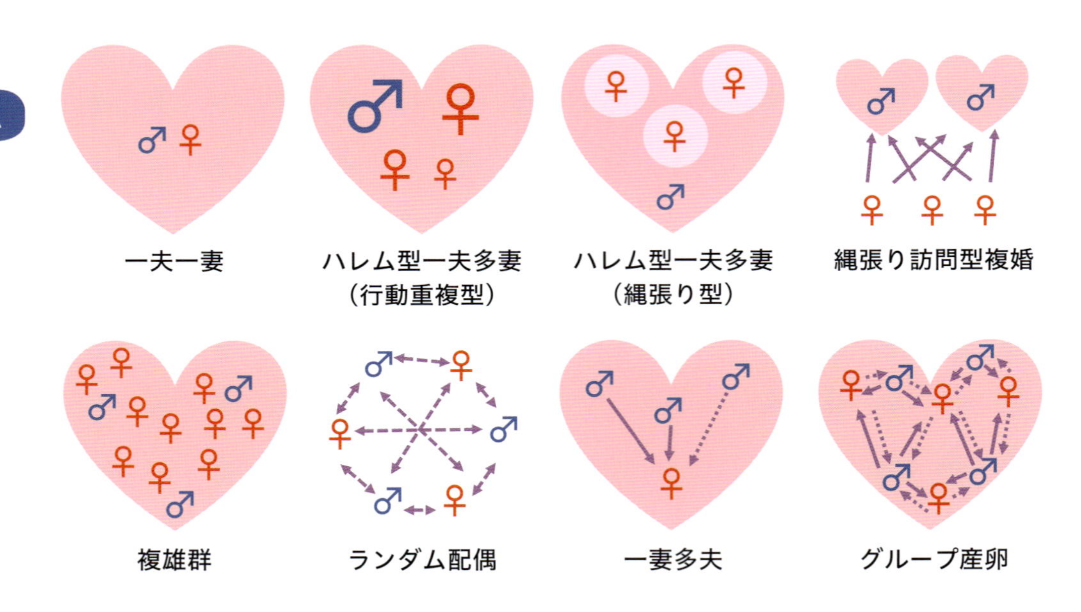

配偶システムの魚種例

一夫一妻
ミスジチョウチョウウオ、
サザナミハゼ、クマノミ類、
テンジクダイ科、カワスズメ科
（口内保育を行う種）など

ハレム型一夫多妻
ホンソメワケベラ、
アカハラヤッコ、
サラサゴンベ、
オキナワベニハゼなど

縄張り訪問型複婚
オハグロベラ、
ナンヨウミドリハゼ、
アマミホシゾラフグ、ウミタナゴ、
カサゴ、タナゴ亜科など

複雄群
キンギョハナダイなど

ランダム配偶
トカゲゴチ、
セレベスゴチ、
グッピーなど

一妻多夫
チョウチンアンコウ亜目、
ヨウジウオ科、
サケ科など

グループ産卵
カンパチ、クロマグロ、
クサフグ、アミメハギ、
ムギツクなど

＊
スニーキング
繁殖競争に勝てる見込みのない下位個体が、パートナー同士の産卵が始まった瞬間にその場へ飛び入って加わり、放精する振る舞いのこと。

一妻多夫: 1個体の雌が複数個体の雄と同時か連続的に繁殖するが、雄は他の雌個体とはつがい関係を持たない。

グループ産卵: 産卵直前の雌を複数の雄が追尾し、雌の放卵と同時に放精する。雄から雌への目立つ求愛行動はないものの、放精を巡った雄同士の争いは生じることがある。

配偶者を得るための戦略は、多岐にわたります。乱婚型でない場合、産卵の際に営巣する種はその巣のでき栄えが重要となりますし、強さや美しさを競う種はその体格やダンスの質が重要となります。パートナーに選ばれなかった個体でも、何とか子孫を残そうとスニーキング＊を行う種も存在します。しかし、多くの種で産卵生態が解明されていません。これは夜間に交配が行われるために、ヒトによる観察が難しいことも理由の一つです。

繁殖時期の変化

婚姻色

繁殖期のみに見られる特有の体色を指す。平常時の体色とは明瞭に異なる場合に用いられる。

図1-77
コイ目コイ科ハス属
●標準和名：オイカワ　●漢字表記：追河
●学名：*Zacco platypus*（Temminck & Schlegel, 1846）
●採捕日：2017年5月31日
●採捕場所：神奈川県・相模川水系　●全長：160 mm

河川の中流域から下流域、及びその周辺水域に生息する。琵琶湖産アユの放流にともなって全国に琵琶湖産の本種も導入されたことにより、各地の在来個体群との交雑が進行している。

図1-78
コイ目コイ科カワムツ属
●標準和名：カワムツ
●漢字表記：川鯥　●英名：dark chub
●学名：*Nipponocypris temminckii*
（Temminck & Schlegel, 1846）
●採捕日：2017年7月9日
●採捕場所：東京都・多摩川水系　●全長：158 mm

河川の中流域から上流域にかけて生息する。琵琶湖産アユとの随伴導入によって、関東・東北地方へも分布域を広げた（これらの地域では国内外来生物となる）。近縁種のヌマムツとは、胸鰭と腹鰭の前縁が黄色であることや、側線有孔鱗数が43～51枚と少ないことで識別できる。

図1-79
追星（おいぼし）

繁殖期における雄個体の表皮（特に頭部、鰓蓋、各鰭や体側背面）が性ホルモンの分泌によって肥大・増成が促され、白色の突起となったもののこと。

性決定

魚類の性は、「雌雄異体」と「雌雄同体」に大別されます。前者は遺伝的に決定される場合だけでなく、仔稚魚期に過ごした環境によって決定される場合もあります。後者は、すなわち性転換を行うことを指し、雌から雄へ性転換する「雌性先熟」(縄張りを張る種で、大きい雄が繁殖に有利なので雄に性転換する)、雄から雌へ性転換する「雄性先熟」(体が大きな雌ほど卵を多く持てる利点があるため雌に性転換する)、雌と雄の機能を同時に果たせる「同時雌雄同体」、雌雄の比率に応じて雌から雄及び雄から雌のどちらの方向の性転換も可能な「双方向性転換」の4タイプが知られています(図1-81)。魚類は、ヒトのように遺伝子で性が決定しないこともふつうです。

たとえば、ニホンウナギは雌雄異体ではあるものの、稚魚期に過ごす環境によって性別が決定されることが知られています。自然環境下で育った個体の大半が雌であるのに対し、養殖場で育った個体は一般的に雄の方が多くなります。高水温かつ高密度での飼育が影響していると考えられていますが、そのメカニズムは未だよくわかっていません。

雌性先熟の例は、ベラの仲間で多く見られます(図1-82, 83)。生まれながらにして雄である一次雄と、性転換して雄になる二次雄の2タイプの存在が知られています。ハタ科の場合は一次雄が存在せず、二次雄のみだとされています。特にベラ科やブダイ科魚類は、性転換によって色彩や形態が変化するため、パッと見て雄の個体であることを判断できます。しかし、上述の一次雄は雌との外見的な区別が付かないため、一次雄や雌の形態を「始相(IP)」、二次雄の形態を「終相(TP)」と呼びます。中には性転換の途中でその中間型のような個体に遭遇することもあります。

図1-80
スズキ目スズメダイ科クマノミ属
●標準和名：カクレクマノミ
●漢字表記：隠隈魚
●英名：clown anemonefish
●学名：*Amphiprion ocellaris* Cuvier, 1830
●観察日：2012年7月14日
●観察場所：沖縄県・西表島

左の大きい方の個体が雌で、右の小さい個体が雄の役割を果たしているのだろう。

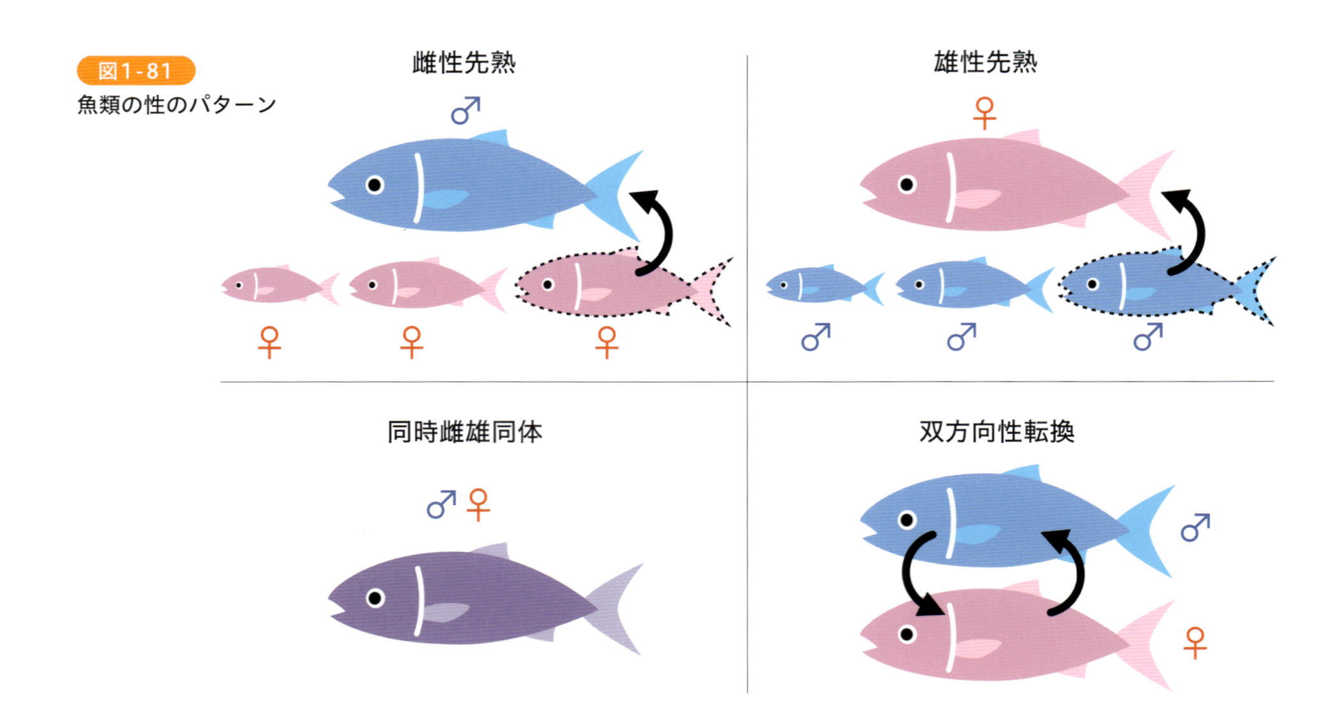

図1-81
魚類の性のパターン

雄性先熟の例としては、クマノミの仲間が有名です（図1-80）。クマノミの仲間は、一つのイソギンチャク類に複数の個体で過ごしているのがふつうですが、その中で最も大きい個体が雌、その次に大きい個体が雄です。その他の小さい個体は性別が決定されておらず、性的には未成熟な繁殖予備群となっています。仮に最も大きい個体が何らかの理由でいなくなると、雌だった個体は雄へ性転換し、性的に未成熟であった中で最も大きい個体が雌となります。ごく稀に、最も大きい2個体が同時にいなくなる事態もありますが、その場合は最も大きい未成熟の個体が、雄を経ずに雌になるようです。このような雄性先熟は、コチ科やヘダイ亜科等でも見られます。

例外的に、フナ属魚類やドジョウ属魚類では、雌しかいない個体群の存在も知られています。通常、動物は両親の遺伝子を半分ずつ受け継ぎ、2nという単位の遺伝情報を持ちます。しかし、フナ属やドジョウ属では、発生途中のエラーで生じた3nという単位の遺伝情報を持つ個体でも生存できます。また、雌は自身と同一の遺伝情報を持つクローンの卵を産み、それが他の魚類の精子と接触するなどの刺激を受けて発生が進み、増殖が可能です。クローン生殖は、植物では広く見られますが、動物では極めて珍しい現象です。進化学的な一般論で考えると、クローン生殖による個体群は、単一の遺伝情報しか持たないため、病原菌や環境変化の影響を受けて全滅しやすく、子孫を長く残せません。しかし、フナ属やドジョウ属では、植物と同様に、さらに4nの遺伝情報を有する個体の存在も知られ、2n・3n・4nの遺伝情報を有する個体同士で遺伝子の交流交換ができているらしいということが最近わかってきました。その進化学的意義や発生機構がまだ謎に包まれているグループの一つです。

図1-82
スズキ目ベラ科ササノハベラ属
●標準和名：アカササノハベラ　●漢字表記：赤笹之葉遍羅
●英名：red naped wrasse
●学名：*Pseudolabrus eoethinus* (Richardson, 1846)
●採捕日：2017年10月8日　●採捕場所：千葉県・館山市
●全長：115 mm

1997年に「ササノハベラ」は2種を含むことが明らかとなり、ホシササノハベラが新種として記載された。本種は体側の白色斑が不明瞭で、眼の下後方から伸びる縦線が胸鰭基部へ向かうなどの特徴を有することでホシササノハベラと識別される。

図1-83
スズキ目ベラ科カミナリベラ属
●標準和名：カミナリベラ　●漢字表記：雷遍羅
●英名：cutribbon wrasse
●学名：*Stethojulis interrupta terina* Jordan & Snyder, 1902
●採捕日：2017年9月10日　●採捕場所：千葉県・館山市
●全長：61 mm

写真個体は始相の個体。終相の二次雄と、始相の雌との間によるペア産卵だけでなく、始相の一次雄と雌の間によるグループ産卵を行うことも知られている。

水流と魚の移動・回遊

日本列島は寒流と暖流に恵まれています(図1-84)。寒流の親潮と暖流の黒潮が日本の風土文化に影響を与えると同時に、日本で多様な魚類が見られる主要な理由の一つとなっています。黒潮は最大で秒速2.0～2.5 mという速さで流れますが、これが近年の海水温上昇と相まって、南方からの熱帯魚輸送のベルトコンベアのような役割を果たしているのではないか？という仮説が提示されています。実際に、日本の黒潮やその分流である対馬暖流の流域では、ふつうは分布しないはずの熱帯性魚類の偶来が記録されることは珍しくありません。初夏から初冬にかけては、スズメダイの仲間、チョウチョウオの仲間や枯れ葉に模倣するナンヨウツバメウオなどの熱帯性魚類の幼魚が本州に出現したり、温帯性の種が東北・北海道に出現したりします(図1-85～86, 88～90)。多くは冬の低水温に耐えられずに死亡すると考えられ、また越冬しても成熟して再生産(産卵・繁殖)はできないとも指摘されています。このような熱帯性魚類が黒潮や対馬暖流に乗って流されてくるものの、定着できないような現象を「死滅回遊(しめつかいゆう)(無効分散(むこうぶんさん))」と呼びます。

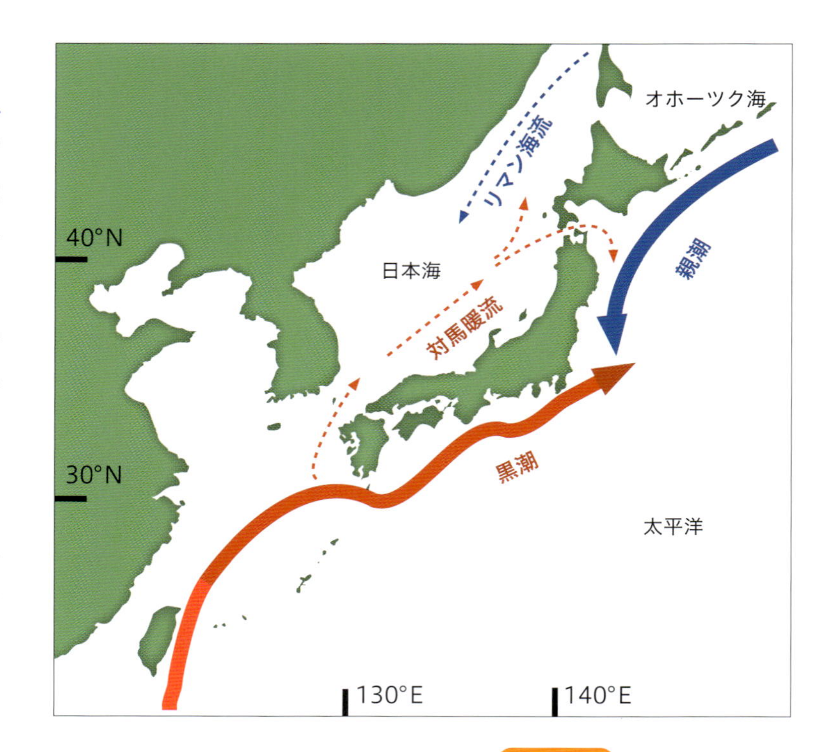

図1-84
日本列島は南から暖流の黒潮が、北からは寒流の親潮が流れる、世界的にも稀な地域。

図1-85
スズキ目スズメダイ科オヤビッチャ属
●標準和名：オヤビッチャ　●漢字表記：親美姫
●英名：Indo-pacific sergeart
●学名：*Abudefduf vaigiensis* (Quoy & Gaimard, 1825)
●採捕日：2017年8月12日　●採捕場所：神奈川県・横須賀市
●全長：22～24 mm

体側に幅の広い5本の横帯がある。背部は黄色っぽいことが多い。本種によく似たロクセンスズメダイとは、尾鰭上下葉にある黒色帯が本種にはないことで識別できる。

図1-86
スズキ目マンジュウダイ科ツバメウオ属
●標準和名：ナンヨウツバメウオ　●漢字表記：南洋燕魚
●英名：orbicular batfish
●学名：*Platax orbicularis* (Forsskål, 1775)
●採捕日：2017年9月8日　●採捕場所：千葉県・館山市
●全長：38 mm

ひらひらと漂うように泳ぐ姿態から、枯葉に模倣していると考えられる。幼魚は枯れ葉や枯れ枝が漂流している場所でよく観察される。

図1-87
ウナギ目アナゴ科クロアナゴ属
●標準和名：マアナゴ　●漢字表記：真穴子
●英名：whitespotted conger
●学名：*Conger myriaster* (Brevoort, 1856)
●全長：120 mm前後

カライワシ目、ソトイワシ目、ソコギス目、及びウナギ目魚類の仔魚期は葉のように平たくて細長い姿をしており、レプトケファルス幼生（葉形仔魚）と呼ばれる。この形態的特徴は、潮流に乗って分散しやすいという利点があると考えられている。マアナゴのレプトケファルス幼生は“ノレソレ”と呼ばれ、水産商品として流通しており、特に黒潮流域の地域で珍重される。これらの個体は、横浜中央市場において購入されたもの。

図1-88
トゲウオ目ヨウジウオ科カワヨウジ属
●標準和名：ガンテンイシヨウジ　●漢字表記：厳点石楊枝
●英名：beady pipefish
●学名：*Hippichthys penicillus* (Cantor, 1849)
●撮影日：2016年9月2日　●採捕場所：神奈川県・横浜市
●全長：130～140 mm

背面が角張っている。内湾の藻場や河川の汽水域に生息する。純淡水域へは進入しない。地球温暖化の影響により生息域が徐々に北上している。

同様に、黒潮は流れが速いため魚は横切ることが難しく、種によっては分散する上での障害となっているのではないか？という仮説も提示されています。すなわち、温帯性魚類の亜熱帯・熱帯域への分散を阻んでいるというものです。実際に、日本の九州・四国・本州に分布している魚種のうち、中国大陸や台湾にも分布するものは数多いのですが、南西諸島には分布せず、近縁で南西諸島に固有の別種が分布するパターンが見られることがあります。黒潮が障壁として働き、南西諸島で独自の進化を遂げることに至ったミナミクロダイ（対するクロダイ）やキビレアカレンコ（対するキダイ）などのような種が出現した理由として考えられているのです。

黒潮の源流は熱帯域にあります。ニホンウナギの産卵場所は、グアムの西方沖であることが21世紀になってようやく明らかにされました。受精卵から孵化した仔魚は、海流に乗って日本を含む極東アジアの沿岸にやってきます。特徴的なのは、海流に乗ることが前提の「レプトケファルス（葉形仔魚（ようけいしぎょ））」と呼ばれる平たい形態を呈していることです。系統的に近いアナゴやウツボの仲間、カライワシやイセゴイなども仔魚期はレプトケファルスを経ます（図1-87）。稚魚期に移行する際に収縮して短くなり、成魚と同じような外形に変態するのです。

中国原産の外来種であるハクレンやコクレンは、生まれた河川の長さが、自分たちの子孫を残せるかどうか（再生産）に大きく関わっているといわれています。日本では、河川の流程が最も長い利根川を筆頭に、ごく一部でしか再生産できていません。産卵期には、群れで利根川を溯上して飛び跳ねる姿が目撃されますが、受精卵は河川を流されながら発生が進むため、河川長が短い急流の多い日本では、ほとんどの河川で孵化する前に海に流出してしまい、定着しないのだといわれています。

また、魚には正と負の走流性が見られる種の存在が知られています。正の走流性とは、水の流れに乗って移動する生得的な振る舞いのことです。対する負の走流性は、流れに逆らって移動する生得的な振る舞いのことを指します。端的にいえば、水流に抗って泳ぐか、あるいは従って泳ぐのかが本能的に決まっているということです。

たとえば、潮汐に合わせて海から河川へ進入し、河川から海へ戻っていく振る舞いを見せる魚種は、タイミングによってその走性の正負を変化させているように見えますが、河川ではなく海流の正の走性として理解できます。また、河川の増水（濁水がその鍵刺激になっている種もいそうです）や減水によって、河川と氾濫原湿地を行き来するものもいます。理解しやすい事例としては、海から河川への溯上（負の走流性）と河川から海への降下（正の走流性）を生活史の中で必須とする通し回遊魚が挙げられます。しかし、水流がどのように魚の移動に対して影響を与えているのか、その多くは謎に包まれています。わかっていることは、産卵のための河川の溯上や降下など、産卵期にこの習性が顕著に見られる種が存在することです。

この他、水流の向きだけでなく、ハダカイワシの仲間やキンメダイの仲間など、日中は深い水深を遊泳し、夜間にはより浅い水深帯を遊泳するという「日周鉛直移動（にっしゅうえんちょくいどう）」を行う種の存在が知られています。また深い海に生息するミズウオやサケガシラなどが湧昇流（深層から表層に向かって水塊が湧き上がる現象で、日本では冬季に発生しやすい）に乗ってしまい、深海に戻れなくなった個体が海浜に打ち上げられることもあります。他方、海流とは関係ありませんが、ムツのように春から夏までの幼魚期を浅海の岩礁域で過ごし、成長すると深場の岩礁域へと生息場所を移していく種もいます。

図1-89

フグ目モンガラカワハギ科アミモンガラ属

●標準和名：アミモンガラ　●漢字表記：網紋殻

●英名：rough triggerfish

●学名：*Canthidermis maculata* (Bloch, 1786)

●採捕日：2016年8月28日　●採捕場所：神奈川県・横須賀市

●全長：58 mm

成魚は沖合を遊泳し、幼魚は流れ藻に付くことが知られている。世界中の暖海に広域分布する種で、日本においても黒潮や対馬暖流の影響の及ぶ海域から広く記録されている。

図1-90

スズキ目チョウチョウウオ科ゲンロクダイ属

●標準和名：ゲンロクダイ　●漢字表記：元禄鯛

●英名：brown-banded butterflyfish

●学名：*Roa modesta* (Temminck & Schlegel, 1844)

●撮影日：2015年2月1日　●採捕場所：東京湾　●全長：120 mm

チョウチョウウオ科では珍しく、日本海にも適応している温帯性の種。水深50～200 mのやや深い岩礁域に生息する。内湾的な環境を好むとされる。

2章

つかまえる

川や海、とる魚によって準備するものが変わってくる。
楽しいだけでなく、危険についても学んでおきたい。

ヒラスズキ

つかまえる

水辺に出かけた際に発見した魚類の姿は、上から水面を通して見える魚影というケースがほとんどでしょう(図2-1,2)。大抵、魚類の背面しか見えず、じっくりと上から眺めていても何の種かわからないこともあります。そして「あそこにいるよ!」と見つけた興奮を誰かと共有しようにも、魚類の背面は基本的に黒っぽく、水面に見える色と同化しているため、発見を共有できないことも珍しくありません。多くの魚類の背面が暗色なのは、保護色の役割を果たしていると考えられます。

一般的に魚類は水族館のように、横から見ないと種の違いを捉えることは難しいものです(図2-3)。また、パッと見ただけでは種が判別できないこともあります。特に仔稚魚では、種名を調べるのは専門家でも難しいです。育ててみたり、標本にしたりしてじっくり観察し、細部まで調べてみないと、その正体を突き止められないこともあります。

自分でつかまえた生き物の正体を知りたいという欲求は、知的好奇心を満たすだけでなく、自身の世界観を広げる上での重要な動機付けとなります。魚類学者の誰もが通ってきた最初の一歩であり、知るためには生物の命を頂戴しなければならない場面も出てきます。感謝の気持ちを持って、魚類をしっかり愛でましょう。そして、その犠牲を魚類へ何らかの形で還元するくらいの意気込みで、魚と関わりを持てれば最高です。自分でつかまえた個体の飼育は、特に関心を高く持て、愛情をより深く注げ、さらにその魚について詳しく知りたいという気持ちが芽生えやすいはずです。魚と出会ったばかりの方々にとって、自身で魚をつかまえ、それを飼育することは、世界を広げられる絶好のチャンスです。

さぁ、たくさん水辺に出かけよう!魚をとってみよう!触ってみよう!見てみよう!飼ってみよう!

図2-1

サケ目アユ科アユ属

●標準和名:アユ　●漢字表記:鮎　●英名:ayu sweetfish

●学名:*Plecoglossus altivelis altivelis* (Temminck & Schlegel, 1846)

●採捕日:2011年9月23日　●採捕場所:北海道・朱太川下流域

●神奈川県立生命の星・地球博物館魚類標本資料:KPM-NI 29288

(1)は産卵のために群れになっている落ちアユの写真。この光景だけでは種名を確定できず、やはり採捕や水中観察を通さなければ、正体がアユ(2)とわからない。地元の人々が経験的に「この時季のこの光景は、この種だ」といえるのは、過去に行った採捕や水中観察の結果で、その経験則は間違っていることもたまにあり、鵜呑みにできないことも。

図2-2

サケ目サケ科サケ属

●標準和名:サケ　●漢字表記:鮭

●英名:chum salmon

●学名:*Oncorhynchus keta* (Walbaum, 1792)

●観察日:2009年10月18日　●観察場所:北海道・千走川河口域

さすがに大型個体のサケのような場合であれば、魚影を見ただけでも種はわかる。

図2-3

コイ目コイ科ムギツク属

●標準和名:ムギツク　●漢字表記:麦突

●学名:*Pungtungia herzi* Herzenstein, 1892

●採捕日:2017年5月31日　●採捕場所:神奈川県・相模川水系

●全長:73 mm

上から見た背面と横から見た側面の写真。

図2-4

金魚すくいの屋台。今のように“ポイ”を用いた金魚すくいが盛んになったのは大正時代からだといわれているが、江戸時代後期には同様の遊びが行われており、“ポイ”ではなく網を用いている様子が浮世絵に描かれている。

手軽な採捕方法

魚をつかまえるにあたって、どのような方法が思い浮かぶでしょうか？漁師が行う定置網、巻網や刺網のような大掛かりな道具を必要とする漁法もありますが、最も原始的な方法といえば、自分の手足のみで魚に挑む「徒手」による採捕が挙げられます。また、日本は遊漁の文化が最も発達している国の一つで、縁日の金魚すくいは、魚をつかまえる娯楽として最もポピュラーな遊びかもしれません（図2-4）。自然水域においては、金魚すくいで使う“ポイ”で魚をつかまえることはさすがにありませんが、徒手の次に手軽な方法として金魚網やたも網を用いた方法が挙げられるでしょう。さらに、縄文時代以前から続く「釣り」も原始的な方法として挙げられます。ただし、釣りには道具や餌の準備が必要になるため、若干の手間がかかります。しかし、国内では漁具が気軽に入手できる環境が整っており、誰もが気軽に楽しめるレジャーの要素を併せ持っています。

購入

研究資料は、購入することもできます（図2-5）。これが最も手っ取り早いときもあり、自ら採捕に出かける場合に比べて労力もかかりません。市場、魚屋、観賞魚店から購入した鮮魚や活魚を研究材料にできます（※ただし、現在では海外産を用いるとABSの目的外利用に該当するため研究材料とはできません：コラムp. 69参照）。特に一般の人が入れる魚市場は、水揚げされたばかりの魚を拝むことができ、値段の付かないような魚種を拾えたり、無料で譲ってもらえたりすることもあります。

図2-5

東京都中央卸売市場・築地市場。仲卸売り場では、水産上重要種を中心に、全国の漁港で水揚げされた魚介類が集まってくる（撮影協力：尾辰商店・東京魚市場卸協同組合）。小売店などで販売されている魚を購入して研究材料とすることも可能で、漁獲された地点や日付がわかれば分布データの証拠資料として活用できる。特に地方の卸売市場は、水揚げされたばかりの多様な魚介類に出遭える場であり、研究者との距離が縮まれば、これまで埋もれていた科学的には貴重なデータの発見に繋がるはずだ。

徒手

徒手採捕とは、文字通り自分の手足のみを用いて魚をつかまえることです。しかし、弱った魚ならいざ知らず、水中の魚を己の手と足だけでつかまえるのは、たとえ稚魚でもかなり難易度は高くなります。水域が狭く区切られた水溜まりのような場所や、不意打ちの状態が演出できなければ、採捕することはできないかもしれません。水中という世界は、その環境に適応している魚類の方がヒトよりも分があります。文明の利器を持たない私たち陸上動物になす術はない状況の方が一般的です。

むしろ、徒手で魚類を採捕したいならば、最初から水中での戦いを諦め、水際の岸辺に打ち上がった魚類を拾ったり、潮が引いている時の干潟で穴を掘って巣穴や泥の中に潜む魚類をとらえたりする方が、効率としてはよいでしょう（図2-6）。特殊な状況の例としては、黒潮流域で寒波が訪れた冬季に、熱帯・亜熱帯を主な生息域とする魚種が動けなくなったりすると、それらを拾うことができます。また、河川や海の浸透水が下に通っている陸地や水際を掘り、その間隙に棲むミミズハゼの仲間などを採捕することも徒手採捕に含まれるでしょう。このように、ヒトの方が魚類に優るシチュエーションをうまく見つけることが、徒手採捕のコツです。

図2-6

福岡県・奥畑川河口域。泥干潟の場合、穴を掘る潮干狩りのようなアプローチで魚がとれることも。

金魚網／たも網／叉手網(さであみ)

道具を用いる場合、金魚網やたも網が最も手軽な方法です（図2-7～9）。100円ショップやコンビニエンスストアの一部店舗でも手に入れることができます。ただし、たも網については通常、枠の全体が円いものよりも、半円の方が扱いやすいです。なぜならば、水底などに網を固定し、魚を網へ追い込む際に、円い形では逃げ場が生じやすいためです。円い形の枠をした網は、釣りで鈎掛かりした魚体を収める時など、水面を漂う魚をすくいとるような場合に限って都合がよいです。叉手網（図2-10）は、たも網よりもさらに大きい道具であり、魚の採捕可能性を高められる道具ではあるものの、入手できる店舗が限られるだけでなく、利用できる水域も限られている点に留意が必要です（漁業調整規則p. 56～57を参照）。

図2-7
(1)たも網でとらえた生物は陸上や空中で別の容器に移す。(2)水流で自動的に網が膨らむように、底にしっかりと枠を固定して構え、その上流側の植物の隙間や大礫の裏側などに潜む生物を足で驚かし、追い込むように網へ誘導する。

図2-8
潮溜まりや夜間の採集では、金魚網で充分なことも。

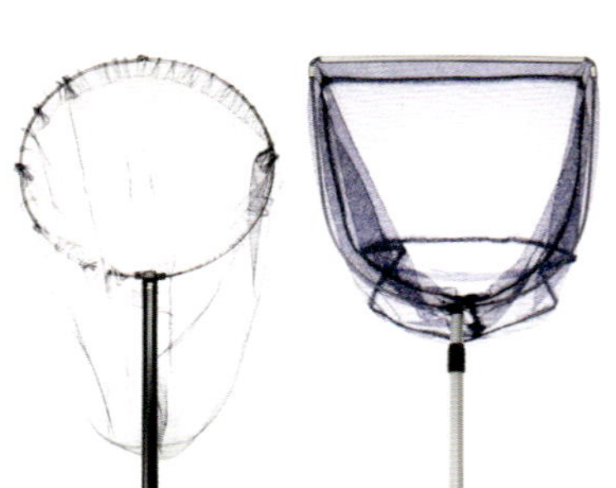

図2-9
大きさや形のことなるたも網。川辺、磯辺や水中でたも網を使って魚をつかまえる場合、左の円形の枠のものではなく、右のような半円形のものを用いた方が、魚に逃げられにくい。左の円形枠のたも網は、釣りで掛かった魚や流れ藻に付いている魚のように、表層を漂う魚をすくい上げる際に効果を発揮する。状況に応じて長さを変えられる伸縮式の方がやや値は張るものの使い勝手はよい。

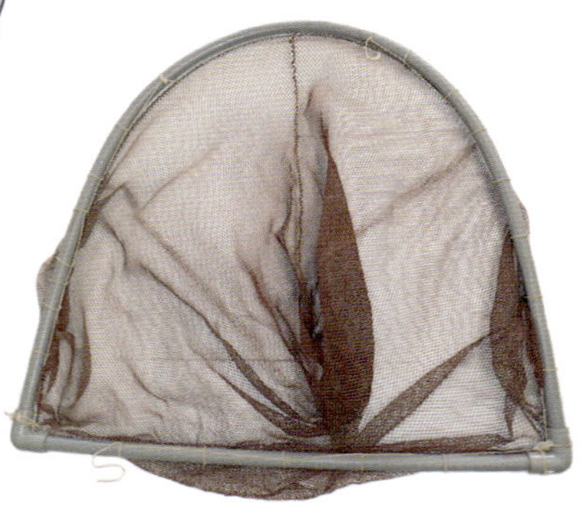

図2-10
叉手網。使い方はたも網と同様だが、より広範囲をとるために、複数人の共同作業によって追い込むと効果が上がりやすい。

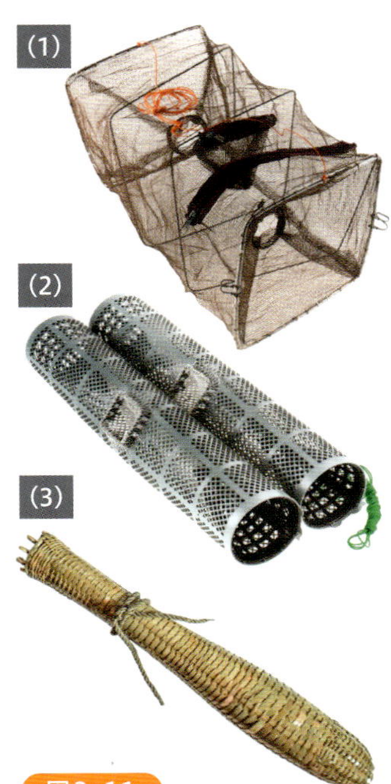

図2-11
市販されている一般的な籠網(1)や筒(2)。民芸品として、ウナギ用の筌(うけ)(3)が売られていることも。

翻筋斗(もんどり)

この漁具(図2-11)を使用できる水域は限られるため、利用の際には事前の下調べが必要です(漁業調整規則p. 56～57を参照)。ペットボトルを利用して制作できるような簡易的なものであったとしても、魚類を採捕できます。ビンやプラスチックの仕掛けだけでなく、網と金属で作られたものも、同じ仕組みです。餌を入れなくても魚は入りますが、餌を入れると短時間で成果を見込めるかもしれません。

仕掛ける場所は、止水域や緩流域が対象となります。流水域では、仕掛けを固定しづらいばかりでなく、仕掛けが流され てしまったり、魚も入りにくくなったりします。

釣り

調査研究でも、しばしば用いられる漁法です(図2-12)。むしろ網による採捕が難しい、入り組んだ岩礁・サンゴ礁域においては、標本を集めるうえで最も効率のよい手法となる場合もあります。調査としての釣りは、一見すると遊んでいるように見えるかもしれません。しかし、充分な数の資料が集まらず焦燥感にかられながら標本の収集に勤しむ職業研究者も世の中には存在します。公刊の学術論文において新種や日本初記録種として発表された魚種のうち、釣りによって採捕された個体の証拠標本に基づく事例も、枚挙にいとまがありません。なお、特に飼育に供するために釣るのであれば、鈎(はり)にカエシがある場合はペンチで潰したり、ヤスリで削ったりするなどして、バーブレスフックにしておくと(図2-13)、魚体への余計なダメージを減らすことができます。最初から標本や解剖等に供する目的であればその限りではありませんが、誤って人体へ刺さってしまった時のことを考えても、バーブレスフックの方が安全性は高いでしょう。

釣りは全都道府県で認められている漁法であるものの、撒き餌や灯火等の使用が禁止されている都県もあるため、その点は留意しなければなりません(p. 56～57を参照)。日本の釣り文化と釣具の発展は世界的に見ても多様性に富み、その詳しい紹介は専門書に任せるとして、ここでは一般的な釣法とそれぞれの利点と欠点についての解説に留めておきます。

図2-12
筆者も共著で入っているヒラスズキの再記載論文では、調査に用いられた標本は、すべて釣りで採捕された個体に基づいている。

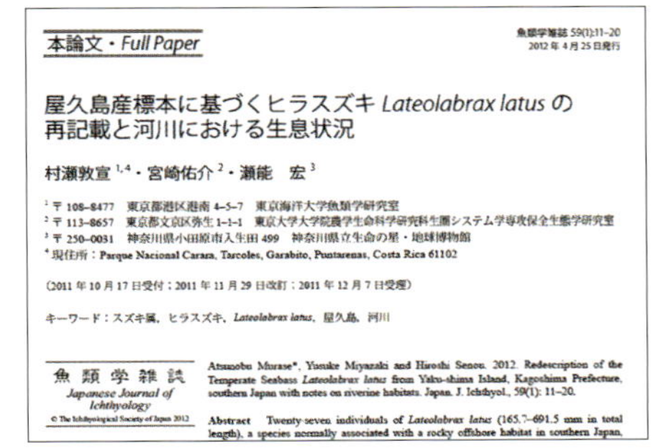

本論文・*Full Paper*

魚類学雑誌 59(1):11–20
2012年4月25日発行

屋久島産標本に基づくヒラスズキ *Lateolabrax latus* の再記載と河川における生息状況

村瀬敦宣[1,4]・宮崎佑介[2]・瀬能 宏[3]

[1] 〒108–8477 東京都港区港南4–5–7 東京海洋大学魚類学研究室
[2] 〒113–8657 東京都文京区弥生1–1–1 東京大学大学院農学生命科学研究科生圏システム学専攻保全生態学研究室
[3] 〒250–0031 神奈川県小田原市入生田499 神奈川県立生命の星・地球博物館
[4] 現住所:Parque Nacional Carara, Tarcoles, Garabito, Puntarenas, Costa Rica 61102

(2011年10月17日受付;2011年11月29日改訂;2011年12月7日受理)

キーワード:スズキ属,ヒラスズキ,*Lateolabrax latus*,屋久島,河川

魚類学雑誌
Japanese Journal of Ichthyology
© The Ichthyological Society of Japan 2012

Atsunobu Murase*, Yusuke Miyazaki and Hiroshi Senou. 2012. Redescription of the Temperate Seabass *Lateolabrax latus* from Yaku-shima Island, Kagoshima Prefecture, southern Japan with notes on riverine habitats. Japan. J. Ichthyol., 59(1): 11–20.

Abstract Twenty-seven individuals of *Lateolabrax latus* (165.7–691.5 mm in total length), a species normally associated with a rocky offshore habitat in southern Japan,

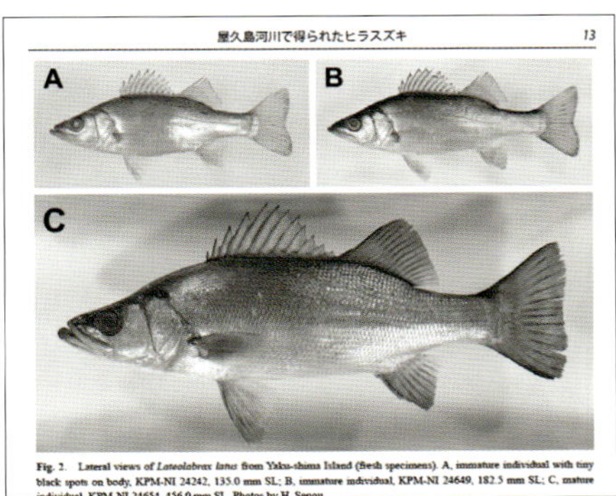

屋久島河川で得られたヒラスズキ 13

Fig. 2. Lateral views of *Lateolabrax latus* from Yaku-shima Island (fresh specimens). A, immature individual with tiny black spots on body, KPM-NI 24242, 135.0 mm SL; B, immature individual, KPM-NI 24649, 182.5 mm SL; C, mature individual, KPM-NI 24654, 456.0 mm SL. Photos by H. Senou.

調査標本 鹿児島県大隅諸島屋久島産27個体(以下採集日順):KPM-NI 24242,1個体,体長135.0 mm,屋久島北西部永田川下流域(河口から約0.5 km上流),餌釣り,2009年7月26日,宮崎佑介採集;KPM-NI 24254–24256,3個体,234.6–261.0 mm,屋久島北西部永田川下流域(河口から約1 km上流),ルアー釣り,2009年8月9日,村瀬敦宣採集(以下,すべてルアー釣りで村瀬敦宣採集):KPM-NI 24252,1個体,239.7 mm,

図2-13
バーブレスフックの作り方

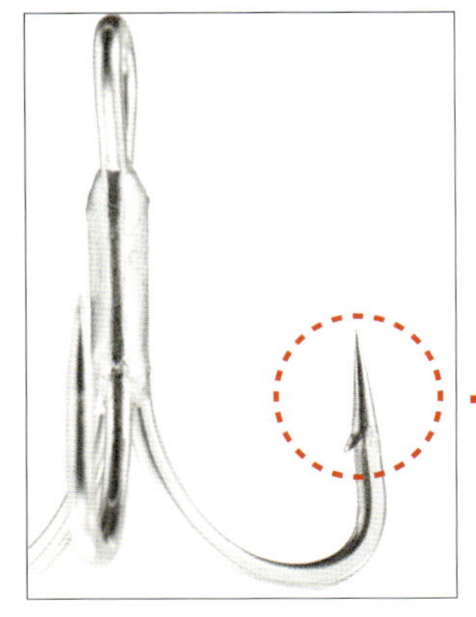

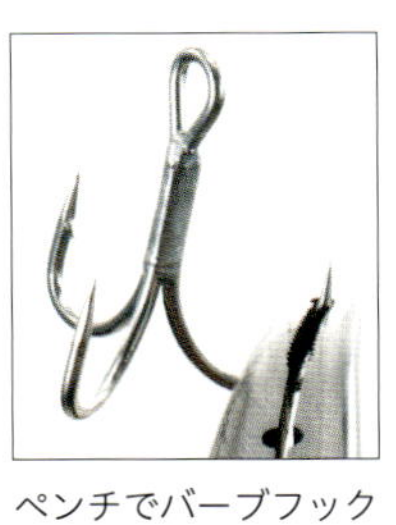

ペンチでバーブフックの"カエシ"を潰して、バーブレスフックに。

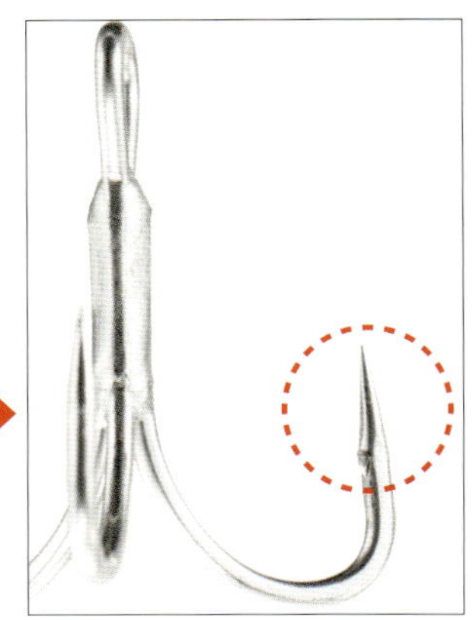

魚がいる場所の見つけ方

どのような魚種を狙うのかによって、大きく変わってきます。岩礁域や海藻・海草に生息場所を依存するような魚種の場合、踏査によって岩礁域の窪みや海藻・海草の繁茂している地点を積極的に攻めていくことになるでしょう。地形の微妙な窪み方や海藻・海草の種などの違いによって、利用している生物も変わってくるかもしれません。回遊する魚種の場合は、潮通しのよい水域で待つことや、移動を重ねて小まめに攻めることが必要で、運や足で稼ぐような形になるでしょう。ただし、釣り用語でいう“鳥山”(鳥類が騒がしく群がっているような場所)や“ナブラ”(大型魚が小型魚を襲って局所的に水面が波立っているような場所)は、回遊性の魚類を釣獲しやすい指標として用いられています(図2-14)。どのような場所で観察・採捕が可能なのかは、魚種の生態や季節の移ろいと密接な関わりがあります。ほとんど明らかになっていない生態を紐解いていくような心積もりで観察・採捕に臨むとよいでしょう。

図2-14
マグロの仲間がカタクチイワシと思われる群れを海面下まで追い上げ、小魚が逃げ場を失い空中へと跳ねて波飛沫が上がった。このような状態を“ナブラ”という。また、海面に集まった小魚の群れを上空から狙う海鳥が群がっている状態を“鳥山”という。夏季の相模湾の沖合では、このような光景を毎日のように目にすることができる。

釣りの種類

ウキ釣り　表層や中層を泳ぐ魚類を釣り上げたい場合に有効です。波風が立っている時や水流が速い場所では、ウキが見えなくなったり、すぐに仕掛けが流されてしまったりするため不向きとなります(図2-15)。

図2-15
風や波が静かなところでは棒ウキが繊細にアタリを取れるため、よく用いられる。風や波が強い場所では玉ウキが用いられる。ただし、遠投する場合は、遠くからでも見失わないように棒ウキの形状をしている大型で浮力のあるものが用いられることも。その種類は多様で、鮮やかなものが多く、思わず収集したくなる釣具の一つ。(ウキ：カメラマン私物)

投げ釣り　遠くに仕掛けを放り込み、その仕掛けを回収するまでの間に、距離を徐々に近付ける過程で広範囲の底層を探ることができます(図2-16)。

図2-16
(1)投げ釣りの様子。このように、オーバースローで仕掛けを投げ込む際には、後方に人がいないかどうかを必ず確認してから投げる必要がある。(2)一般的に、投げ釣りでは「天秤」と呼ばれる道具を利用する。この写真では、L字型の天秤の上側に道糸を結び、右側に鉤の付いた仕掛けを結び付ける。

図2-17
仕掛けを沈めて底をとるための錘と、針素（ハリス）から伸びる釣り鈎というシンプルな仕掛け。

脈釣り　岸壁や船からの釣りの場合、足元への仕掛けの投入であらゆる水深帯を狙えます（図2-17,18）。砂浜や岩礁などの自然海岸では難しい釣法です。ただし、足元直下が急深となった崖のような形状をしている岩礁域やサンゴ礁域では、可能な場合もあります。錘や鈎が岩に挟まったり、海藻に引っ掛かったりして、仕掛けを切らざるを得ない場合も出てくる点には注意が必要です。

図2-18
遊漁船では脈釣りの仕掛けで狙うことが一般的。

疑似餌釣り　疑似餌や疑似鈎を使う釣りです（図2-19）。サビキやバケと呼ばれるような仕掛けから、フライ（毛鈎）やルアーを用いた釣りがこれにあたります。餌の調達が不要であり、なおかつ手返し*がよいところが利点として挙げられます。“鳥山”や“ナブラ”が立っているような場合には、むしろ餌釣りよりも分があることも珍しくありません。

* 手返し
魚を釣り上げ、鈎を外し、再び餌を付けて仕掛けを投入するという一連の動作効率のこと。

図2-19

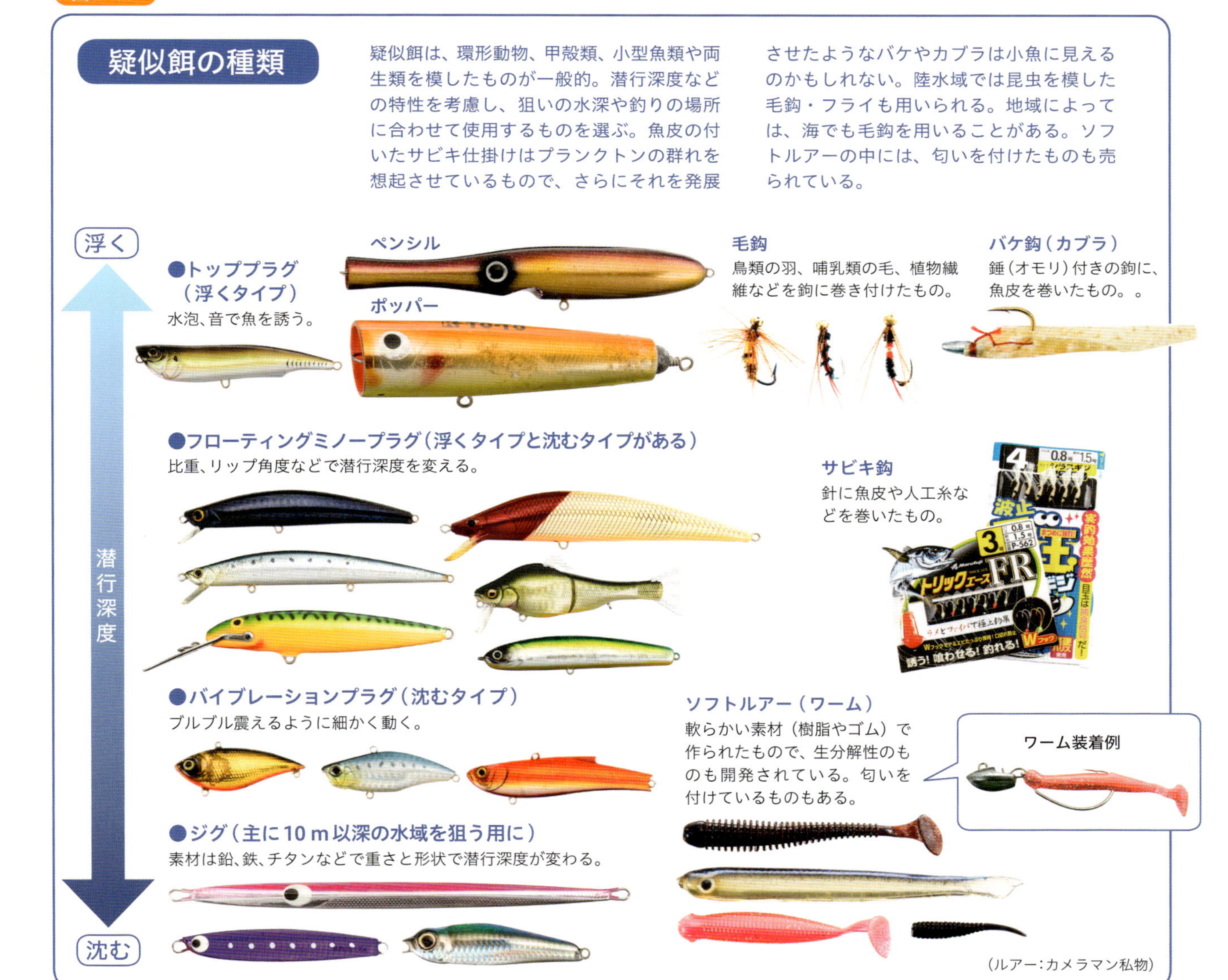

引っ掛け釣り／コロガシ釣り　植物食性の魚類は餌釣りでの採捕が難しいです。代表的な対象種に、河川のアユが挙げられます。フグの仲間やカマスの仲間のように、なかなか口に鈎が掛からない魚を、孫鈎で引っ掛けるような仕掛けもここに含まれます。有名なムツゴロウの“むつ掛け”（図2-20～22）やワラスボの“すぼ掻き”もこの漁法に該当します（図2-23, 24）。冬季の視力の下がったボラを、大きなギャング鈎（図2-25）を用いて思い切り引っ掛けるような釣法もありますが、倫理的な観点から嫌悪する人もいます。

図2-20
ムツゴロウより前に、漁法の方が絶滅しそうな有明海の“むつ掛け”と“すぼ掻き”。佐賀県鹿島市の「道の駅 鹿島」において、体験できる。

図2-21
スズキ目ハゼ科ムツゴロウ属
●採捕和名：ムツゴロウ
●漢字表記：鯥五郎
●英名：great blue spotted mudskipper
●学名：*Boleophthalmus pectinirostris* (Linnaeus, 1758)
●採捕日：2015年10月16日
●採捕場所：佐賀県・鹿島市
●全長：17 cm
●神奈川県立生命の星・地球博物館 魚類標本資料：KPM-NI 39876

図2-22
通常の鰓呼吸だけでなく、皮膚呼吸も可能である。そのため、鱗が特殊な形に進化している。

図2-23
スズキ目ハゼ科ワラスボ属
●標準和名：ワラスボ
●漢字表記：藁素坊、藁苞
●学名：*Odontamblyopus lacepedii* (Temminck & Schlegel, 1845)
●採捕日：2015年10月15日
●採捕場所：佐賀県・鹿島市
●全長：29 cm
●神奈川県立生命の星・地球博物館 魚類標本資料：KPM-NI 39782

図2-24
頭部に近寄ってよく見てみると、眼が退化しているのが分かる。

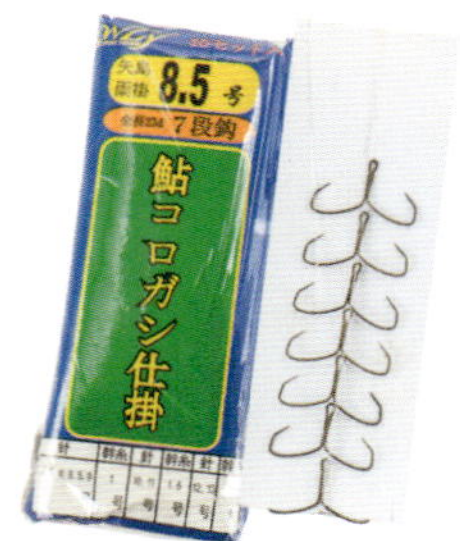

図2-25
引っ掛け釣りで用いる鈎は、カエシがないものの、人体にも危険なため取り扱いには気を付ける必要がある。下がボラ釣り等で使用するギャング鈎。

季節を通じた活動

どの時季に水辺に出かけるかは、「どのような魚に出会えるのか？」という答えに繋がります。私たちが陸上で快適に活動できるのは春と秋で、水中を泳ぐならば快適な季節は夏ということになるでしょう。しかし、ヒトの都合と、魚の事情は必ずしも一致しません。多くの魚種に出会いたいならば、海では秋から初冬にかけて、河川ならば晩春から初秋までがよいシーズンとなり、ヒトにとっても都合がよいかもしれません。しかし、ある特定の魚種や成長段階に絞って狙いを定めようとすると、最も採集しやすい季節は真夏であったり、真冬であったり、あるいは稚魚から飼い始めるためには早春でなければならなかったり……というように、出かける場所や時季を適切に選択する必要が出てきます。

また、同じ地点であっても、季節の移り変わりにともなって、魚類相の組成も変化するかもしれません（図2-26）。たとえば、ダムや堰堤が下流側に建設されていないような水域であれば、春から秋にかけては種々の稚魚や成魚が代わる代わる海から溯上してくることでしょう。冬には、一年の中で最も水温が下がるため、より水温の高い深みへ移動していることは一般的に観察できる現象のはずです。さらに、台風などの大雨の後には河川の形状が変化することはごく一般的な自然現象として知られています。このような生息地の大きな変化は、生物相組成にも大きな影響を与えます。

タイミング

産卵や摂餌のタイミングは種によって異なります。そして、ほとんどの魚種でそれらのタイミングは未だ科学的に解明されていません。調べ甲斐のある研究内容であるため、身近な魚種や興味のある魚種を対象として、じっくり一年を通して観察を進めてみましょう。

一般的に、淡水域で重要な条件は、季節・日照・栄養塩濃度・水温・増水や減水のタイミング（濁度とも密接に関係）が挙げられます。なお、鉄砲水やダムの放水による急な増水は、人命に危険を及ぼすため、台風の後やダムの放水が行なわれる時には特別な警戒が必要です。

一方、汽水・海水域において重要なのは、上記の条件に加えて潮汐のタイミングや塩分です。ただし、こちらも暴風警報、波浪警報や津波警報が出ている時や高潮時などは、人命に危険が及ぶ可能性が高まるため、海辺には近付かないでください。

では、ここから、陸水域（淡水・汽水域）と海域に分けて、それぞれの採集・観察事例の一端を、季節に沿って紹介していきます。

陸水域における採捕・観察

日本列島は、そのほとんどが氷期にユーラシア大陸と地続きだった大陸島で、伊豆諸島や小笠原諸島のような海洋島もその一部に含んでいます。したがって、現存する種も大陸との共通種や、共通の祖先種を持つ近縁種ばかりです。主な進入経路は、北方は樺太方面、南は九州方面からと、種によって日本列島に渡ってきた歴史や経緯が異なります。また、日本最大の湖である琵琶湖は、世界でも有数の古代湖で、約400万年前から存在し、固有種を生み出してきました。

特に一生を淡水域で過ごす「純淡水魚」については、このような地理的背景の影響を強く受けるため、地域によって生息する魚種の組成が大きく異なります(図2-27)。予め、どのような魚種が見られる地域なのかを図鑑で調べてピックアップして、把握しておくとよいでしょう。分布域が都道府県ごとに紹介されている淡水魚図鑑は、ひと目で分布域を捉えることができるためお勧めです。

図2-26

同じ場所でも時季によって観察・採捕できる魚は変化する

春季の北海道・朱太川中流域の例。一部のヤマメは降海の準備が始まり、降海回遊魚のカワヤツメも5月下旬から6月上旬にかけて行われる産卵に備える。

秋季の北海道・朱太川中流域の例。サケやサクラマスが産卵期を迎える。夏に溯上してきたウキゴリ類やカジカ類の幼魚もそこかしこに見受けられる。

図2-27

同じような河川環境であっても、地域(特に緯度)が異なると、観察・採捕できる魚は変化する

北海道

8月下旬の北海道・朱太川中流域の例。アユは9月中旬から始まる産卵に向けて準備を始める。ウキゴリ類やカジカ類は稚魚が海から溯上してきたばかり。純淡水魚は少なく、中流域で最もよく見られるのはフクドジョウ。

関東

夏季の神奈川県・相模川中流域の例。アユの産卵期は10月下旬頃からのため、未だ成長期の只中。コイ科魚類にはまだ婚姻色がうっすらと残っている個体も見受けられる。カワムツやドンコなど、琵琶湖産アユの随伴導入と推察される国内外来種も混じって見られる。

春 陸水域

春は、北方では雪解け水が河川に流れ込み、水温はまだ冷たい時季です。河川で1年半を過ごし、成長が優れなかったヤマメ(図2-28,29)は銀毛化*して海へ降下を始める一方で、3〜4年を海域で無事過ごして成長したサクラマス(図2-30)の成魚が産卵のために再び河川へ遡上してきます。南方では、海から河川へ生活の場を移そうとしているニホンウナギやアユの稚魚が河口域で淡水に身体を馴らしている頃合いです。既に下流域や中流域へ遡上している個体もいることでしょう。これらの「通し回遊魚」は、水産資源保護法や漁業調整規則によって、採捕は禁じられていることが多いものの、日本の風物詩として季節を体感させてくれます。

他方、水産上重要種でなければ、春に遡上や降下を行う「通し回遊魚」の採捕が禁じられていない種も多く、釣りなどの直接体験によって季節を五感で楽しめます。たとえば、都心を流れる多摩川で春を特徴づける通し回遊魚の1種として、マルタが挙げられます(図2-31)。比較的大型になるコイ科魚類で、河川敷からでも視認でき、釣獲も可能です。東京湾から遡上し、河川中流域の瀬で産卵します。その産卵基質は、川の大きさや流速などで決まると推察され、産卵行動や受精卵が観察できる地点は限られます。

*
銀毛化
体色が薄くなり、銀色になること。海水耐性を得る。

銀毛化したヤマメ

図2-28
サケ目サケ科サケ属
●標準和名:ヤマメ ●漢字表記:山女魚 ●英名:masu salmon
●学名:*Oncorhynchus masou masou* (Brevoort, 1856)
●採捕日:2011年5月17日 ●採捕場所:北海道・朱太川河口域
●神奈川県立生命の星・地球博物館魚類標本資料:KPM-NI 29201

海へ降下する直前の銀毛化したヤマメ。現地では"ヒカリ"と呼ばれる。

通常のヤマメ

図2-29
●採捕日:2016年9月3日 ●採捕場所:北海道・朱太川水系
●神奈川県立生命の星・地球博物館魚類標本資料:KPM-NI 41416

河川残留型のヤマメ。

降海中のサクラマス

図2-30
サケ目サケ科サケ属
●標準和名:サクラマス ●漢字表記:桜鱒 ●英名:masu salmon
●学名:*Oncorhynchus masou masou* (Brevoort, 1856)
●採捕日:2011年12月6日 ●採捕場所:北海道・寿都湾
●神奈川県立生命の星・地球博物館魚類標本資料:KPM-NI 29478

朱太川が注ぐ寿都湾で漁獲されたサクラマス。黒松内町・田中鮮魚店で水揚日に購入した個体だが、定置網に入らなければ翌春に朱太川へ遡上してきたことであろう。

氾濫原湿地や水田生態系ネットワークの春季は、婚姻色が発現したコイ科魚類で水中は色彩豊かな世界が訪れる季節になります。多くの淡水魚類は梅雨の増水時を利用して、河川・水路から、より浅くて水温の高い氾濫原湿地や水田へと産卵のために進入していきます。針葉樹や笹などの枝葉を水田や水路に浸けて産卵させ、コイやフナ類を受精卵から育ててみるのも面白いでしょう（ただし、地域によっては特定外来生物ブルーギルが混じることもあるので、要注意です）。

池沼では、特にダム湖や貯水池のような人造のものは足元が急深になっているところもあり、そのような場所では落水すると簡単には陸に上がってこられません。身を乗り出して、たも網を使うような、無理な採捕活動をしないことを肝に銘じておきましょう。足場が悪い場所では、長めの竿を使った釣りや、翻筋斗を使った採捕が無難です。

図2-31
コイ目コイ科ウグイ属
●標準和名：マルタ　●漢字表記：丸太　●英名：Pacific redfin
●学名：*Tribolodon brandtii maruta* Sakai & Amano, 2014
●採捕日：2017年4月5日　●採捕場所：神奈川県・多摩川

2014年にジュウサンウグイと本亜種の2亜種に分けられ、本亜種は新亜種として記載された。岩手県から東京湾にかけて太平洋側に産する個体群がマルタで、青森県以北の日本海側及び太平洋側の個体群がジュウサンウグイとなる。本亜種の方がジュウサンウグイと比して背鰭前方鱗、側線有孔鱗、側線上方・下方横列鱗の各数が少ない傾向にあることなどが特徴。春に河川へ溯上し、中流域の瀬で産卵を行う。

図2-32
コイ目コイ科タモロコ属
●標準和名：タモロコ
●漢字表記：田諸子
●学名：*Gnathopogon elongatus elongatus* (Temminck & Schlegel, 1846)
●採捕日：2017年5月31日　●採捕場所：神奈川県・相模川水系
●全長：97 mm

体側に1本の太い暗色縦帯が走り、その下に2～3列の暗色点列が縦走することなどが特徴。春から初夏にかけての時季に緩流域において、水草や湿生植物を基質として産卵を行う。

図2-33
スズキ目ドンコ科ドンコ属
●標準和名：ドンコ　●漢字表記：鈍甲、貪子
●学名：*Odontobutis obscura* (Temminck & Schlegel, 1845)
●採捕日：2017年8月19日　●採捕場所：神奈川県・相模川水系
●全長：88 mm

ハゼ亜目魚類に分類され、腹鰭はふつうに左右で分離する。春季に産卵を行う。関東地方には琵琶湖産アユの放流事業にともなって不随意に導入されたと考えられる外来生物。

図2-34
コイ目コイ科コイ属
●標準和名：コイ　●漢字表記：鯉
●英名：common carp　●学名：*Cyprinus carpio* Linnaeus, 1758
●採捕日：2017年8月17日　●採捕場所：神奈川県・相模川水系
●全長：55～63 mm

関東から九州にかけて、日本に固有の遺伝子を有する在来の系統が生息していたことが示唆されている。しかし、現在では大陸産との交雑や、大陸由来のコイの放流が進んだことによって、純度の高い日本在来の個体群は琵琶湖の水深20 m以上のごく限られた水域のみに残存する。基本的には大陸由来となっている。春季に氾濫原湿地などにおいて産卵を行う。

図2-35

(1) 岩手県一関市・北上川水系。水草が繁茂する溜め池では、翻筋斗が最も効率がよい採捕方法で、水草が見られない溜め池では釣りも効率的だ。(2) 琵琶湖流入の水田水路。

図2-37

コイ目コイ科タナゴ属
●標準和名：セボシタビラ　●漢字表記：背星田平
●学名：*Acheilognathus tabira nakamurae* Arai, Fujikawa & Nagata, 2007　●個体提供：オッケーフィッシュファーム（熊本県・緑川水系産累代繁殖個体）

シロヒレタビラを基亜種とする5亜種のうちの1亜種。本亜種は九州北西部に分布する。未成魚や雌の背鰭に黒色斑が見られることが特徴の一つであり、その名の由来となっている。北陸・山陰地方に分布するミナミアカヒレタビラにも同様の斑紋が見られることがあるものの、ミナミアカヒレタビラの臀鰭の外縁は桃色であるのに対し、本亜種では白色。

図2-38

コイ目コイ科タナゴ属
●標準和名：シロヒレタビラ　●漢字表記：白鰭田平
●学名：*Acheilognathus tabira tabira* Jordan & Thompson, 1914
●個体提供：オッケーフィッシュファーム（岡山県・高梁川水系産累代繁殖個体）

“タビラ”と名の付く5亜種のタナゴ類の基亜種。濃尾平野から山陽地方にかけて分布する。雄の婚姻色として、背鰭や臀鰭の外縁が白くなることが本亜種の特徴の一つ。

図2-36

北海道・朱太川水系。初夏の装いの水田。この時は、周辺水路や休耕田からエゾホトケドジョウやキタドジョウが採捕された。

図2-39

コイ目ドジョウ科シマドジョウ属
●標準和名：サンヨウコガタスジシマドジョウ
●漢字表記：山陽小型筋縞泥鰌
●学名：*Cobitis minamorii minamorii* Nakajima, 2012
●個体提供：オッケーフィッシュファーム（岡山県・吉井川水系産累代繁殖個体）

岡山県と広島県の限られた河川下流域及びその周辺水域からの分布が知られ、近年は広島県からの記録が途絶えている。産卵は5～7月頃に浅い湿地へ移動して行うとされる。

図2-40

ナマズ目ギバチ科ギバチ属
●標準和名：ギバチ　●漢字表記：義蜂
●学名：*Tachysurus tokiensis* (Döderlein, 1887)
●採捕日：2007年9月1日　●採捕場所：岩手県・北上川水系
●標準体長：74 mm
●神奈川県立生命の星・地球博物館魚類標本資料:KPM-NI 19440

神奈川県・富山県以北の本州に分布。夜行性で、日中は礫や植物の隙間などに潜んでいる。春から初夏にかけての降雨時に、水田へ遡上して産卵する生態が報告されている。

夏 陸水域

春季に産卵の最盛期を迎える種であっても、夏季まで婚姻色を残す個体もいます。しかし梅雨が明けると、次第に婚姻色を呈する個体は少なくなっていき、やがて小笠原気団が、湿度の高い真夏を日本にもたらしはじめます。

日本の夏を代表する川魚といえば、その食味や姿の美麗さから、アユを抜きに語れません(図2-42)。屋久島から北海道の日本海側にかけての日本列島に広域に分布するだけでなく、琉球諸島には亜種のリュウキュウアユが生息しています。真夏こそがアユの旬であり、この時季に川底の礫に付いた珪藻などをたくさん食んで成長を遂げ、秋の産卵に備えます。

また、海より水が冷たい河川においても、この季節は潜って観察できる場所も出てきます。ただし、シュノーケル(図2-41)を使うときは、最低限、シュノーケルクリア(シュノーケルに入った水を吹き出す)とマスククリア(マスクに入った水を吹き出す)の二つはやり方をマスターしておきましょう。これができないとシュノーケルやマスクに浸水があった時に、パニックを起こして溺れてしまいます。

図2-41
シュノーケルは、県によっては青少年保護育成条例において、エアガン、メリケンサック、刃物類等に並ぶ「有害玩具」に指定されている。その選定理由は、使用方法の無理解による溺死事故が各地で起きていることが挙げられる。

図2-42

図2-43

サケ目サケ科サケ属
●標準和名：サケ　●漢字表記：鮭　●英名：chum salmon
●学名：*Oncorhynchus keta*（Walbaum, 1792）
●採捕日：2017年10月23日　●採捕場所：北海道・朱太川水系
●神奈川県立生命の星・地球博物館標本資料：KPM-NI 45349（♂）
●神奈川県立生命の星・地球博物館標本資料：KPM-NI 45350（♀）

上が雄で下が雌（協力：朱太川漁業協同組合・寿都町漁業協同組合）。河川に入って婚姻色の出たサケ。木本ブナの木肌の模様が似ていることから、このような産卵期のサケを"ブナ"と呼ぶこともある。

図2-44

河川におけるサケの採捕は水産資源保護法で厳しく禁じられている。

図2-45

北海道では、行政的にサケやサクラマスの採捕可能な地点について河口の両岸に1本ずつ立った、この2本の支柱を結んだ線によって河川（内水面）と海（海面）の境として定義している。

秋 陸水域

一部の魚種では、秋に産卵期を迎えます。たとえば、サケ（図2-43～45）やシシャモが海から河川へ産卵溯上する時季は秋が最盛期です。コイ科のタナゴの仲間でいうと、ゼニタナゴやカネヒラが秋に産卵する種で、秋季には雄の婚姻色が綺麗に見栄えします（第3章コラム p. 89参照）。

水稲栽培の周期：稲刈りの間際になると、田んぼに湛えられていた水は落とされます（図2-46）。ミナミメダカやシナイモツゴなどの田んぼを利用していた魚類は溜め池や水路へ移動します。ドジョウに限っては水分を含む地中へ潜って越冬する個体もいます。乾田化から逃げ遅れた魚は野鳥や哺乳類などの餌になります。

水田生態系ネットワークのみに現存する絶滅危惧種：岩手県ではモツゴは国内外来種で、シナイモツゴと容易に交雑してしまいます。雑種個体はシナイモツゴの雌とモツゴの雄のペアでしか発生しないこともわかっており、しかも雑種個体はほとんど子孫を残せません。モツゴはシナイモツゴよりも大型に成長するため、産卵場所の獲得に有利であると考えられ、モツゴが侵入・定着した溜め池では、わずか数年でシナイモツゴからモツゴへ完全に置き換わるといわれています（図2-47, 48）。

図2-46

岩手県一関市の水田生態系。（1）溜め池は恒常的な止水環境だが、降水や湧水の状況や生物間相互作用によって年による環境の変動が大きい場所も珍しくない。（2）連結性の高い水田は、多くの淡水魚類にとっては稚魚期に速く、なおかつ大きく成長できるという利点がある。しかし、水田は夏季の中干しや秋季の収穫後の落水によって、水が張られなくなるタイミングが訪れる。この時に、水路や溜め池へ移動が間に合わない個体も出てきてしまうという欠点も存在する。

(1)

(2)

図2-47

コイ目コイ科モツゴ属
●標準和名：シナイモツゴ　●漢字表記：品井持子　●英名：moroko
●学名：*Pseudorasbora pumila* Miyadi, 1930
●採捕日：2014年10月17日　●採捕場所：岩手県・北上川水系
●神奈川県立生命の星・地球博物館標本資料：KPM-NI 37725

図2-48

コイ目コイ科モツゴ属
●標準和名：モツゴ　●漢字表記：持子　●英名：stone moroko
●学名：*Pseudorasbora parva*（Temminck & Schlegel, 1846）
●採捕日：2014年10月18日　●採捕場所：岩手県・北上川水系
●神奈川県立生命の星・地球博物館標本資料：KPM-NI 37738

冬 陸水域

春から秋まで、陸水域では魚類の採捕・観察を気軽に楽しめます。しかし、水温が下がる冬場は勝手が違います。地域によっては、陸上は氷点下となるところも珍しくなく、そのような水域では水温も0℃に近づきます。淡水魚は比較的水温の温かい深場や湧水地に移動し、じっと春を待ちます。特に日本海側は積雪量が多く、主要な交通路として利用されない河川やその周辺道路は除雪が行われません。つまり、冬季はそもそもうかつに近付けない水域も多くなります(図2-49)。

このように厳しい冬であっても、陸水で魚をとる手法がいくつか知られています。雪国でお馴染みの冬の風物詩、氷上湖の表面に張った氷に孔を空けてワカサギ釣りを楽しむ娯楽はとても有名です(図2-50)。同様に“ドン突き”は、止水域の表面に張った氷に、杭を挿して孔を空けると、氷の重みでその孔から池の水が噴き出してくる現象を利用した漁法で、魚が集まっている付近を見定めて杭を打つのがポイントということです。この“ドン突き”は、筆者が小学生の時に『釣りキチ三平』(図2-51)を読んで知った銀世界の憧れですが、残念ながら未だに実践も見学もできていません。

図2-49
(1)北海道・朱太川河口域。栄橋は最も下流側に架かる橋。表面は氷と雪で覆われている。そして、冬場は橋を渡ることはそもそも想定されておらず、除雪も入らない。
(2)北海道・朱太川水系白井川。下流域から上流域にかけては、河道が見えるところも。よく見ると、哺乳類の足跡が河川敷に残っている場所も。

図2-50
北海道・網走湖。湖上でワカサギ釣りを楽しむ光景。湖上にはいくつもの孔が開けられている。

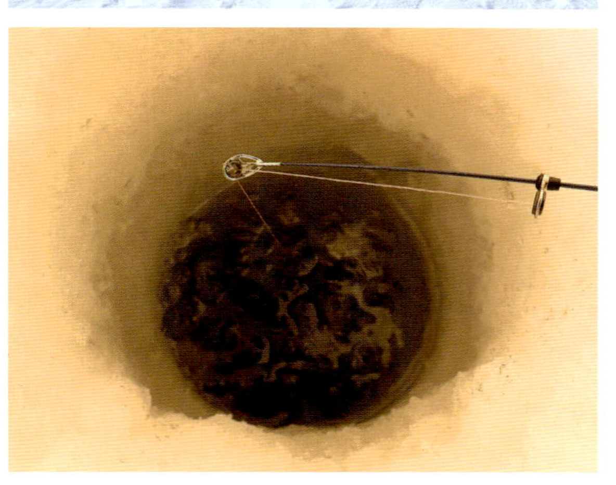

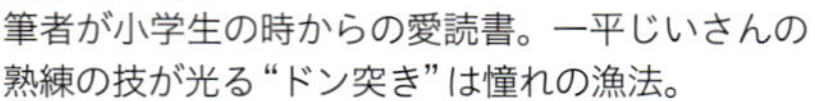

図2-51
筆者が小学生の時からの愛読書。一平じいさんの熟練の技が光る“ドン突き”は憧れの漁法。

海域における採捕・観察

海は、陸よりも季節が1ヶ月遅れでやってくるといわれますが、熱しにくく冷めにくいという水の特性を考えると、あながち間違いではないかもしれません。

黒潮に乗ってきた魚は太平洋側では宮城県まで到達し、日本海側では黒潮の分流である対馬暖流に乗って、宗谷岬を超えてオホーツク海まで到達します。さらに対馬暖流は津軽海峡を回って岩手県までにも影響を及ぼします。近年は地球温暖化にともなう海水温上昇の傾向も指摘されており、初夏から初冬にかけて、南方系の魚種の幼魚が各地で見られます。黒潮流域では、1月くらいまで南方系の魚種が豊富に見られる時季が続くものの、最も水温が下がる2～3月を越える種はさすがに少なくなります。一説によると、黒潮によって運ばれてくる熱帯・亜熱帯性魚類は生存の下限水温が15℃の種が多いといわれています。したがって、それまで厳寒期の水温が15℃を下回っていた地域で、この温度を上回り始めると、その地域の生物相が大きく変化し得る目安となるかもしれません。

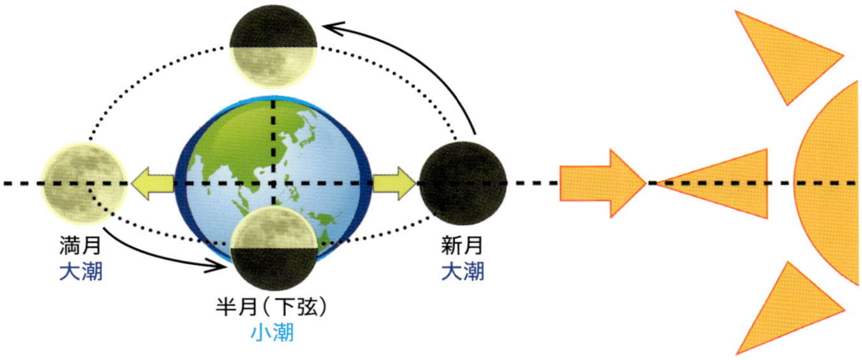

水温だけでなく、潮汐のリズム（図2-52, 53）も季節とともに変化します。日本列島では、太平洋側と日本海側でその潮汐変動は大きく異なります。日本海側では潮汐変動は小さく、太平洋側とは干満のタイミングも異なります。潮汐の影響を大きく受ける太平洋側は、夏季の大潮の日では最大干潮が昼間に訪れますが、冬季の大潮の日は、最大干潮が深夜に訪れます。

国内で最も大潮の干満の潮位差が大きくなる地域は有明海で、同じ日の干潮時と満潮時の潮位差が6 mに達することもあるといわれています。この潮汐のリズムはアクセスできる場所の可否や、魚の動態に影響を与えます。

基本的に海辺での活動は、干潮前後が最もよいタイミングです。干潮を過ぎると、再び海が陸に迫ってきます。観察する時は、この満ち潮によって、陸地に置いていたつもりの道具が海へ流されてしまうことがないよう注意が必要です。特に磯場では、行きは地続きだった場所が、海で隔てられ帰ってこられないという事態が生じることもあります。また満ち潮は引き潮の時よりも波が大きくなることもあるため、身に危険が及ぶこともあります。もし初めてで不安が大きい場合は、引き潮から干潮までの時間帯に定めて活動するとよいでしょう。海へ出かけて水生生物を観察・採捕する際には、潮汐表（タイドグラフ）は必ず参照すべき情報です（図2-54）。訪ねる地域によって潮汐のタイミングはまったく異なる上に、ピンポイントでは情報が存在しない場合もあります。可能な限り、行く先で最も近い場所の潮汐表を参照してください。それでは、季節ごとの観察ポイントを見ていきましょう。

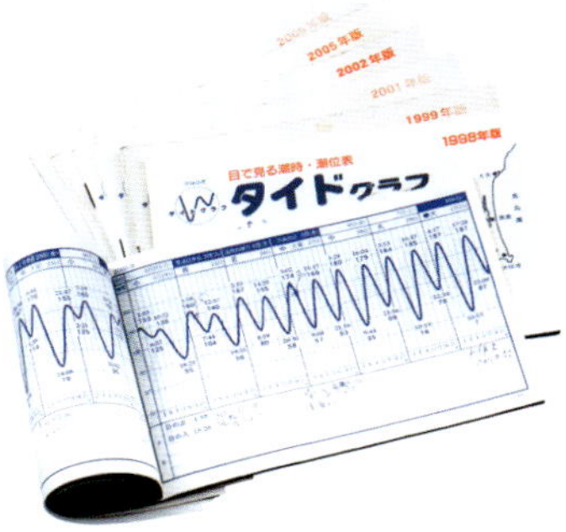

図2-52
地球の自転、そして地球の周囲を公転する月の引力で、干潮・満潮が生まれる。また、太陽の引力の影響も受けるため、太陽と月の引力による満潮が重なると「大潮」が起き、地球に対して月と太陽が互いの力を打消しあって力が小さくなると「小潮」となる。

図2-53
多くの場所で、干潮と満潮は1日2回繰り返される。その時間は月の公転の関係で毎日約50分程度ずれ、また大潮・小潮の周期が生まれる。

図2-54
釣具店で入手できる他、オンラインでも参照可能。大手検索サイトの天気予報や個人運営サイト「日本沿岸736港の潮汐表tide 736.net」(http://tide 736.net/) も便利。

春 海域

春の到来は、野外へ出かけるシーズンの幕開けとなるフィールドワーカーも多いかもしれません。心地よく自然体験を楽しめるだけでなく、出会える種も冬より増えてきます。沿岸域には、冬に産卵期を迎えた魚種の稚魚があふれているので、海藻に擦り付けるようにたも網ですくってみると、何かしらの稚魚が採捕されることでしょう。また、春季の沿岸域では、水温が上昇したことによって植物プランクトンが急増し、赤潮が発生しやすくなります。

「春告魚」といえば、かつてはニシン（図2-55, 56）を指し、北海道の日本海沿岸へ大量に押し寄せ、海が白く濁る壮大な産卵の風景が見られたといいます。しかし乱獲のため、現在その光景はほとんど見られなくなってしまいました。

関東ではメバル複合種群（シロメバル・アカメバル（図2-57）・クロメバル）が「春告魚」と呼ばれ、遊漁の主要ターゲットとなっています。また、魚の王様マダイ（図2-58）の産卵期は春で、この時季のマダイは「桜鯛」と俗に呼ばれます。同じくタイ科のクロダイも春が産卵期で、沿岸の遊業で人気の対象種です。流れ藻にも様々な種の稚魚が多く見られるようになり、その中でもブリの稚魚“モジャコ”は、ブリ養殖に欠かせない資源です。一般的にブリの養殖は、主に4～5月頃に天然の稚魚をとって、出荷できる大きさになるまで畜養する方法をとっています。ブリはニホンウナギと同様に、持続可能な利用のためには天然資源の保全の必要性が高い種です。

図2-55
ニシン目ニシン科ニシン属
●標準和名：ニシン　●漢字表記：鰊、鯡　●英名：Pacific herring
●学名：*Clupea pallasii* Valenciennes, 1847
●採捕日：2016年6月30日　●採捕場所：北海道・朱太川河口域
●神奈川県立生命の星・地球博物館標本資料:KPM-NI 41272

寿都湾では1930年頃を最後にニシンの群来は消滅した。かつて北海道の日本海で豊漁だった頃のニシンは「北海道・サハリン系群」に属する集団に由来したが、近年漁獲されるニシンは「石狩湾系群」という別の集団に由来するという。

図2-56
北海道寿都町・鰊御殿。ニシンの群来を魚見櫓で把握し、効率的な漁業に活かしていた。乱獲による水産資源の枯渇を招いた事例で、まさに「夏草や兵どのが夢の跡」の芭蕉の一句を想起させる。持続可能な資源利用を考えるうえで反省点が多い。

図2-57
スズキ目メバル科メバル属
●標準和名：アカメバル　●漢字表記：赤目張
●学名：*Sebastes inermis* Cuvier, 1829
●撮影日：2005年4月22日　●採捕場所：神奈川県・三浦市

従来メバルと呼ばれていた種は、2009年にアカメバル、シロメバル、及びクロメバルの3種に整理された。本種は、胸鰭軟条が14～16本（ふつうは15本）であること、臀鰭軟条が7～8本（ふつうは7本）であること、胸鰭が長いことなどの特徴を有する。潮あたりのよい海草・海藻帯でよく見られる。

図2-58
スズキ目タイ科マダイ属
●標準和名：マダイ　●漢字表記：真鯛
●英名：red seabream
●学名：*Pagrus major* (Temminck & Schlegel, 1843)
●採捕日：2013年12月21日　●採捕場所：相模湾

春の産卵期の本種は特に“桜鯛”と呼ばれ、珍重される。

夏 海域

冬に生まれ、春には可愛らしい稚魚だった個体は、さらに成長を遂げて成魚と同じような見た目にまで成長していることでしょう（図2-60）。また、春に産卵のあった種では、多くの稚魚が沿岸域で観察できる季節となります（図2-59,62）。

さらに、南方からやってくる魚種が梅雨頃より徐々に増え始めます。冬から春にはお目にかかれなかった魚に出遭える季節です。しかし、真夏の日中は活動が衰え、夏バテする魚もいそうです。典型的なのはイカナゴ（図2-61）で、夏でもあまり暑くならない北海道を除く地域において、冬眠の逆の“夏眠”をすることが知られています。

稚魚

図2-59
スズキ目シイラ科シイラ属
●標準和名：シイラ
●漢字表記：鱰、鱪
●英名：common dolphinfish
●学名：*Coryphaena hippurus* Linnaeus, 1758
（成魚）●採捕日：2015年7月19日
●採捕場所：神奈川県・相模湾（真鶴沖）　●全長：930 mm
（稚魚）●採捕日：2017年8月10日
●採捕場所：神奈川県・横浜港　●全長：92 mm

熱帯・亜熱帯地方ではよく食される魚種で、日本列島の夏を印象付ける魚。夏の季語として使われることもあるようだ。

若魚

稚魚

図2-60
スズキ目ハゼ科キヌバリ属
●標準和名：キヌバリ　●漢字表記：絹張
●学名：*Pterogobius elapoides* (Günther, 1871)
（稚魚）●採捕日：2018年3月19日　●採捕場所：千葉県・館山市 全長：42 mm
（若魚）●採捕日：2017年5月24日　●採捕場所：千葉県・館山市 全長：57 mm

太平洋型では6本、日本海型では7本の黄色で縁取られた黒色横帯が体側にある。春には稚魚が群れになって浮遊する姿が藻場においてよく観察される。

図2-61
スズキ目イカナゴ科イカナゴ属
●標準和名：イカナゴ　●学名：*Ammodytes* japonicus Duncker & Mohr, 1939
●漢字表記：玉筋魚、鮊子　●英名：Western sand lance
●採捕日：2011年6月2日　●採捕場所：北海道・岩内港
●神奈川県立生命の星・地球博物館魚類標本資料:KPM-NI 29135

沿岸の砂底域を回遊し、温暖な海域における夏眠時には海底の砂に潜る。建築資材用のための海砂の大量採取や過剰な漁獲圧などの複合的な要因によって、北海道を除く広い地域で資源量が激減している。流通段階では、“コウナゴ（小女子）”という別称もよく使われる。

図2-62
スズキ目マツダイ科マツダイ属
●標準和名：マツダイ　●漢字表記：松鯛　●英名：tripletail
●学名：*Lobotes surinamensis* (Bloch, 1790)
●採捕日：2016年8月12日　●採捕場所：神奈川県・横浜港
●全長：40 mm

漂流物に付き、なぜか逆さになって枯れ葉を模倣するように浮遊する。

図2-63
スズキ目コチ科コチ属
●標準和名：マゴチ　●漢字表記：真鯒、真鮲
●学名：*Platycephalus* sp.　●撮影日：2005年9月17日
●採捕場所：神奈川県・横浜市　●全長：約550 mm

真夏が旬とされる。東京湾では夏に漁獲された本種を“照りゴチ”と呼び、特に珍重する。

秋 海域

夏から秋は、死滅回遊魚が面白いです（図2-64, 65, 67）。どのような種にめぐり会えるかは、その年で大きく変動します。南方に棲む魚類の産卵数の多寡だけでなく、黒潮・対馬暖流や沿岸域の海流の細かい流れ方にも強い影響を受けるからです。特に地球温暖化にともなう海水温の上昇によって、温帯域や亜寒帯域の生物相が大きく変わる気配もあります。定期的なモニタリングなしには、どのように日本の沿岸域は変わっていくかのかも予想できません。大きな意義のある研究テーマですが、なかなかよいデータが収集できていない分野です。

図2-64

フグ目フグ科モヨウフグ属
●標準和名：サザナミフグ　●漢字表記：漣河豚
●英名：white-spotted puffer
●学名：*Arothron hispidus*（Linnaeus, 1758）
●採捕日：2017年10月25日
●採捕場所：神奈川県・三浦市　●全長：45 mm

背面側には白色斑が散在し、腹面側には黒色の縞模様が見られることが特徴。毎年、晩夏から初冬にかけての時季に黒潮に乗って死滅回遊してくる。

図2-65

スズキ目キンチャクダイ科サザナミヤッコ属
●標準和名：サザナミヤッコ　●漢字表記：小 波奴、細波奴、漣奴
●英名：semicircle angelfish
●学名：*Pomacanthus semicirculatus*（Cuvier, 1831）
●採捕日：2017年9月9日
●採捕場所：千葉県・館山市　●全長：23 mm

成魚と幼魚で見た目が大きく変わる種。観賞魚として人気が高い。黒潮流域では晩夏から初冬にかけて、稚魚に出遭えることがある。

図2-66

ダツ目サヨリ科サヨリ属
●標準和名：サヨリ　●漢字表記：鱵、針魚　●英名：Japanese halfbeak
●学名：*Hyporhamphus sajori*（Temminck & Schlegel, 1846）
●採捕日：2015年8月13日　●採捕場所：神奈川県・横浜市
●全長：148 mm

春に産卵を行い、5月前後には全長1～2 cmの稚魚が出現する。秋までに全長10 cmを超えるようなサイズにまで成長するため、秋が最も釣りのよいシーズンとなる。次の春までには全長20 cm前後に到達する。寿命は満2歳と考えられているが、2回目の春を迎えた個体でも全長30 cmを超えることは珍しいようだ。

図2-67

スズキ目アジ科ギンガメアジ属
●標準和名：ギンガメアジ　●漢字表記：銀我眼鯵、銀河目鯵
●英名：bigeye trevally
●学名：*Caranx sexfasciatus* Quoy & Gaimard, 1825
●採捕日：2017年9月9日　●採捕場所：千葉県・館山市
●全長：約65 mm

秋には黒潮流域で広く幼魚が出現する。尾鰭は一様に黄色で後端が黒く染まり、鰓蓋上端には1黒点が見られることなどで容易に同属他種（ロウニンアジやカスミアジなど）の幼魚と識別できる。

冬 海域

冬は、多くの魚が水温の高い深みへ移動します。しかし、ダンゴウオのように、捕食者が少なくなる冬季に浅場へやってきて産卵期を迎える種もいます(図2-70)。普段はやや深い岩礁域に生息するため、岸からとるにはむしろ冬季でないと難しい種です。しかも、太平洋側では冬季の大潮の干潮は深夜帯に訪れるため、夜間の活動になります。

また、冬は深海と表層の水温差が最も小さくなる季節です。海上で風が吹き続けることによって湧昇流が発生しやすい時季でもあり、急深な地形の駿河湾などでは、水温の鉛直混合*とも相まって、深海魚が沿岸に漂着することも珍しくありません。

図2-68のエビスシイラと図2-69のクロタチカマスは、深海域からの湧昇流や外洋からの波浪に乗って沿岸域に漂着したと思われるものです。この2種は、最も寒い季節の荒天時に、波打ち際で採捕されました。偶然が重なると、平常であれば沿岸域ではまず見られない魚種と予期していなかった出遭いに恵まれることもあります。

*
鉛直混合
日本近海では、冬季に表層水が冷やされて沈降し、深層水と交じり合う現象が起こる。

2章 つかまえる

図2-68
スズキ目シイラ科シイラ属
●標準和名：エビスシイラ ●漢字表記：夷鱰、恵鱰、戎鱰、戎鱰
●英名：pompano dolphinfish
●学名：*Coryphaena equiselis* Linnaeus, 1758
●採捕日：2006年3月1日 ●採捕場所：沖縄県・渡嘉敷島
●神奈川県立生命の星・地球博物館標本資料:KPM-NI 18666

外洋性で、稀種。産卵や仔稚魚の生態はよくわかっていない。

図2-69
スズキ目クロタチカマス科クロタチカマス属
●標準和名：クロタチカマス ●漢字表記：黒太刀魳、黒太刀魣、黒太刀梭子魚
●英名：snake mackerel ●学名：*Gempylus serpens* Cuvier, 1829
●採捕日：2006年3月1日 ●採捕場所：沖縄県・渡嘉敷島
●神奈川県立生命の星・地球博物館標本資料:KPM-NI 18670

大陸棚縁辺に生息するとされるが、詳しい生態は不明。湧昇流や沿岸に吹き付ける波浪に乗って岸辺にやってきたのかもしれない。

図2-70
カサゴ目ダンゴウオ科イボダンゴ属
●標準和名：ダンゴウオ ●漢字表記：団子魚
●学名：*Eumicrotremus awae*（Jordan & Snyder, 1902）
●採捕日：2017年1月28日 ＊赤のみ採捕日：2017年12月5日
●採捕場所：神奈川県・三浦市 ●全長：約11～20 mm

冬季に産卵のために浅場にやってくる。大きくても全長5 cmにも満たないような小型種だが、一年で生涯を終える年魚と考えられる。

採捕のうえで留意すべき法令

日本では、海辺や河川・湖沼の水辺を広く含む公共の場で、基本的には自由に遊漁を楽しむことができます。自然環境下に生息する魚類は無主物（所有者がいない物）とされ、採捕した人物にその所有権が認められます。ただし、漁業法、水産資源保護法や各都道府県で制定されている漁業調整規則によって、使える漁具・漁法、対象種や個体の大きさに制限がかけられていたりします（図2-71(1)）。

たとえば、水産資源保護法では、内水面における海から産卵溯上した大型のサケ科魚類の採捕及び爆発物や有毒物、電気を流す漁法を用いた魚類の採捕活動は禁じられており、違反者には刑罰として2年以下の懲役または50万円以下の罰金が科されます。

まずは、訪れようとしている河川・湖沼が漁業協同組合（以下、漁協）の管理下にあるかどうかをチェックしましょう。漁協がなければ、当該の都道府県の内水面漁業調整規則の中で自由に遊漁が楽しめます。漁協がある場合は遊漁券（図2-73）を購入すれば、その決められた範囲内で魚類の採捕を楽しむことができます。

海域では、当該の都道府県の海面に適用される漁業調整規則を遵守すれば、遊漁を楽しむことができます。ただし、港湾施設や私有地などでは、立ち入りや釣りが禁止されているエリアも少なくありません（図2-71(2)）。不安な初心者は、最新の情報が掲載された雑誌や書籍に紹介されている釣り場を参照しましょう。そうすれば安心して楽しめます。

陸水域でも、私有地への立ち入りは気を付ける必要があります（図2-71(4)）。私有地に面した水域に立ち入ったり、立ち入りたい水域へ向かう途中に私有地を通過するのであれば、必ずその土地の権利者に許可を得なければなりません。もし無断で立ち入ってしまうと、それは不法侵入ということになってしまいます。公有地も、その立ち入りが規制されている場合については同様です。

内水面（陸水域）における魚類の採集は、先述の通り遊漁証や入漁券と呼ばれる許可証の購入が必要となることがあります。釣法・漁法・対象種も制限が設けられており、それにしたがわなければなりません。主要な許可事項は、購入した遊漁証や入漁券に記載されている通りで、許可の範囲の異なるものが何種類か設けられている場合もあり、それによって許可証の価格が異なります。許可証販売店に事前あるいは現地で確認しましょう。

漁業調整規則は、各都道府県によって内水面（陸水域）及び海面（海域：海岸線を有する都道府県のみ）に分けて定められています。なお、琵琶湖や霞ヶ浦などの一部の湖沼は、その漁業実態から内水面ではなく海面の規則が適用されています。

漁業調整規則で注意が必要なのは許可（あるいは制限）されている漁具・漁法の内容です。これに加えて、水産上重要種には体長制限がかけられていたり、採捕してよい月日や区間が制限されていることにも留意が必要です。制限内容は都道府県ごとで異なるため、一概にルールを紹介することは難しいのですが、内容はそれぞれWEB公開されていますので、インターネットを介して確認できます。これらの法令は、魚類の採捕を目的に出かける際には必ず確認しておきましょう。なお、海面

図2-71

(1) 北海道・宗谷港。日本最北端の漁港において、「釣りは大丈夫ですよ」、ということを逆説的に示す珍しい看板を発見した。
(2) 実際に、しばしば立入禁止区域に侵入した釣り人は警察に逮捕されてニュースにもなっている。つまらないことで犯罪者にならないように。
(3) 京都府・亀岡市におけるアユモドキの採捕禁止の看板。
(4) 岩手県・北上川水系。この地域では、2009年以降にオオクチバスの継続的な違法放流が行われており、それまで見られなかった釣り人が私有地の池沼へ立ち入るようになった。

都道府県漁業調整規則で定められている遊漁で使用できる漁具・漁法（海面のみ）

★ 釣り等の遊漁では、この一覧表で示された漁具・漁法以外の方法を使用することはできません。ただし一覧表に示された方法であっても空欄の場合は使用できません。

例えば、「やす」、「徒手採捕」は一覧表にあり空欄ではない場合は使用できますが、「潜水器（簡易潜水器を含む）」や「水中銃」は一覧表にはないので使えません。

そのため、「潜水器（簡易潜水器）」を使い「やす」や「徒手採捕」で水産動植物を採捕することはできません。

★ また、この一覧表で使用可能となっている漁具・漁法であっても、使用できる海域、漁具の大きさや個数等が制限されている場合があります。特に、まき餌釣りや灯火の利用等については注意が必要です。

必ず、各都道府県の水産担当部局に詳細を確認するようにしてください。

「遊漁の部屋」のトップページに各都道府県の遊漁に係るお問い合わせ窓口を掲載しています。また、各都道府県のホームページの遊漁に関するページにジャンプすることもできます。

○使用可能　●集魚灯、火光、照明器具の使用禁止　△船舶の使用禁止　※まき餌釣禁止　▲船舶を使用してのまき餌釣禁止

平成29年7月31日 現在

都道府県	手釣り・竿釣	ひき縄釣（トローリング）	たも網	さで網	投網	やす（もり類を除く）注1	は具	徒手採捕
北海道	○		○ 注2					○
青森県 注3	○		○	○	○	○ 注4	○	○
岩手県	○		○	○	△		○ 注5	○
宮城県	○		○	○	○	○	○	○
秋田県	○注 36		○	○	△	○ 注4	○	○
山形県	○		○	○		△		○
福島県	○		○	○	△	○	○	○
茨城県(海面)	●※		●	●	● △	●	● 注6	●
茨城県(霞ケ浦北浦)	●※		●△	●△	●△	●△	●△	●

水産庁「遊漁の部屋」ホームページ:
http://www.jfa.maff.go.jp/j/enoki/yugyo/

図2-72

「遊漁・海面利用の基本的ルール」として、海面のみではあるが、都道府県漁業調整規則で定められている遊漁で使用できる漁具・漁法が公開されており、わかりやすい。

に限っては、水産庁の「遊漁の部屋」で、47府県のルールがまとめて一覧で公開されているため、ひと目で確認できます（図2-72）。

もし、試験研究や教育実習などの目的のために禁止されている漁法等を実施したい場合は、各都道府県知事から特別採捕許可を得る必要があります（図2-74）。しかし、この許可申請を個人で行うことは実質不可能です。許可を得るためには、大学や自然史博物館等の教育研究機関の所属長（最低でも部局長）からの申請が一般的には必要となります。また、その際に対象となる水域を管理する漁業協同組合やさけ・ます増殖事業協会といった諸機関からの同意書を特別採捕許可申請書に添付する必要があります。たとえプロの研究者でも、その申請には適切な目的が必要であり、特別採捕許可証を得ずして漁業法や各自治体で定められている漁業調整規則を逸脱した採捕はできません。

文化財保護法に基づく天然記念物、自然環境保全法に基づく原生自然環境保全地域、自然公園法に基づく国立公園や国定公園の特別地域、その他、地方自治体の条例で指定されている地域や場所においては、魚類を含む動植物や岩石・鉱石を許可なく採捕・採取することはできません。

さらに、2005年4月1日からは、「特定外来生物による生態系等に係る被害の防止に関する法律」（通称：外来生物法）を意識する必要が出てきました。環境大臣の許可なしに特定外来生物等を生かした状態で移動・運搬・飼育等はできません（第3章p. 83も参照）。これは、たとえ試験研究目的や、生物多様性保全のための特定外来生物等の防除や普及教育のためでも同様です。

(1)

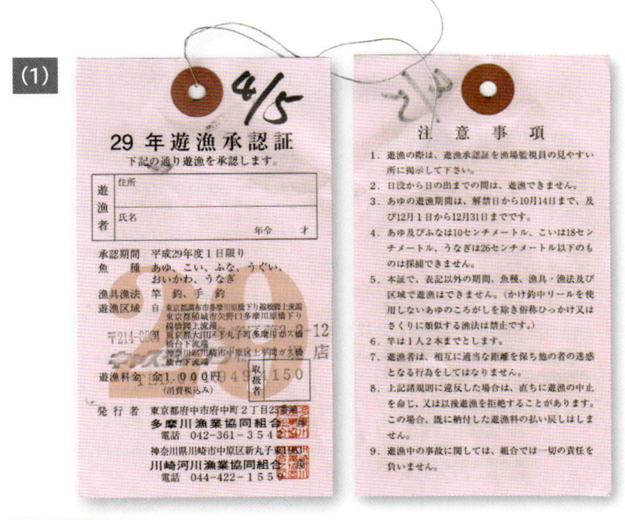
29 年遊漁承認証
下記の通り遊漁を承認します。
遊漁者　住所　氏名　年令　才
承認期間　平成29年度1日限り
魚種　あゆ、こい、ふな、うぐい、おいかわ、うなぎ
漁具漁法　竿釣、手釣
遊漁料金　金1,000円（消費税込み）
取扱者
発行者　東京都府中市府中町2丁目23番地
多摩川漁業協同組合
電話 042-361-3542
神奈川県川崎市中原区新丸子東1983
川崎河川漁業協同組合
電話 044-422-1559

注意事項
1. 遊漁の際は、遊漁承認証を漁場監視員の見やすい所に掲示して下さい。
2. 日没から日の出までの間は、遊漁できません。
3. あゆの遊漁期間は、解禁日から10月14日まで、及び12月1日から12月31日までです。
4. あゆ及びふなは10センチメートル、こいは18センチメートル、うなぎは26センチメートル以下のものは採捕できません。
5. 本証で、表記以外の期間、魚種、漁具・漁法及び区域で遊漁はできません。（かけ釣中リールを使用しないあゆのころがしを除き俗称ひっかけ又はさくりに類似する漁法は禁止です。）
6. 竿は1人2本までとします。
7. 遊漁者は、相互に適当な距離を保ち他の者の迷惑となる行為をしてはなりません。
8. 上記諸規則に違反した場合は、直ちに遊漁の中止を命じ、又は以後遊漁を拒絶することがあります。この場合、既に納付した遊漁料の払い戻しはしません。
9. 遊漁中の事故に関しては、組合では一切の責任を負いません。

(2)

図2-73

（1）予め購入しておいた遊漁承認証。目的の魚種によって値段は変わってくる。周辺の釣具店・コンビニ（一部）や河川を見回る漁協の監視員から購入することができる。
（2）群馬県・野反湖畔。自販機で購入できる場所もある。

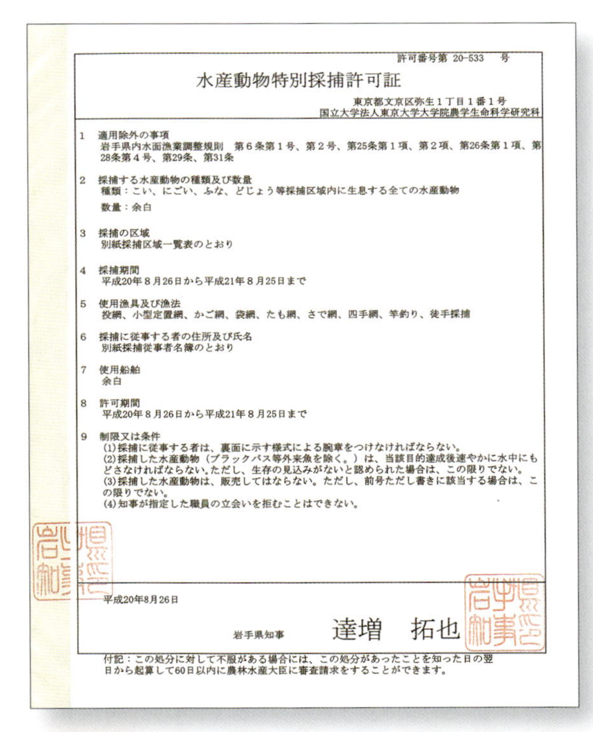
許可番号第 20-533 号

水産動物特別採捕許可証

東京都文京区弥生１丁目１番１号
国立大学法人東京大学大学院農学生命科学研究科

1 適用除外の事項
岩手県内水面漁業調整規則　第６条第１号、第２号、第25条第１項、第２項、第26条第１項、第28条第４号、第29条、第31条

2 採捕する水産動物の種類及び数量
種類：こい、にごい、ふな、どじょう等採捕区域内に生息する全ての水産動物
数量：余白

3 採捕の区域
別紙採捕区域一覧表のとおり

4 採捕期間
平成20年８月26日から平成21年８月25日まで

5 使用漁具及び漁法
投網、小型定置網、かご網、袋網、たも網、さで網、四手網、竿釣り、徒手採捕

6 採捕に従事する者の住所及び氏名
別紙採捕従事者名簿のとおり

7 使用船舶
余白

8 許可期間
平成20年８月26日から平成21年８月25日まで

9 制限又は条件
(1)採捕に従事する者は、裏面に示す様式による腕章をつけなければならない。
(2)採捕した水産動物（ブラックバス等外来魚を除く。）は、当該目的達成後速やかに水中にもどさなければならない。ただし、生存の見込みがないと認められた場合は、この限りでない。
(3)採捕した水産動物は、販売してはならない。ただし、前号ただし書きに該当する場合は、この限りでない。
(4)知事が指定した職員の立会いを拒むことはできない。

平成20年8月26日

岩手県知事　達増　拓也

付記：この処分に対して不服がある場合には、この処分があったことを知った日の翌日から起算して60日以内に農林水産大臣に審査請求をすることができます。

図2-74

実際に筆者が調査研究のために取得した特別採捕許可証。予め同じような提出書類に基づき、調査対象水域を管理する漁業協同組合から同意書を得る必要がある。申請は都道府県の知事宛てとなり、申請書には機関長や部局長の公印が必要となるケースがほとんどで、個人での申請は不可能だろう。なお、漁業協同組合からの同意書は原本を申請書に添付する必要がある。どこの都道府県でも、同じような形式だ。

水辺に行くときの注意事項

持って行った方がよいもの

自然は、時に優しく私たちを迎え入れ、その恵みを存分に享受させてくれます。一方で、穏やかな水辺にも危険は潜んでいます。軽い気持ちや油断が一瞬にして悲劇を生むこともあるのです。楽しむことは大切ですが、装備は甘く考えず、情報もきちんと調べ、万全の準備をしていきましょう（図2-75, 76）。

ライフジャケット： ヒトは水中ではなく、陸上を生息場所とする動物です。水中はいわばアウェイの場で、私たちが入水するときにはそれなりの装備が必要となります。また、救命胴衣（ライフジャケット）は、ウェットスーツやドライスーツを着用して潜水するようなケースを除き、ほとんど欠かせない必需品です。とりわけ2018年2月からは、船舶職員及び小型船舶操縦者法が改正され、すべての小型船舶の乗船者にライフジャケットの着用が義務化されました。

日焼け止め： 適度な太陽光を皮膚で受け止めることはビタミンDの合成に必要ですが、必要以上に直射日光を受け続けると火傷のような症状に見舞われるだけでなく、皮膚癌の発生原因にもなり得ます。帽子や日焼け止めは必ず着用・塗付しましょう。

水分・塩分： 熱中症を避けるためには、小まめな水分や塩分の補給が欠かせません。6月から9月にかけては熱中症の発症がピークを迎える季節となります。

気温情報： 環境省や日本気象協会は、暑さ指数としてWBGT（Wet Bulb Globe Temperature：湿球黒球温度）値に基づく熱中症情報を発表しています（図2-77）。夏季に野外へ出かける場合には必ず参照しておきたい情報の一つです。

ファーストエイドセット： 野外における怪我や傷に備えた救急セットも応急処置に欠かせません。

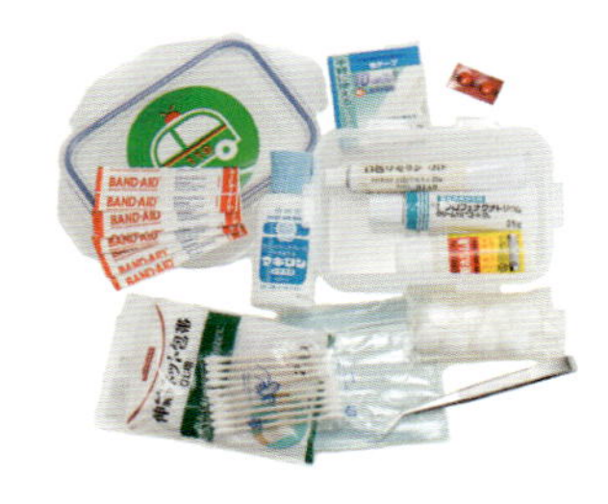

図2-75
上から、ライフジャケット、日焼け止め、虫除けスプレー、及びファーストエイドセット。最低限、準備しておきたい用品といえるだろう。

携帯端末： 万が一、何かあったときに警察（110番）、消防・救急（119番）及び海上保安庁（118番）への連絡ができるよう、防水の携帯電話などを持って行きましょう。水辺は住所が定かでなかったり、目印に乏しい場所も珍しくありません。GPS機能と連動する携帯電話やスマートフォンがあれば、緊急通報時に受発信者の緯度経度の情報が併せて送信されるため、さらに安心です。

ソフト面の対応： そもそも水辺で活動を行う際には「危険な日には水辺を訪ねない」という事前の予防が最も重要です。天候や海況*をしっかりと捉え、日によっては諦める判断をすることが肝要です。天候や海況の急変時にも、すぐに切り上げて安全な場所へ退避・帰宅する判断をしなければいけません。水辺に出る際は、常にこの心構えを持ち合わせている必要があります。予防原則や安全側に立った判断が欠かせません。くどいようですが、この点は肝に銘じておきましょう。

*
海況
海の状態・状況のこと。

図2-76

海や川での服装

野外における活動の際には、紫外線対策として帽子を被り、手拭いやタオルを首に巻き、長袖の服やラッシュガードを着用したい。特に長袖の着衣で腕や脚をカバーすることは、日焼けや熱中症の予防となるだけでなく、ふやけた皮膚の、岩や貝殻などによる裂傷や、クラゲ類の刺胞などの接触に対するリスクも下げられる。同様の理由で、両手にはグローブや軍手を着用したい。また、急深な地形はもちろんのこと、浅い水域においても水辺の活動は溺れる危険性と常に隣り合わせにある。特に胴長着用時には、浸水すると逆さまに浮いてしまう危険性が高いため、救命胴衣(ライフジャケット)を必ず着用したい。足元は、海の場合はビーチサンダルではなく脱げにくく滑りにくい靴を選んで履く。水中に潜るときも、保温や外傷予防のためのウェットスーツやグローブの着用が望まれる。

水に濡れることを前提とした場合の服装(真夏日)。気化熱は体温を奪うため、気温の低い日には避けたい服装。

水に濡れないように配慮した場合の服装(オールシーズン)。胴長(ウェーダー)は浸水すると溺れる危険性が高いので、特に深場や急深地形においては救命胴衣(フローティングベスト)の着用が必須。

潜水時の服装。ウェットスーツは厚さによって防寒の度合いや浮力が変わる。水温が20℃を下回る条件では、ドライスーツも検討したい。ウェットスーツの下にフードベストを着込むと防寒対策になるだけでなく、頭部の保護にも役立つ。

イラスト/ISSCY

図2-77 暑さ指数(WBGT値)

気温(参考)	暑さ指数(WBGT)		熱中症予防運動指針
35℃以上	31℃以上	危険 (運動は原則中止)	●特別の場合以外は運動を中止する。 ●特に子どもの場合は中止すべき。
31～35℃	28～31℃	厳重警戒 (激しい運動は中止)	●激しい運動や持久走など体温が上昇しやすい運動は避ける。 ●運動する場合には、頻繁に休息をとり水分・塩分の補給を行う。 ●体力の低い人、暑さに慣れていない人は運動中止。
28～31℃	25～28℃	警戒 (積極的に休息)	●積極的に休息をとり適宜、水分・塩分を補給する。 ●激しい運動では、30分おきくらいに休息をとる。
24～28℃	21～25℃	注意 (積極的に水分補給)	●熱中症による死亡事故が発生する可能性がある。 ●熱中症の兆候に注意するとともに、運動の合間に積極的に水分・塩分を補給する。
24℃未満	21℃未満	ほぼ安全 (適宜水分補給)	●通常は熱中症の危険は小さいが、適宜水分・塩分の補給は必要である。

「環境省　熱中症予防情報サイト」参照(http://www.wbgt.env.go.jp/wbgt.php)

この他、採捕に用いる道具は対象魚に合わせて変わることと同様に、どのような場所へ、どのような季節に、どのような活動をしに出かけるのかによって、必携品や服装は変わってきます。ここからは持ち物ではなく、普段あまり意識することの注意事項に絞って紹介しておきます。

虫：陸水域や海辺での活動の際には、カ・ハチ・ブユ・ドクガの仲間などに刺されたり、ダニの仲間に食い付かれたり、ヒルの仲間に血を吸われたりしないために、虫除けスプレーを塗付したり、防虫網付きの帽子を被ったり、肌の露出を避けたり、そもそも黒い衣服を身に着けないことなどで予防しましょう。

落石・滑落：河川の源流域から上流域へ出かけるような場合は、岩や崖からの滑落を避けるため、登山の装いが参考になります。ヘルメットを被り、ピッケルを使って道なき道を進むような行程を余儀なくされることもあります。このような場所では、登山用の綱（ザイル）や縄梯子の活用がより安全性を高められる場合も少なくありません。自分の生命を危機にさらしては本末転倒です。くれぐれも細心の注意を払わなければならず、無理は禁物です。時には諦めて行程を引き返す勇気も肝要となります。

図2-78
クマ撃退スプレー
唐辛子を濃縮させたような成分らしく、ヒトも呼吸困難になる危険な代物らしいので、誤発射には細心の注意を払う必要がある。

熊：北海道では山間部や川辺だけでなく海辺でもヒグマの注意が必要です（図2-78）。本州以南にはヒグマは生息していないものの、山間部や里地里山の河川や水田生態系ではツキノワグマと遭遇する可能性があります。特に冬眠前や冬眠に失敗した熊には要注意であるとともに、オールシーズンを通して子連れの熊との遭遇も危険です。是が非でも避けましょう。ヒグマやツキノワグマが出没する地域では、熊避けの鈴やラジオを携えたり、熊撃退スプレーを持って歩いたりすることも必要です。とりわけ、子連れの熊に遭遇した場合は、問答無用で襲い掛かられる可能性もあります。熊に遭遇した場合、まずは戦おうとせず、自身の持ち物を少しずつ落としながら、背を向けずに徐々に間合いをとり、熊が落とした物に気をとられているうちに逃げるなど、慎重に対応しましょう。人馴れしていない地域であれば、熊の方からこれ以上人間が近寄らないよう、木を折ったり、折った木を川へ上流側から流したりするなど、何らかのサインを出すはずです。その危険信号を見落とさないよう、常に周囲の観察を怠らず、異変を捉えたいものです。何よりも、先に人間の存在を知らせたり、熊のサインを読み取るなどして、熊に遭遇しないことが重要です。

図2-79
『危険生物ファーストエイドハンドブック　陸編・海編』（文一総合出版社）危険生物対策にお勧めの書籍。外傷を負うことのある野生生物について、その対策方法も含めてよくまとめられている。残念ながら、食べてはいけない生物についてはその対象外となっている。

危険生物：水生生物には毒を有し、食べたり刺されたりすると、一命に関わるような種も少数ながら存在します。危険な水生生物種をよく把握している人物と一緒に行動していない場合は、有毒生物がまとめられている生物図鑑が必携となります（図2-79）。そのような図鑑であれば、刺された時の応急処置の方法などがまとめられているため、持って行くべき薬品等の参考にもなります。有毒魚と知らずに、あるいは誤った同定によって持ち帰り、有毒魚を食べてしまう事態も避けなければなりません。

【必ず覚えておきたい危険な生物】

毒を持つ魚の中には、刺すもの、体表に毒を持つもの、体内に毒を持つものなど、様々な種類があります。ここに挙げた主なものについては、必ず頭に入れておきましょう。

図2-80は最強の刺毒魚、オニダルマオコゼです。皮下に埋もれた棘の根元には、毒液を格納する瘤(こぶ)があり、棘が刺さると大量の毒液が発射される仕組みになっています。オニダルマオコゼ1個体で、11 800～26 000 MU（マウスユニット：体重20 gのマウス1匹を15分以内に殺せる毒性の単位）と見積もられるほどです。砂に潜ると自然に同化してしまい、気付かずにゴム製の靴やサンダルで踏みつけた際に、毒棘が貫通して刺される事例が世界中から報告されています。ヒトの死亡例も知られる種ですが、毒はタンパク質からなるため、熱湯をかけると熱変性によって構造を変えることができ、無毒化できます。写真は左から、背面（上）と側面（下）・右写真は青い矢印部分が棘を示しています。

図2-80
スズキ目オニオコゼ科オニダルマオコゼ属
●標準和名：オニダルマオコゼ
●漢字表記：鬼達磨鯒、鬼達磨虎魚
●英名：stonefish
●学名：*Synanceia verrucosa* Bloch & Schneider, 1801
●採捕日：2010年5月2日
●採捕場所：鹿児島県・喜界島

毒を持つ魚

! 刺す魚［陸水］

ナマズ目アカザ科アカザ属
●標準和名：アカザ　●漢字表記：赤佐
●学名：*Liobagrus reinii* Hilgendorf, 1878
●採捕日：2017年7月10日　●採捕場所：東京都・多摩川水系
●全長：75 mm

淡水魚で胸鰭に1本ずつ、背鰭に1本の刺条を持つ。刺条には毒腺があるとされ、刺されると痛むことがある。

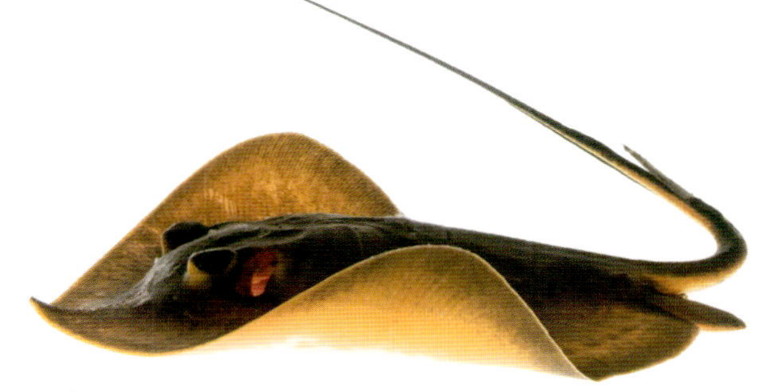

トビエイ目アカエイ科アカエイ属
●標準和名：アカエイ　●漢字表記：赤鱝　●英名：whip stingray
●学名：*Hemitrygon akajei*（Bürger, 1841）
●採捕日：2015年12月22日　●採捕場所：千葉県・木更津市
●全長：280 mm

海だけでなく、河川・汽水域にも出現する。尾に毒棘があり、この棘はゴム長靴を突き通すことがあるため、泥干潟でウェーディングする場合はエイガードを足元に装着するとよい。

! 刺す生物［海水］

スズキ目ハオコゼ科ハオコゼ属
●標準和名：ハオコゼ　●漢字表記：葉騰
●学名：*Hypodytes rubripinnis*（Temminck & Schlegel, 1843）
●撮影日：2006年4月29日
●採捕場所：神奈川県・三浦市

浅い磯場に生息。背鰭の棘に毒があり、刺されるとひどく痛む。

ナマズ目ゴンズイ科ゴンズイ属
●標準和名：ゴンズイ　●漢字表記：権瑞
●学名：*Plotosus japonicus* Yoshino & Kishimoto, 2008
●撮影日：2005年9月18日
●採捕場所：神奈川県・三浦市

背鰭と胸鰭には毒棘があり、これに刺されると激痛に襲われる。なお、この毒は死んでも失われず、死んだゴンズイを知らずに踏んで激痛を招いてしまうことがあるらしく、十分な注意が必要。毒の成分はタンパク質であるため、加熱により失活する。

スズキ目フサカサゴ科ミノカサゴ属
●標準和名：ミノカサゴ
●漢字表記：蓑笠子　●英名：luna lion fish
●学名：*Pterois lunulata*（Temminck & Schlegel, 1843）
●撮影日：2015年1月17日
●採捕場所：和歌山県　●全長：140 mm

背鰭・腹鰭・臀鰭に毒棘を持つ。観賞魚として人気が高い魚種。

スズキ目オニオコゼ科オニオコゼ属
●標準和名：オニオコゼ　●漢字表記：鬼騰
●学名：*Inimicus japonicus*（Cuvier, 1829）
●撮影日：2016年2月1日
●採捕場所：東京湾　●全長：220 mm

背鰭・腹鰭・臀鰭には毒棘があるため、取り扱う際には充分注意する必要がある。頭部の棘にも気を付けること。

八腕目マダコ科ヒョウモンダコ属
●和名：ヒョウモンダコ　●漢字表記：豹紋蛸
●英名：blue ringed octopus
●学名：*Hapalochlaena fasciata*（Hoyle, 1886）
●採捕日：2017年9月16日
●採捕場所：神奈川県・三浦市　●全長：60 mm

身の危険を感じると唾液を吐いたり、噛み付いて毒液を注入する。噛まれた生物はテトロドトキシン中毒により死亡することがある。唾液腺中に含まれるもう一つの毒「ハパロトキシン（hapalotoxin）」は、甲殻類を麻痺させる毒性を持つ。よく似たオオマルモンダコも同様に要注意。

淡水クラゲ目ハナガサクラゲ科カギノテクラゲ属
●和名：カギノテクラゲ　●漢字表記：鉤手水母
●英名：clinging jellyfish
●学名：*Gonionemus vertens* Agassiz, 1862
●採捕日：2017年5月27日
●採捕場所：千葉県・館山市　●笠幅：26 mm

直径1～2 cmの浅い椀状の傘をしており、4～5月に多く発生する。溶血毒性は弱いが、神経毒は強い。そのため蚊に刺された程度の刺傷であっても喘息のような咳、鼻水、腰痛・筋肉痛、吐き気、頭痛、痙攣、寒気、チアノーゼなどの棘症状を引き起こすことが知られている。

ウミケムシ目ウミケムシ科ウミケムシ属
●和名：ウミケムシ　●漢字表記：海毛虫
●英名：fireworm　●学名：*Chloeia flava*（Pallas, 1766）
●採捕日：2017年10月26日　●採捕場所：神奈川県・三浦市
●全長：62 mm

体の側部に体毛を持ち、警戒すると毛を立てる。この体毛が毒針となっており、刺さると毒が注入される構造なので、毒針を抜いても体内に毒が残る。刺された際にはセロハンテープ等で毒針を取り除き、流水で洗い流す。

新腹足目イモガイ科
●和名：イモガイ科未同定種
●漢字表記：芋貝　●英名：cone shell　●学名：Conidae sp.
●採捕日：2017年2月23日　●採捕場所：神奈川県・三浦市　●殻高：60 mm

毒銛は、歯舌（舌と歯の働きをする軟体動物の器官）が発達したもので、その先端は鋭くとがっていて容易に抜けないように逆トゲまで備わっている。イモガイの仲間1個体に含まれる神経毒は、およそ30人分の致死量に相当することも。毒には抗毒血清がない。

! 食べると毒がある生物

フグ目フグ科トラフグ属
●標準和名：ヒガンフグ　●漢字表記：彼岸河豚
●学名：*Takifugu pardalis*（Temminck & Schlegel, 1850）
●採捕日：2015年2月16日　●採捕場所：神奈川県・横浜市
●全長：150 mm

皮膚や腸、肝臓、生殖腺には強い毒がある。肉の毒性は地域により差があり、東北地方の一部では猛毒を持つことが知られる。その地域の個体は「ふぐ処理者」であっても食用としての提供が禁止されている。

フグ目フグ科トラフグ属
●標準和名：ショウサイフグ　●漢字表記：潮際河豚
●学名：*Takifugu snyderi*（Abe, 1988）
●撮影日：2017年1月25日　●採捕場所：東京湾　●全長：210 mm

内臓と卵巣に強い毒がある。筋肉は弱毒、精巣は無毒とされる。素人料理は厳禁。

十脚目オウギガニ科スベスベマンジュウガニ属
●和名：スベスベマンジュウガニ　●漢字表記：滑々饅頭蟹
●学名：*Atergatis floridus*（Linnaeus, 1767）
●採捕日：2017年10月26日　●採捕場所：神奈川県・三浦市
●甲幅：34 mm

サキシトキシン、テトロドトキシンなど数種の毒を脚や鉗脚などに含み、食べるのは危険。

フグ目カワハギ科ウスバハギ属
●標準和名：ソウシハギ　●漢字表記：草紙剥
●英名：scribbled leatherjacket filefish
●学名：*Aluterus scriptus*（Osbeck, 1765）
●採捕日：2016年8月27日　●採捕場所：神奈川県・横浜市
●全長：138 mm

内臓にパリトキシンという毒を持つため、内臓は除去してから食用とすること。

毒はないが、噛まれると危険な魚

スズキ目タチウオ科タチウオ属
●標準和名：タチウオ　●漢字表記：太刀魚
●英名：largehead hairtail
●学名：*Trichiurus japonicus* Temminck & Schlegel,1844
●採捕日：2018年1月10日　●採捕場所：駿河湾　●全長：730 mm

歯が鋭く、釣り糸もあっさり切られるほど。噛まれないように注意したい。

ウナギ目ウツボ科ウツボ属
●標準和名：アミウツボ　●漢字表記：網鱓
●学名：*Gymnothorax minor*（Temminck & Schlegel, 1847）
●撮影日：2017年1月25日　●採捕場所：東京湾　●全長：240 mm

大きい個体は噛む力が強くなるため、いっそうの注意が必要。

専門性の高い採捕・観察方法

投網

図2-81
投網の実演。

漁業調整規則で禁止されていない都府県もあります。投げ方にはいくつかの流派があり、船から使うものと岸から使うものでは、狙う水深の違いに由来し、その形状が異なります。

まさに一網打尽という言葉が似合う漁法ですが、遊漁では岸から、あるいは水中に立ち込んで行うのが一般的で、浅瀬や透明度の低い水域でその効果が最も発揮されます（図2-81）。狙える水域の底質は、泥・砂・丸い小石までが対象となる漁法です。ごつごつした岩礁域、牡蠣の生息域や自転車などのゴミが投げ棄てられているような水域では、錘や網糸がそれらの障害物に引っ掛かってしまい、投げた網を回収できなくなることも珍しくありません（釣りでいうところの“根掛かり”と同じ状況）。このため、投網を行う場合はその底質に細心の注意が必要となります。

集魚灯

灯火を用いた採捕は、漁業調整規則で禁止している都県があるだけでなく、2020年からウナギの稚魚が特定水産動植物に指定されて採捕が厳禁となり、色々と注意が必要な漁法です。夜間、正の走光性を示す魚類（主に仔稚魚）が光源に引き寄せられるように集まってくるのを網ですくったり、その先に集まってきたプランクトンを食べる魚を釣ったりします（図2-82～84）。発電機やバッテリーを用いた本格的な集魚灯が、より遠くまで光を届け、強い威力を発揮します。しかし乾電池で動作する集魚灯も、最近では効力の高いものが発売されるようになってきました。

さらに、簡易的な懐中電灯を水中に灯火する方法でも、効力は弱いですが、生物は集まります。

図2-82
神奈川県・相模川河口域。ウナギの稚魚“シラスウナギ”を狙う漁の光景。

(1)

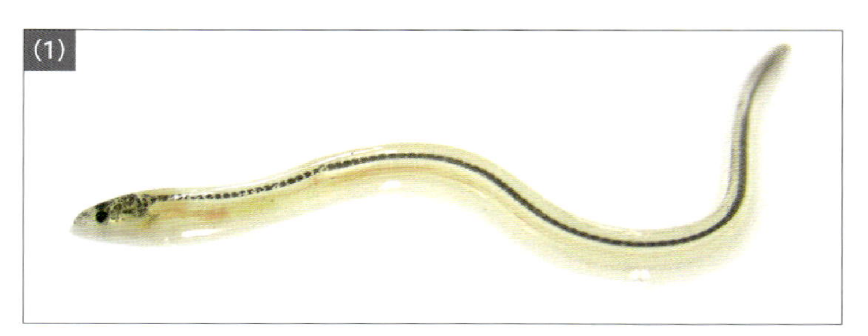

(2)

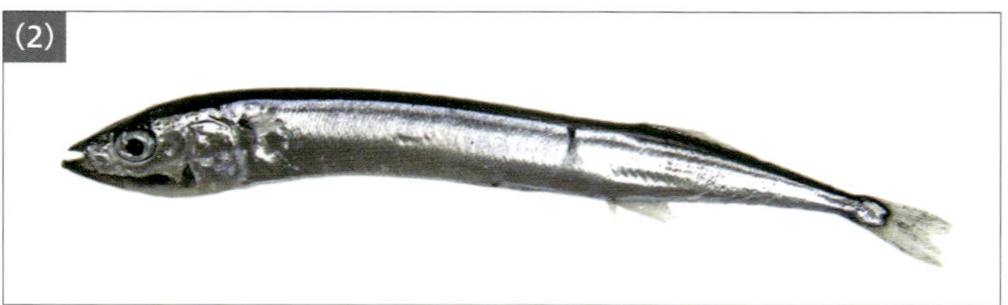

図2-83
筆者は2004年12月から2007年11月までの3年間にわたって、毎月2回の集魚灯を用いた魚類相調査を東京海洋大学品川キャンパスの係船場で行った。その結果、28科47種4,211個体の魚類が採捕された。ニホンウナギ(1)やサンマ(2)の稚魚は、その一部。

図2-84
コウイカ目ダンゴイカ科ミミイカ属
●和名：ミミイカ　●漢字表記：耳烏賊
●英名：bottle tailed cuttle fish
●学名：*Euprymna morsei* (Verrill,1881)
●採捕日：2016年11月11日
●採捕場所：千葉県・木更津市　●全長：約55 mm

潮溜まりなどの浅瀬から水深200 mに生息する。

定置網／地曳網

漁師さんが主導する地曳網漁や定置網漁については、参加や見学の機会を体験イベントとして提供している場合があります。調査研究においては、一人から数名で取り扱えるような小型のもの（図2-85）を用いることもありますが、特別採捕許可が必要です。

図2-85
(1)小型地曳網による調査の様子。
(2・3)調査用の小型定置網を設置した様子。

電撃捕魚器

河川における試験調査研究で用いられますが、特別採捕許可証を得ることが必須です（図2-86）。高等教育機関への進学を経ることで、初めて経験できる漁法といえます。

図2-86
北海道・朱太川水系。河川の魚類を対象とした生態学的な調査では欠かせない必需品。

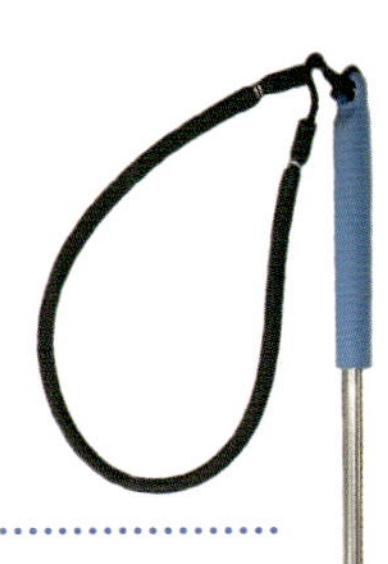

銛／簎（やす）・矠（やす）／鉾（ほこ）

一部の都県で可能な漁法です。水中メガネを装着のうえで実施できる場所はさらに少なくなります。発見した獲物を狙ってつかまえられるため、高い泳力を有し、長時間の無呼吸が可能であり、かつ腕がよい人であれば効率の高い漁法です。しかし、獲物には大きな傷が付くことも珍しくないため、その点には留意する必要があります（図2-87）。

図2-87
『モリでひと突き』（毎日新聞社）の著者の栗岩博士は、副題の「遊びも研究も刺してなんぼである」とあるように、銛突きで研究資料を収集する猛者の一人。

スキューバダイビング

4日間の講習、実技・筆記試験に合格した者だけに付与されるCカード（ライセンス）を取得しなければスキューバダイビングはできません。ただし、亜熱帯・熱帯の特に観光地では、ライセンス不要の、インストラクターと二人で潜る体験ダイビングのサービスを提供しているショップもあり、手始めにそこから経験を積むことも可能です。

また、潜水による調査には「潜水士」の資格を取得する必要があります。この資格取得には、筆記試験に合格する必要があり、受験は年2回のチャンスに限られます。

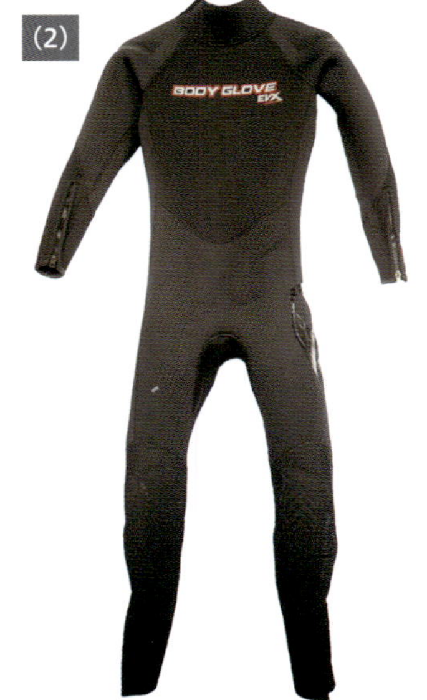

潜水器具を用いたダイビングでは、ウェットスーツかドライスーツの着用が必須です（図2-88）。ウェットスーツは、身体との空隙に水が浸透するため、水着の上に着用します。その厚さによって保温効果が異なり、厚手の方が高価ですが寒くなりにくいです。ウェットスーツでは、概ね水温20℃くらいまでの水域であれば快適に潜水を楽しめます。一方、水温が15℃を下回るような冷水域に潜水する場合は、ドライスーツの着用がベターです。ドライスーツは、浸水を防ぐことができるため、着衣の上から着用します。特に寒冷な地域で長時間にわたって潜る場合、予めカイロを衣類に貼ったり、オムツを履いたりしてから着ることもあります。

釣りと同様に、ダイビングも奥が深いので、より詳しく知りたい方は専門書を参照してください。

図2-88
(1)スキューバダイビングの出で立ち。
(2)ウェットスーツは、隙間から周囲の水が浸入してくるため、水着の上から着用する。
(3)潜水作業中は、海面にこのような目立つ色のブイを浮かせて、潜水者がいることを船乗りなどに知らせる必要がある。

図2-89
スズキ目コケギンポ科コケギンポ属
●標準和名：イワアナコケギンポ
●漢字表記：岩穴苔銀宝
●学名：*Neoclinus lacunicola* Fukao, 1980
●撮影日：2007年12月5日
●撮影場所：千葉県・館山市（坂田地先：水深4～5 m）
●写真提供：村瀬 敦宣

(1)水深4～5 mで観察された個体。
(2)岩礁域の潮下帯から水深10 mで穴居生活を送る種。眼上皮弁は2列6～7対で、項部皮弁があることが特徴。

図2-90
●標準和名：アライソコケギンポ
●漢字表記：荒磯苔銀宝
●学名：*Neoclinus okazakii* Fukao, 1987
●撮影日：2007年9月14日
●撮影場所：千葉県・館山市（坂田地先：水深7 m）
●写真提供：村瀬 敦宣

コケギンポとの識別は難しい。写真提供者の村瀬 敦宣博士によって研究が進められており、体側の模様だけでなく、生息環境（本種の方がより潮通しの良い岩礁域に出現が偏る）にも違いが見出されそうだ。

環境保全

図2-91
(1) ひっくり返す前。
(2) ひっくり返しっ放しの悪い例。潮溜まりの礫をひっくり返すと、その裏には色々な生物が潜んでいることがよくわかる。しかし、直射日光を受ける面と受けない面では生えている海藻の種やそこを利用する他の動物の種も異なってくる。磯遊びの際には、ひっくり返した礫は元通りの向きに戻す、といった小さい配慮からの環境保全の心掛けが重要だ。

自然体験は私たちに楽しみを与えてくれる一方で、環境へは多少なりとも負荷をかけています。未来の世代も同じ楽しみを享受できるように、自然環境への配慮、特に持続可能な利用方法については常に頭においておきたいものです。

まず、初歩的な事例を挙げておきます。採捕や観察の際に、石や岩の裏に隠れている水生生物もいるため、磯や川では底の礫を持ち上げてみると、思いがけない発見に恵まれることでしょう。しかし、日光に当たっていた面と、日陰になっていた面では、その表面に付着・固着している生物の種が異なっています。したがって、採捕・観察のために石や岩を持ち上げたり、ひっくり返したりした場合には、立ち去る前に必ず元の面に戻すことが生物にとって優しい活動となります(図2-91)。

放流は基本的にNG

あらゆる生物を放流・放逐することは、生態系内や生態系間の物質やエネルギーの循環を狂わせ、その健全性を損なわせます。国外外来生物には、特定外来生物に指定される種もおり、顕著な影響が知られる種も少なからず存在します(図2-92)。しかし、国内外来生物の問題は、前者ほど普及が進んでいません。たとえ同種であったとしても、違う地域に産する個体群は遺伝的にも異なっています。産地を気にしないむやみな放流によって、対象種の遺伝的多様性が減少してしまう事例が相次いでいます(p. 49も参照)。このような安易な生物導入はメダカが絶滅危惧種に選定された大きな理由の一つとして挙げられるだけでなく、種や個体群の由来(自然の歴史)を科学的に明らかにするうえでも大きな障害となってしまいます。

図2-92
2014年9月13日、岩手県・一関市。点線内には2010年から2014年の間に溜め池へ違法放流されたと考えられるオオクチバスが写っている。2015年には、それまで生息していた在来魚がほとんど採捕されなくなり、2016年には、在来魚の個体群絶滅が疑われるようになった地点。「ブラックバス」は、オオクチバスやフロリダバスの総称として使われており、一つの種に対応して付された名称ではない。

上記の背景を受けて、日本魚類学会では自然保護委員会の主導のもと、2005年に「生物多様性の保全をめざした魚類の放流ガイドライン」を策定しました。日本魚類学会のホームページ(http://www.fish-isj.jp/info/ 050406.html)にもその内容が公開されていますが、大切なことなので、以下にその要約を引用しておきます。

■**基本的な考え**：希少種・自然環境・生物多様性の保全をめざした魚類の放流は，その目的が達せられるように，放流の是非，放流場所の選定，放流個体の選定，放流の手順，放流後の活動について，専門家等の意見を取り入れながら，十分な検討のもとに実施するべきである．

■**放流の是非**：放流によって保全を行うのは容易でないことを理解し，放流が現状で最も効果的な方法かどうかを検討する必要がある．生息状況の調査，生息条件の整備，生息環境の保全管理，啓発などの継続的な活動を続けることが，概して安易な放流よりはるかに有効であることを認識するべきである．

■**放流場所の選定**：放流場所については，その種の生息の有無や生息環境としての適・不適に関する調査，放流による他種への影響の予測などを行った上で選定するべきである．

■**放流個体の選定**：基本的に放流個体は，放流場所の集団に由来するか，少なくとも同じ水系の集団に由来し，もとの集団がもつさまざまな遺伝的・生態的特性を最大限に含むものとするべきである．また飼育期間や繁殖個体数，病歴などから，野外での存続が可能かどうかを検討する必要がある．特にそれらが不明な市販個体を放流に用いるべきではない．

■**放流の手順**：放流方法（時期や個体数，回数等）については十分に検討し，その記録を公式に残すべきである．

■**放流後の活動**：放流後の継続的なモニタリング，結果の評価や公表，密漁の防止等を行うことが非常に重要である．

（日本魚類学会「生物多様性の保全をめざした魚類の放流ガイドライン」より）

ゴミは持ち帰る

立つ鳥、跡を濁さず。むしろ、自身が出したゴミはもちろんのこと、現場に捨てられていたり、漂着していたりするゴミを回収するくらいの意気込みが理想です。とはいえ、水辺のゴミの量は侮れず、すべては到底回収できないような場所も珍しくありません。最低限、自分たちで出すことになるゴミはしっかり持ち帰ることは徹底しましょう。不法投棄をするような人に、水辺の生態系サービスを享受する資格などあるでしょうか？いや、断じてないはずです。

装備と器具の洗浄

ある水域において、そことは異なる場所で使用した網やウェーダー等の漁具や装備を利用する際は、必ずその前に5％食塩水（もしくは海域の利用であれば真水）、熱湯、逆性石鹸や漂白剤等で滅菌しておきたいものです（図2-93）。あるいは、一つの装備や器具を特定の水系に使用を限定すべきです。なぜならば、研究を志す者として、ヒトの目に見えない生物を不随意に導入し、外来生物問題に一役買ってしまうことは避けなければならないからです。微小生物、藻類や菌類の胞子、細菌類やウイルスなどが、身につけたものや採捕道具に付着していることは珍しいことではありません。実際に、ニュージーランドの河川では遊漁者が意図せずに持ち込んでしまったと考えられる外来の珪藻が大繁殖しています。国内においても、筑後川からは外来のミズワタクチビルケイソウ、北海道から九州にかけての広範囲からは外来のコモチカワツボなどの定着が報告されています。水洗では不十分なこともあるため、熱湯や薬品（アルコール・漂白剤・塩素剤など；器具に合ったものを選ぶこと）を用いることで徹底しましょう。また、汽水域や海域で用いたものは、真水で水洗しなければ塩類の酸化が原因で、早く劣化が進むこともあります。特に金属製の製品の真水による水洗は必ず行いたいものです。

図2-93
使用した装備の水洗。ランドリーバスケットがあると便利。

乱獲／密漁

狩猟や漁業の対象種が乱獲や密漁によって、資源量の激減や（個体群）絶滅に至った事例は世界中で枚挙に暇がありません。研究の対象も同様で、研究のための標本収集で希少な生物を、絶滅に追い込むような本末転倒は避けなければなりません。これも21世紀を生きる者として、心掛けなければならないことです。

COLUMN

海外における魚類の採集❶

海外での魚類採取を取り巻く状況

2010年10月に愛知県名古屋市で開催された生物多様性条約第10回締約国会議（COP10）において、「遺伝資源の取得の機会及びその利用から生ずる利益の公正かつ衡平な配分（ABS：Access and Benefit-Sharing）」に関する名古屋議定書が採択された。これを受け、生物多様性条約締約国の各国において法律が整備され始め、外国人による遺伝子資源へのアクセスに制限が設けられるようになってきた。生物多様性条約が採択された1992年以降に輸出入された遺伝子資源に遡って広く対象となる可能性もあるため、該当する材料を用いた調査研究の実施の際には、充分な配慮を行う必要がある。

魚類学分野においても、「『遺伝資源を含む生物資源に対する各国の主権的権利が認められており，遺伝資源を利用する際には，資源提供国の国内法令に従って当該国の事前同意（Prior Informed Consent：PIC）を得ること，および相互に合意する条件（Mutually Agreed Terms：MAT）に基づいた契約を締結したうえで，遺伝資源の利用から生じる利益を公正かつ衡平に配分する』ことの遵守を海外調査や国内外の遺伝資源を用いた研究に求められ，研究活動に支障が出る」ため、国外産の魚類を対象とした調査研究の実施の際には避けては通れない問題となっている。

日本国内のABS指針においては、名古屋議定書第2条に定義する「遺伝資源の利用」に該当し、法令においてその行為が「遺伝資源の利用」の適用範囲内であるものが整理されている。その中では、「動植物等の生態を観察して、遺伝的又は生化学的構成に関する研究又は開発を伴わずに新たな知見を得ること」や「既知の昆虫の標本を作製すること」などは「遺伝資源の利用」の適用範囲外としている。

しかし、指針の適用範囲外だからといって、提供国の法令を守らなくてよいことにはならない。実際に、ABSに基づく法令の中身は、各国によって状況が異なる。EUやスイスなどの先進国では利用国措置についての内容が充実する一方で、インドや南アフリカなどの開発途上国では提供国措置についての内容が充実している。特に後者では、国内法によって、ホルマリン固定標本、生物の写真撮影、現地における聞き取り調査や国外への持ち出しについて、名古屋議定書で定める内容以上に厳しい内容で制定されていることもある。したがって、海外、特に開発途上国において魚類を採捕したり、写真撮影したりする際には、訪れる国のABS関連法案の内容を事前に精査する必要がある。

正式な手続きは非常に煩雑で、個人では許可が下りない国もありそうだ。しかし、法令において提供国措置を設けていない各国（フランス・スペインを除くEU加盟国など）では、遊漁やその記録に基づく調査研究が比較的容易に行える（次ページも参照）。ただし、その場合は、日本の利用国措置を遵守しなければならないことは既に記した通りだ。さらに、ABS関連法に提供国措置を設けていない国であっても、政府機関が付与するラインセンスの購入手続きが必要になる場合があること、検疫やワシントン条約などは別途気を付ける必要がある。

COLUMN

海外における魚類の採集❷

クロアチアで魚釣り…への遠い道のり

筆者は、2017年8月下旬にクロアチアへ出かけた折に、釣りを30分間ほど楽しんだ。その際、筆者は同国の農業省水産局からライセンスを事前に購入・取得した。まず、日本を出国する前にクロアチアの遊漁に必要なライセンスを購入できる場所を調べ、旅程に合わせて立ち寄れそうな農業省水産局の地方事務所をリストアップした。計算外だったのは、土日は完全休業だったり、事務所が見当たらなかったりしたことだ。これで海外における貴重な時間を多く浪費してしまったことは悔やまれた(実釣時間の短さが泣けてくる)。しかし、ドブロヴニクの地方事務所では、親切にご対応いただけた。

また、事前にはわからなかったことだが、ライセンス料の支払いは郵便局で行う必要があり、偶然ながらもその事務所の目の前に郵便局が存在したことはラッキーだった。クロアチアでは、英語が通じないことも多かったが、英語の通じる事務所の方が色々と丁寧に説明してくださったこともあって、スムーズに納付も済み、無事ライセンスを取得できた時にはそれだけで達成感があった。なお、クロアチアでは釣り竿を用いた遊漁とスピアフィッシングの遊漁が認められており、一日券は60クーナ(当時レートで約1000円)、3日間(150クーナ)、7日間(250クーナ)、30日間(500クーナ)、1年間のライセンスが購入できるが、外国人は1年間のライセンスは取得できないようだ(30日間まで)。

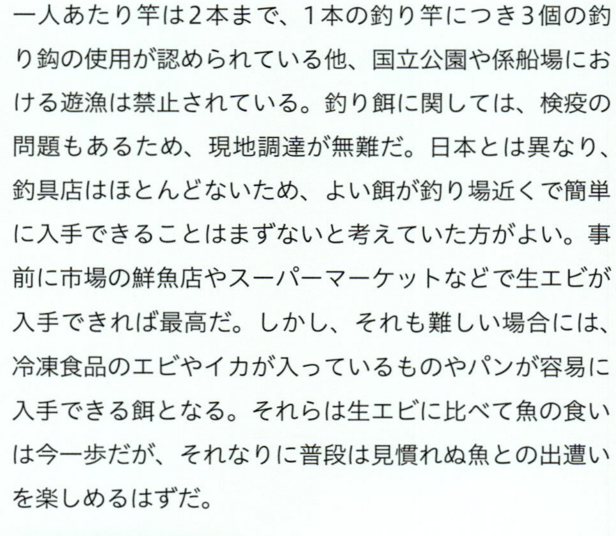

一人あたり竿は2本まで、1本の釣り竿につき3個の釣り鈎の使用が認められている他、国立公園や係船場における遊漁は禁止されている。釣り餌に関しては、検疫の問題もあるため、現地調達が無難だ。日本とは異なり、釣具店はほとんどないため、よい餌が釣り場近くで簡単に入手できることはまずないと考えていた方がよい。事前に市場の鮮魚店やスーパーマーケットなどで生エビが入手できれば最高だ。しかし、それも難しい場合には、冷凍食品のエビやイカが入っているものやパンが容易に入手できる餌となる。それらは生エビに比べて魚の食いは今一歩だが、それなりに普段は見慣れぬ魚との出遭いを楽しめるはずだ。

係船場から外れた岸壁で釣りを楽しむ現地人に混じり、筆者も堂々とライセンスを引っ提げて釣りを30分間ほど楽しんだ。

クロアチアの農業省水産局から発行されたライセンス。これを取得できただけで満足してしまうほど、実際には大変だった。

クロアチア農業省水産局ドブロヴニク事務所。
ここでライセンスを発行していただいた。

現地で購入した『Jadranska ihtiofauna』を参照したところ *Scorpaena maderensis* に同定された。

同様に、*Gobius* cf. *paganellus*(あまり同定に自信が持てない)。生エビが入手できていればもう少し種数は増えた感触があったが、釣れたのはこの2種。日本では果たせない貴重な出遭い。

3章

どうやって飼うか？ 育て方

自然環境での観察だけでなく、
飼って育てることで生態を学ぶことができる。

ハコフグ

とった魚を持ち帰るには（安全な移動）

容器

採捕した魚類を活かして輸送するうえで最も気をつかわなければならないことは、水温と溶存酸素量の管理です。よほど大型の容器でない限り、そこを満たす水量は多くはありません。このため真夏や真冬では温度がすぐに上昇してしまうか、あるいは下降してしまいます。輸送は、なるべく採捕した環境水の温度を目安として、一定に保つように努めなければなりません。

フィールドにおける活動がしばらく続き、移動や帰路につくまでの時間を要することが予めわかっている場合には、スカリや友舟等（図3-1）に活魚を移し、採捕した地点の環境水に馴染ませ活かしておくのが最良の方法です。スカリや友舟を所持していない場合にはバケツ等に入れ、小まめに容器内の水を換える必要があります。また、深場から漁獲したものは表層水よりも冷水で管理しなければなりません。夏場は日陰に置く配慮も必要です。さらに、お目当ての個体が他個体に食べられてしまわないよう、混泳させる魚種には注意を払う必要があります。長時間にわたる過密状態の回避に留意するなど、特に活かして持ち帰りたい個体が存在する場合には充分配慮しましょう。

図3-1

採捕活動中に魚を生かす容器。水中に潜って採捕した水生生物は、蓋や側面に孔を開けたプラスチック製容器に、太目の紐などを外れない形で付けたもの（1）を腰に巻いたベルトに付けると両手が空いて便利。最近ではスカリ型バケツ（2）も販売されており、紐を中にしまって用いるのも便利。水中に潜らない採捕では、スカリ（3）、魚籠（びく）（4）、友舟（5）などを用いる。また輸送中の同一容器内における捕食・被食を避けるため、小さい個体は隔離ケース（6）を用いた方が安心な場合もある。

採捕後の運搬輸送（酸素と温度）

運搬する前には、魚病用の薬品（図3-2）を適量溶かしておくとなおよいでしょう。酸欠を避けるため、容器に入れたまま輸送するのであればエアレーションをしたり（図3-3）、いくつかに小分けして過密状況を避けたりといった対処が必要です（図3-4）。

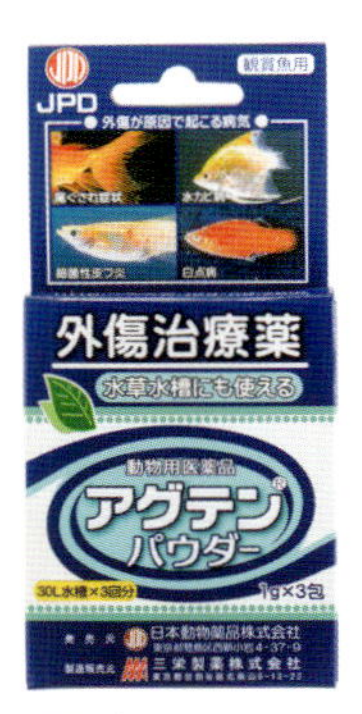

図3-2
輸送する際に、安全の配慮で使用することがある。

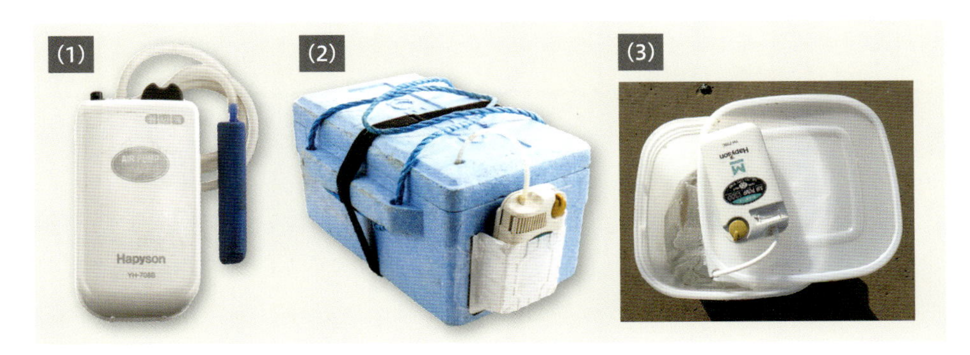

図3-3
(1) 乾電池式のエアーポンプは、ほとんど必需品。(2) 密閉性の高い蓋付バケツやクーラーボックスとセットで用いると便利。(3) バケツを使う場合、予め中にビニール袋を入れておき、そこに水と魚を入れた方が、移動の際に水が外に漏れにくい。

図3-4
輸送用に梱包された形。食品用保存袋やペットボトルなどでも代用可能だが、輸送中に蓋が開かないようしっかり封をする必要がある。発泡スチロール箱は保温性に富み、水漏れの心配も少ない。到着時の生死を問わないことと、水漏れの心配がない場合に限り、運送業者でも取り扱ってくれる。

図3-5
(1) スプレー酸素缶が最も便利だが、航空機での移動をともなう場合は現地入手に限られる。事前にスポーツ用品店の場所を調べておくとよい。(2) 酸素石は効果が低いものの、かさ張らず、携行が容易なので、最終手段として活用したい。ただし、ナマズ類や甲殻類には不向き。

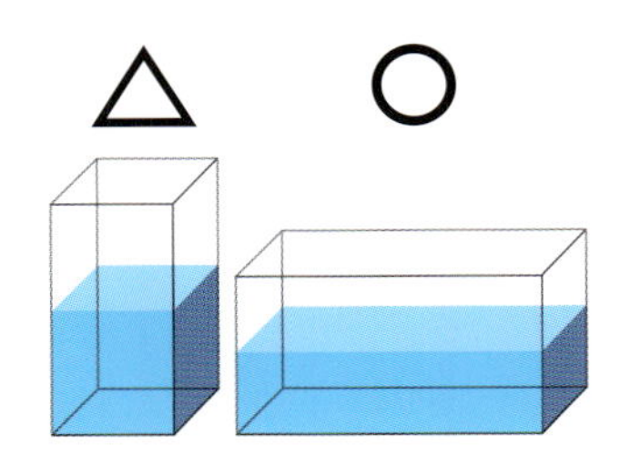

図3-6
市販されている水槽の多くは、図の右側のように水面の面積が広い長方体。空気に触れる水面の面積が、比較すると大きいことがわかる。

エアーポンプは防水性のものを用いるのが安心ですが、やや高価なのが欠点です。ペットボトルやポリ袋にパッキングして輸送する場合（図3-4）は、単純に空気を入れるよりも、スプレー酸素缶や酸素を発生する石（図3-5）を利用した方が、酸欠になるまでの時間に猶予ができます。この際、水を入れ過ぎないのがポイントです。特に純酸素を封入した場合には、遊泳性や糞をたくさんする植物食性の魚でなければ、魚体がしっかり浸るくらいの最低限の水量でも構いません。ただし、輸送の際は容れ物をよく固定しておかないと、容器が振り回されることによって魚体が容器に打ち付けられるなど、ダメージを受けることもあり得るので注意が必要です。

また、輸送の際には発泡スチロール箱やクーラーボックスに入れて運ぶなど、温度変化に強い材質の容器に入れて運搬するのがお勧めです。さらに、冷水性の魚類の輸送の際には保冷剤を同梱したり、熱帯性の魚類の輸送の際には貼るタイプのカイロを蓋に貼り付けたりして、水温が上がり過ぎない、または下がり過ぎないように工夫することもあります。

自分の処置に不安を感じる場合は、観賞魚店に持ち込めば、有償で梱包を行ってくれる場合もあります。特に遠征や旅先における魚の輸送で困りそうな場合には、予め店舗の所在地やその可否を調べておくと安心です。ただし、最近では費用対効果に見合わないという理由で、そのようなサービスを取りやめている観賞魚店も出てきているため、節度ある利用を心掛けましょう。

魚を入れる容器（水槽）は、容積に対して空気と接する面積がなるべく大きくとれるような構造のものが望ましいです。これは、溶存酸素の確保という面や、多くの魚種では垂直方向の移動よりも平行方向への移動に長けているためで、市販されている水槽は金魚鉢のようなものでなければ、このような形が一般的です（図3-6）。

飼育環境

飼育水の準備

とった魚類を持ち帰って育てる過程から、学べることは多いはずです。バケツなどでもエアレーションすれば短期間の飼育は可能ですが、1～2週間程度以上にわたる場合は、長期間の飼育が可能な環境を整えましょう。

水槽に魚を移す際には、輸送に使っていた環境水と、水槽内の飼育水との温度や水質の差異による魚体への負担を考慮しましょう。いきなり飼育水へと移してしまうと、そのショックで死亡してしまうことも珍しくありません。徐々に水を合わせながら馴致させましょう。なお、水槽の飼育水には、亜硝酸菌や硝酸菌（有益なバクテリア）がある程度増殖していた方がよいため、できれば生物を投入する予定日の1週間から、遅くとも数日前には水槽を立ち上げ、水を循環させて、よりよい飼育水を作っておくことが望ましいです（図3-7）。

また、多くの地域では、水道水には消毒のために塩素（カルキ）が微量に溶け込んでいます。小型の生物（特にバクテリア）にとっては、この塩素が致死量を超えている場合があるため、水道水は汲み置きして数日経過した塩素を飛ばした状態のものを用いましょう。どうしても水道水をすぐに利用したい場合には、市販のカルキ抜き剤を用います（図3-8）。

図3-7
飼育水に入っていた方がよいバクテリアの増殖には時間がかかる。その時間を短縮するため、市販のバクテリアを人為的に導入することも可能。

図3-8
水道水に溶け込んでいる塩素は、小型の生物（特にバクテリア）にとっては致命的なこともある。飼育水の濾過能力を高めるためにも、すぐに水道水を利用する場合では特に市販のカルキ抜き製品を用いたい。

個体や種に合わせた水槽の大きさ（全長）

掃除の手間が最もかからない方法は、魚と飼育水の他には何も入れない状態です。しかし、魚種によってはそのような環境ではストレスによって死亡してしまうものもいます。また、生態を観察したいのであれば、魚種に合わせた適切な環境を整備する必要があります。魚種によって好適環境の整備は大きく異なります。どのような状況がその魚にとって快適なのかを知るためにも、自然環境下において充分な生態観察をしておきましょう。

水槽飼育による魚類学への貢献を考えると、まず立てられる目標は、

①死なさずに安定的な生存環境を維持すること
②繁殖に成功すること（繁殖生態の解明に繋げられるケースもあるかもしれません）
③仔稚魚期の成育（特に有効な餌が未解明な種が多い）

となるでしょう。この他、魚種によって特異的な生態、たとえば、脱皮や縄張り等を解明することも大きな目標になります。

適正な水槽の大きさの目安は、魚の習性や形態的な特徴などに左右されるため、一概には決められません。しかし、どのような魚でも、最低でも水槽の短辺が飼育魚の全長を上回っており、かつ長辺も全長の2～3倍以上の長さにして余裕を持たせることが必要です（図3-9）。体長よりも小さい水槽での飼育は、動物虐待とみなされる倫理的に問題がある状態です。したがって、早めに大き目の水槽に移してあげましょう。一般的には、長辺の横幅60 cmの水槽を用意できれば、たも網でつかまえたほとんどの魚類を飼えます。

さらに魚の成長も考慮し、その種が最大でどのくらいの全長になるのか、どのく

図3-9
水槽の短辺が、飼育している個体の全長を常に上回っているサイズで飼うことが最低条件。

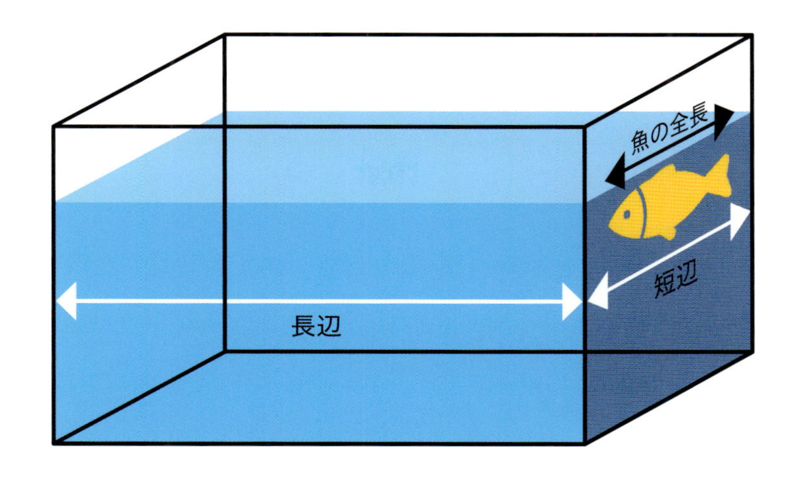

らいの寿命なのかについても把握しておく必要があります。複数種や複数個体の混泳の場合には、臨機応変に水槽の空間に余裕を持たせることも望まれます。

飼育を始めるにあたっては、最期まで面倒をみる覚悟が最も重要です。飼いきれなくなるという事態は、生命を扱う者としては非常に無責任な態度です。譲渡先を確保したり、標本にしたりする覚悟は持たねばなりません。最悪な事態は、採捕した場所ではない、どこか違う他の場所・水系へ放流してしまうことです。このような産地ではない場所への生物の導入は、生物多様性を各地で減少させてきた大きな要因の一つとして挙げられ、魚類学を志す者として決してとってはならない行動です。

一緒に飼う魚の組合せ（単独飼育）

同一水槽内において複数個体を混泳させる場合には配慮が必要です。動物食性の魚種では、大型個体が小型個体を食べてしまうことは同種内・異種間の双方で起こり得ます。そのため、飼う場合はまず同じようなサイズで揃えることが重要です。もし水槽内で産卵した場合も、卵や仔稚魚は隔離するか、別の水槽に移す必要があります。

また、縄張り意識が強い魚は、縄張り内に侵入した他の個体を攻撃して死なせてしまうことがありますし、立場の強い個体が餌を独占し、弱い個体が餌になかなかありつけず衰弱することもあります。

たとえば身近なハゼ科魚類は、採捕も飼育も容易な種が多いものの、縄張り意識を持つ種も少なくなく、立場の強い個体が弱い個体を攻撃して隅に追いやってしまいます。この際、強い個体が弱い個体の鰭や身体にかじりつき、傷つけてしまうことも珍しくありません。傷ついた個体は病気にかかりやすくなり、この状態を放置しているとやがて死んでしまうこともあります。争いをなるべく避けるためには、三次元の空間をうまく利用し、隠れ家になるような場所を多めに用意すると、少しは共存に道が開けます。

なお、フグ目魚類のように他の魚の鰭にかじりつく習性を水槽内で見せたり、コトヒキの幼魚が他の魚の鱗を剥ぎ取って食べたりするように、単独飼育が好ましい魚種も存在します。すべての魚種の習性を調べたり頭に入れたりするのは困難かもしれませんが、飼育しながらしばらく様子を見て、攻撃的な習性をみせたり、相性が悪いように感じられたりするようであれば、水槽を分けたり隔てたりしましょう。もし大事にしたい個体がいるのであれば、基本的には単独飼育が無難です。

飼育環境の準備（水槽の配置と水温管理）

設置場所（屋外）：屋外に水槽を設置する場合には、紫外線による容器の劣化を配慮する必要がある他、基本的には淡水魚の飼育に限るのが無難です。電源に繋がずに管理するのであれば、残餌や排泄物による水質の悪化を防ぐために水草を入れて、栄養塩類を吸収できる環境は整えておきましょう。

このような水槽管理の方法では、止水性の高ストレス環境でも生きていけるフナ類、ドジョウやメダカ類などの魚類が適しています。流水性の魚や、冷水・温水のどちらかを偏好する魚の飼育は基本的には不可能です。

屋外で電源に繋いで水を循環させたり、水温を調整したりする場合、雨ざらしで漏電を起こさないように屋根が必須となります。

屋外飼育のメリットは、水温や光の消長という環境条件を自然に近い形に合わせることができ、飼育魚の産卵が促されやすいことが挙げられます。ただし、容器内の水量が少ないと、水温が上がり過ぎたり下がり過ぎたりしてしまうこともあるため注意が必要です（図3-10）。また、屋外では水槽掃除の頻度を高めないと壁が“コケ”*（図3-11）で覆われて、中が見えなくなってしまいます。日常の観察というよりは、繁殖を主目的とする方法と捉えた方がよいかもしれません。さらに屋外では、哺乳類や鳥類が水槽内の魚を食べに襲撃することもあるため、ネットを被せるなどの対応策も必要となります。

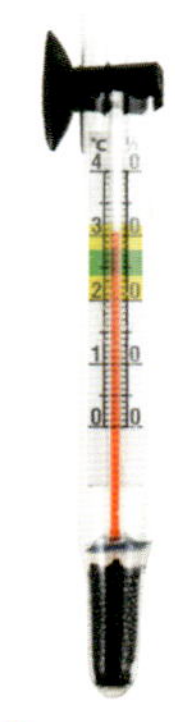

図3-10
特に夏季や冬季は水温計を小まめにチェックをし、水温管理を徹底したい。

*
コケ
水槽に壁面に生える“コケ”は、植物分類学上の「コケ植物」を指すのではなく、緑藻、珪藻や藍色細菌などに由来する。

設置場所（屋内）：屋内の飼育では、まずあまり多くの水槽を設置し過ぎないことが重要です。水は比重が大きく、たくさんの水槽を設置してしまうと、住宅によっては床の耐荷重を超えてしまい、床が沈んでしまうことがあります。ふつうはあまり問題になりませんが、飼育に白熱してきた時に忘れがちな住宅の耐荷重のことは、頭の片隅に置いておきましょう。

図3-11
光がよくあたる水槽では、壁面が“コケ”で覆われやすい。観察のためには、小まめな清掃が必要となる。

屋内飼育は、基本的には繁殖ではなく観察が主な目的となるため、直射日光を避けて“コケ”を生えにくくさせた方がよいです。なお、日陰に水槽を設置することによって、夏場の急激な温度上昇も避けることができます。

水流：魚類には止水域を好むタイプと流水域を好むタイプがいます。水槽の中で、フィルター（濾過器）を通じて水質の管理を行う方法は、水流を生み、水を循環させる構造になっていますが、水流の強さは製品によって異なります。フィルターは、濾材に微生物を発生させて、魚類の排出物を分解して浄化する装置です。

流水は有機物の分解に必要な空気中の酸素を取り込みやすいものの、水流が強すぎると亜硝酸菌や硝酸菌（有益なバクテリア）は増殖しづらくなるのでフィルターや濾材に様々な工夫がなされています。

図3-12
海水を汲んでくるのは大変で、海の近くに住んでいる方以外では現実的ではない。そのため、天然の海水とミネラル成分を同じように調整した人工海水の素が市販されている。水道水に溶かして利用する。

塩分：海水魚や汽水魚の飼育には、水道水に人工海水の素（図3-12）を溶かして使用します。単なる食塩は避けてください（海水にはマグネシウム、カルシウム、カリウムなどの成分が微量ながらも含まれているからです）。海水の場合は水分の蒸発によって塩分が濃くなるため、蒸発した分をカルキ抜きした水道水で継ぎ足していきます。この際、塩分計（図3-13）で計測して濃度の確認を心掛けましょう。

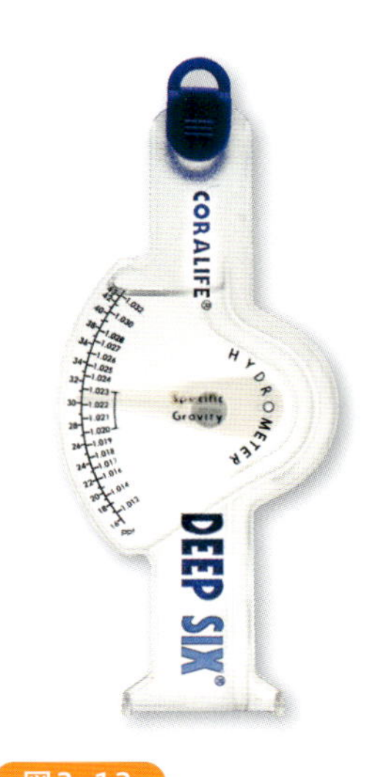

図3-13
海水や汽水を作るときに使う塩分計。

光：魚種によって必要な光環境は異なります。特に暗所を好む魚にとっては、光はストレスとなり、無理に明るい環境下に置いておくとストレスが原因で死んでしまうこともあります。そもそも暗所を好む魚種は、飼育できたとしても、水槽内では砂礫に潜ったり、障害物の陰に隠れてしまったりと、明るい水槽ではほとんど表に現れません。観察のための飼育には向かない種ともいえますが、部屋のライトを消して、暗い状態を維持しなければ観察すら困難となります。このような魚種を、明所を厭わない他種と混泳させていた場合、生きているのか死んでしまったのかもわからない状態に陥ることも珍しくなく、数ヶ月に一度くらいの頻度で姿を見つけて、「あっ、生きていた！」という謎の感動に包まれることすらあります。

観察用の照明には、自然光と同じ白色系の光源を用いると魚体は見栄えします。本格的なアクアリストは、光量が特に強いハロゲンライトを用いる方が主流ですが、蛍光灯やLEDライトを用いても充分綺麗に見ることができます。ハロゲンライトは水温が上がりやすかったり、ブレーカーが落ちやすいという欠点もあるので、適宜、住宅の事情に合わせて検討してください。照明は24時間365日点灯したままにできますが、やはり自然の条件に合わせた方が魚にとってストレスが少なく、優しい飼い方です。是非、タイマーを用いて、ライトのオン・オフのタイミングを調整したいものです。

水温：水槽飼育において重要なのが水温管理ですが、採捕場所の水温を計っておけばおおよその判断基準になります。給餌の際によく食べる温度の範囲がわかれば、その魚にとっての好適水温がわかります。生息に最適な水温幅がわかれば、季節による移動・回遊や消化・繁殖などの生態的・生理的な特性も推測できるかもしれません。

夏季や冬季には、特に水温変化に気を付けましょう。直射日光が当たる場所への水槽の設置を避けた方がよいことは既に述べましたが、夏場は冷房の効いた部屋や水槽用のクーラーを用いて、あるいは冬場は暖房の効いた部屋や水槽用のヒーター（図3-14）を用いて、安定した水温を維持しましょう。なお、夏場に氷や保冷剤を投入して水温を下げる方法は、あまり好ましくありません。なぜならば、水は熱しにくく冷めにくいため、氷や保冷剤の低い温度はまんべんなくは混ざりにくく、冷たい水塊を生じさせてしまうからです。その冷水塊は底層に沈降し、しばらくの間、周囲の水と大きな温度差ができます。そのような温度差は、双方の環境を往来することになった個体に対し、ダメージを与える可能性があるでしょう。つまり、氷や保冷剤によって全体の水温を下げるのは、時間がかかるばかりでなく、その間に不均質な水温環境を生じる点で不向きなのです。同様に、冬場の水温が下がってしまった水槽に、熱したお湯を入れて水温を管理しようというのも不適です。この場合、熱過ぎる水塊にあたった魚は致命傷を受けかねません。

図3-14
熱帯魚の飼育に欠かせない水槽用の（1）サーモスタットと（2）ヒーターは、高価なものでも数千円であるため、水槽用クーラーと比較して安価で手を伸ばしやすい。

(1)

(2)

水槽の清掃と水の入れ替え

栄養段階*の高い魚種あるいは大型個体ほど、飼育に必要な餌の量が増え、水は汚れやすくなります。小まめな水換えを徹底し、栄養塩*の濃度が極端に高い状態が続く事態は避けなければなりません（図3-15～19）。不衛生な環境は病気が発生しやすいだけでなく、直接的な致死要因になってしまうからです。

設定したタイミングで餌を水槽内に落としてくれる自動給餌器は便利です。活き餌では使えませんが、特に留守で家を空けるときに重宝されます。水換えと掃除は1～2週間の間隔で1回、壁面の“コケ”を除去し、排泄物や残餌を含む汚水を中心に1/2～2/3程度の水量を新しい飼育水と交換するのが理想です。しかし、水草やデトリタス食性*の生物を同居させていれば、入れ替えの間隔が空いても大丈夫です。ただし、飼育生物が1個体でも死ぬと、バランスが崩れて水質が一気に悪化するケースもあるため、気を抜いてはなりません。

水槽という限られた空間で魚を飼う行為は、箱庭のような生態系の縮図を創出することであり、自然の生物間相互作用を理解できるさまざまな要素が含まれています。時には魚を死なせてしまうこともあるかと思いますが、なぜ死んでしまったかの疑問を持ち、原因や対策を考えることで、次回に繋げていきましょう。

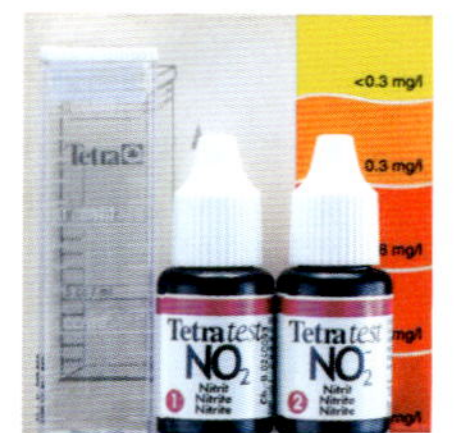

図3-15
亜硝酸塩試薬など、目ではよくわからない水質のチェックを行う試薬も販売されている。

図3-16
pHメーターも同様に、目ではわかりにくい水質のチェックが可能。酸性やアルカリ性に偏り過ぎていないか、注意したい。

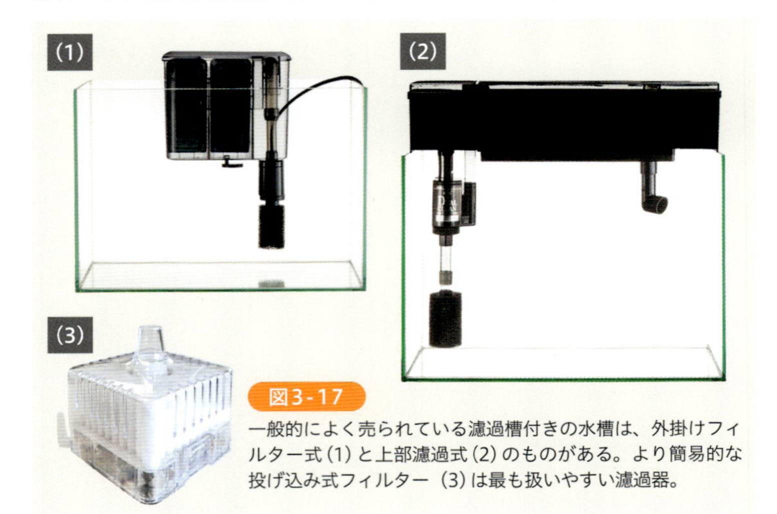

図3-17
一般的によく売られている濾過槽付きの水槽は、外掛けフィルター式(1)と上部濾過式(2)のものがある。より簡易的な投げ込み式フィルター(3)は最も扱いやすい濾過器。

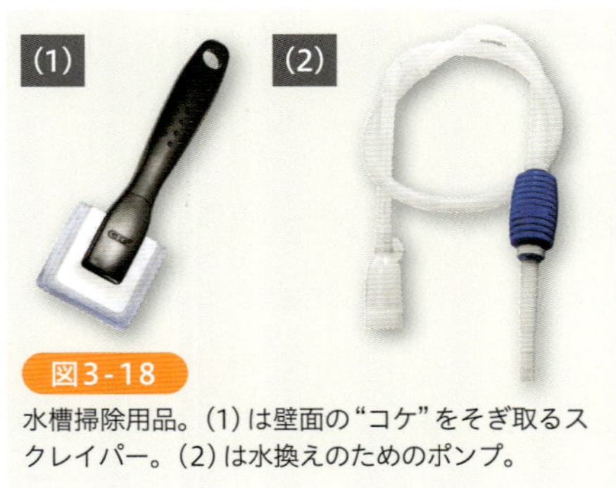

図3-18
水槽掃除用品。(1)は壁面の“コケ”をそぎ取るスクレイパー。(2)は水換えのためのポンプ。

図3-19
(1)外部濾過槽。外部濾過は、少し上級編といえるだろう。メインの水槽とは別に、濾過のための容器を別に用意する。(2)亜硝酸菌や硝酸菌（有益なバクテリア）の増殖に適した濾過材。(3)物理濾過材は排泄物や植物片などの除去に有効。

給餌の量と質

給餌のタイミング：持ち帰ったその日に餌を与えても摂食しないことは往々にして起こります。徐々に環境に慣らしていくことが重要で、餌を与えるのは絶食後2～3日後からでも充分です（仔稚魚は除きます）。初期の段階では活き餌が最も効果的

*

栄養段階
食物連鎖で繋がっている、生物間の食べる－食べられるの関係（捕食－被食関係）は、植物による有機物の生産から始まり、一段ずつ上の栄養段階にある動物へエネルギーや元素が受け渡されていく。たとえば、「生産者」は植物プランクトンや海藻・海草が挙げられ、それらを食べる動物プランクトンが「一次消費者」、次いで動物プランクトンを食べるイワシの仲間などが「二次消費者」、イワシの仲間を食べるカツオが「三次消費者」、カツオを食べるカジキマグロの仲間が「四次消費者」というような具合に、エネルギーの流れや物質循環の役割による生物の位置付けのこと。

栄養塩
栄養塩とは植物の生産に必要な窒素、リン、カリウム、カルシウムなどの塩類のこと。栄養塩濃度が極端に高い水域では、植物プランクトンの過剰な発生と、それにともない動物プランクトンも過剰な増殖が促される。この結果、水が濁り、水草や海藻に必要な照度が確保できなくなり、夜間はそれらの呼吸による酸素の消費量が増え、貧酸素水塊が生じる。このような富栄養化は、生物多様性を減少させる要因として危惧されている。

デトリタス食性
デトリタスとは、生物の死骸、排泄物などに由来する水中や砂泥などに含まれる有機物粒子のこと。これらを栄養源とする生物（魚類ではボラが有名）はデトリタス食性とみなされる。

図3-20
魚病の予防策として、紫外線による殺菌灯を照射し、循環水中の細菌を減らすことも行われる。効果の大きさは、照射量と照射時間によって変わってくる。病気を患っていたり、外傷を負っていたりする個体には、魚病用の治療薬を用いる。淡水魚の場合は、塩水浴をさせることもある。

です。魚の採捕を目的に出かけた際に小さな甲殻類などの小動物を一緒に採捕してくるのも一手段です。水槽の環境に慣れ、乾燥餌料や冷凍・冷蔵餌料を食べるようになれば、安定した長期の飼育が可能になります。魚類は餌付けによる条件反射を容易に観察できる動物です。慣れてくれば手から直接餌を与えることも可能になるのは、この学習の成果と捉えられます。

餌の大きさは口の大きさで判断します。何を食べるか判断できない魚種には、生エビや冷凍イカを細かくしたもの、ブラインシュリンプや粉末の餌料を与えてみると有効な場合があります。魚種によっては、夜行性のこともあるので給餌のタイミングには注意が必要な場合があります。

魚類の捕食において匂いは重要で、たとえばクロダイでは500 m先の匂いを感知できるといわれています。また、人間が感知できない光の波長が見える魚種もおり、水族館のショーでは、人間の感知できない紫外線の照射と条件反射を利用したような工夫がなされていることもあります。

餌の量：与える餌の量は、成長の速度に影響を及ぼします。たとえば、天然のニホンウナギであれば、食べ頃の大きさに成長するまでに5年以上を費やすことも珍しくありません。しかし、一般的に流通している養殖個体は、自然水域から採捕してきた稚魚（シラスウナギ）を高水温の環境下におき、わずか半年から1年半という、天然個体に比べてはるかに短い期間を飽食あるいは過食の状態になるよう給餌して、急速な成長を促しています。

図3-21
ドジョウとカマツカでお馴染み、中島 淳博士による淡水魚飼育にいち推しの餌、「ランチュウベビーゴールド SS 80g」。

餌の質：パンの欠片などでも育てることが可能な種もいますが、栄養が偏ったり、水が汚れやすかったりします。栄養バランスを考慮して開発されている市販の人工飼料を用いた方がよいでしょう（図3-21）。動物・植物食傾向など、個体に適したものを選びましょう。また、成長段階によって口や内臓の大きさも変わるため、稚魚期には粉末状の餌でなければ食べられないケースもあります。この場合は、成魚用の顆粒状の餌を潰して粉末状にしてから与えても大丈夫です。たまには人工飼料だけでなく、冷凍赤虫や茹でた野菜などを与えることも長く飼ううえでは重要です。

さらに、種によっては餌の質が体色に影響を与えることがあります。ちなみに、日本でも家魚として江戸時代から愛でられてきた金魚や鯉は、それ専用に綺麗な発色を促すための餌が開発されているほどです。すべての金魚は中国原産のチンユ（日本産とは別種のフナ属魚類）に由来し、錦鯉も中国原産のコイに由来しますが、日本に在来*のフナ属魚類や在来系統のコイで、自然水域から緋色の個体が記録された事例はありません。ただし、北海道には国の天然記念物に指定されている春採湖（はるとりこ）をはじめ、いくつかの水域から緋鮒（ヒブナ）を生ずる個体群が知られている他、琉球諸島からも在来の可能性がある個体群から緋鮒の記録があるものの、本当に在来個体群の遺伝的特徴なのかについては結論が出ていません。

鰭（ひれ）が伸長する突然変異についても同様で、これまでに純系の在来個体群からの報告はありません。しかし、透明鱗については、コイ科魚類の複数種で報告があります。この他、飼育環境下では日本産のニゴロブナやキンブナでも飼育環境下で緋色に体色が変化することもあるようです。体色の変化と餌の関係性を調べることも、面白い研究テーマになり得ます。

*
在来・外来
地質学的な時間スケールで、進化的背景をその土地に有する生物を在来生物と呼ぶ。他方、人間活動にともない、本来の移動能力を超えて、他所の地域へ随意的・不随意的に導入された生物を外来生物と呼ぶ。国内に産するものであっても、自然分布しない地へ導入されたり、同種内でも遺伝的背景が異なる他所の個体群が導入されたりすれば、それらは外来生物とみなされる。

飼いやすい魚（飼育環境に適した魚種）

生態がわかっている種

実際に魚を飼う場合、どのような魚から始めればよいか考えてみましょう。

第一に、安定した飼育にあたっては、その種の自然環境における生態が明瞭にわかっていることが大前提となります。もしその種の生態に不明な点が多い場合、好適な生息環境を試行錯誤して模索することになってしまいます。適切な環境とは、物理化学的な条件で挙げると、水温、塩分、栄養塩濃度、溶存酸素量、濁度、pH、底質、容積、照度や水流などです。

初心者向きなのは海水魚よりも淡水魚です。淡水魚は塩分の調整が必要ないため比較的飼いやすい種といえます。ただし、河川の流水域に棲む淡水魚は、水槽から飛び出しやすいため、水位を低くして蓋をするなどの対策が必要となります。また、低水温を好むような源流・上流域に棲む魚類は、水温管理するためのクーラーや水流を作る機材が必要で、飼育の難易度は比較的高くなります。止水域に生息する魚類（たとえば、フナ類、モツゴやドジョウ類など）は、水槽では最も飼いやすい魚類です。ただし、仔稚魚は難しい種もいます。

海水魚で飼いやすいのは、小型種で温暖な海域に生息しているような種です。特に岩礁域の潮溜まりで採捕できる魚種（たとえば、イダテンカジカやアゴハゼなど）は、比較的容易に飼うことができます。ただし、極端に口の小さいヘコアユやタツノオトシゴの仲間などは飼いにくい魚類になります。汽水域の魚類は塩分に注意が必要ですが、環境変化に強く、飼育しやすい種（たとえば、アベハゼやマハゼなど）も少なくありません。酸素要求量が多く、広い空間が必要となる回遊性のイワシの仲間やサバの仲間は家庭では最も飼育が難しい部類に入るでしょう。

回遊を行わない種

第二に、生活史を通して生息場所を大きく移動せず、同じ場所に居続けるような魚種は一般的に飼いやすいといえるでしょう。逆に、生活史の中で成長段階によって大きな移動や回遊を行い、生息環境を変える魚は飼いにくいです。複数タイプの生息環境を利用する種を終生飼育するためには、大規模な飼育設備が必要になります。

複数タイプの生息環境とは、たとえば、止水域（氾濫原湿地）と流水域（河川）や海域と淡水域のように、相反するような水環境を想像していただくとわかりやすいかもしれません。前者の例としては、普段は流水環境を利用するものの、仔稚魚期や産卵時に止水環境を利用するギバチのような種が典型的です。後者はカワヤツメやサケなどの通し回遊魚が該当します。どちらも、孵化から産卵までの一生を通した飼育を試みるのであれば、異なる環境を行き来可能な条件を再現する必要が出てくるため、個人レベルでの実現は極めて難しくなります。

ただし、一生の飼育ではなく、特定の成長段階に限って飼育するのであれば、難易度が下がる種も少なくありません。つまり飼育の目的やゴール設定を狭めれば、回遊や移動を必須とする魚種であったとしても、飼育は容易になります。たとえば、ニホンウナギは、産卵を考えなければ、飼育が最も簡単な種の一つとして挙げられます。

小型種

第三に、飼育に必要な水槽の容積の問題から、小型種ほど飼いやすくなります。大型に成長する魚種は、最初は小さい水槽でも飼育が可能ですが、すぐに手狭となってしまうため、最大全長を想定した水槽設備を最終的には整えなければなりません。

大きさを想定せずに飼い始めた人による影響を受け、飼育が禁じられてしまった魚種もいます。北米原産のガー科魚類は最大全長3 mと大きく成長する種群ですが、アクアリストによって飼いきれなくなった個体が無秩序に自然水域へ廃棄・放流されてきました。その結果、定着した場合の人体への危害や生態系への大きな影響が懸念され、2018年4月1日に外来生物法（p. 83参照）による特定外来生物に指定されました。特定外来生物に指定されると、それ以降の飼育許可は試験研究や普及教育の目的以外ではとても難しくなります。つまり、一般家庭では飼えないということです。

特定外来生物に指定される種数は増加の一途をたどっていますが、それには観賞魚の不法な放逐が少なからず影響しています。将来世代の人たちが飼育を楽しめる外国産の種数を減らさないようにする努力が、アクアリストやアクアリウム業界には必要な時代となっています。自宅の水槽の規模を考えて、飼う魚を選びましょう。

給餌しやすい種

第四には、その魚種の食性です。市販されている乾燥餌料だけで栄養価としても問題なく飼育できるコイ科などの魚種は飼育しやすいです。一方で、活き餌のみを専食するカエルアンコウやフサカサゴの仲間をはじめ、特定の藻類を専食するイソギンポやニザダイの仲間などの魚種は餌の確保が難しくなります。

「高ストレス環境」耐性種

第五に、「高ストレス環境」（同一地点であっても水温、塩分や溶存酸素量などの上下が激しい場所）に強く依存する魚種は環境変化に強いため、飼いやすいです。

「高ストレス環境」とは、たとえば氾濫原湿地や潮溜まり（タイドプール）などです。他方、浅所を利用しない深海魚は低水温（約4～5℃）を維持し続ける必要などがあり、個人レベルでの飼育は難しいグループです。水槽用の冷暖房を利用すれば、飼育できる種の幅も広がりますが、飼育上の手間も増えます。

実は、「高ストレス環境」に依存する種は、生態がよくわかっており、生息場所を大きくは変えず、あまり大型にならない種も少なくありません。すなわち、これまでに挙げてきた条件に重複して該当する種が代表例として挙げられることになります。淡水域ではドジョウが、汽水域ではアベハゼが、海域ではアゴハゼが筆頭の候補となるでしょう。

飼ってはいけない魚

法によって規制されている種(絶滅のおそれのある種)

法による規制を受けている種は、個人で飼うことは規制されています。1993年に施行された「種の保存法」(正式名称:絶滅のおそれのある野生動植物の種の保存に関する法律)で指定されている種は、譲渡・販売・頒布・販売及び頒布目的の陳列及び広告・捕獲・採取・殺傷・損傷が禁止されています。違法な譲渡・捕獲・輸出入を行うと、個人で懲役5年以下または500万円以下の罰金、法人では1億円以下の罰金が科されます。この法律の対象となるのは、「国際希少野生動植物種」と「国内希少野生動植物種」の二つです。

国際希少野生動植物種:「ワシントン条約」(正式名称:絶滅のおそれのある野生動植物の種の国際取引に関する条約)の附属書Ⅰ掲載種、及び「二国間渡り鳥等保護条約」(正式名称:渡り鳥及び絶滅のおそれのある鳥類並びにその環境の保護に関する条約または協定)の指定種・協定通報種が該当し、魚類ではアジアアロワナ(図3-22)、シーラカンス科魚類、ヨーロッパウナギやチョウザメ科魚類等がこれにあたります。ただし、登録票などに基づき正規の手続きを行えば、飼育が可能になる場合もあります。

国内希少野生動植物種:環境省レッドリストの絶滅危惧に選定された種のうち、人為の影響により生息・生育状況に支障を来す事情が生じている種について、専門委員会で指定されたものが該当します。魚類ではミヤコタナゴ(図3-23)、イタセンパラ、スイゲンゼニタナゴ、及びアユモドキ(図3-24)などの10種が2020年までに特定第一種として指定されています(禁則が限定的な特定第二種も含め、今後も指定種が増加する可能性があります)。これらの魚種は、個人レベルでの飼育が認められる可能性は極めて低く、どうしても当該種の飼育を望む場合は、保護増殖に努める機関に就職あるいはボランティアとして活動するしか手段はありません。また、上記の「国内希少野生動植物種」と重複する種が多いものの、魚種や魚類の生息地で、文化財保護法に基づき、「天然記念物」が指定されています。天然記念物の指定は、国レベルから地方自治体レベルまで多様です。国で指定されている魚種は、ミヤコタナゴ、イタセンパラ、アユモドキ、及びネコギギの4種です。生息地の指定や地方自治体レベルでは、既述の緋鮒(ひぶな)生息地である春採湖やテツギョ生息地の魚取沼の他、宮城県大崎市(旧・鹿島台町)のシナイモツゴ(図3-25)の指定などが挙げられます。

図3-22
アロワナ目アロワナ科
●標準和名:アジアアロワナ　●英名:Asian bonytongue
●学名:*Scleropages formosus* (Müller & Schlegel, 1840)
●撮影場所:マレーシア・Glami Lemi 水産研究所

日本では水産というと、食用の印象が強いかもしれないが、マレーシアの淡水水産調査部局では、観賞魚用の調査研究も行われていた。アジアアロワナはワシントン条約の附属書Ⅰに掲載されており、国際取引が規制されている種だ。

図3-23
コイ目コイ科アブラボテ属
●標準和名:ミヤコタナゴ　●漢字表記:都鱮
●英名:Tokyo bitterling　●学名:*Tanakia tanago* (Tanaka, 1909)
●撮影場所:滋賀県立琵琶湖博物館

図3-24
コイ目ドジョウ科アユモドキ属
●標準和名:アユモドキ　●漢字表記:鮎擬　●英名:kissing loach
●学名:*Parabotia curtus* (Temminck & Schlegel, 1846)
●撮影場所:滋賀県立琵琶湖博物館

種で指定されている天然記念物は、国内の一部の研究機関において、保護増殖の取り組みが行われている。

図3-25
シナイモツゴの天然記念物指定を周知する、JR鹿島台駅前に設置されていた看板。

図3-26
スズキ目サンフィッシュ科オオクチバス属
●標準和名：オオクチバス　●英名：largemouth black bass
●学名：*Micropterus salmoides salmoides* (Lacépède, 1802)
●採捕日：2014年6月26日　●採捕場所：岩手県・北上川水系
●神奈川県立生命の星・地球博物館魚類標本資料：KPM-NI 36820

2010年から2013年の間に違法放流されたと推測される個体。

図3-27
スズキ目サンフィッシュ科オオクチバス属
●標準和名：コクチバス　●英名：smallmouth bass
●学名：*Micropterus dolomieu doloniew* Lacépède, 1802
●採捕日：2015年8月20日　●採捕場所：神奈川県・相模川水系
●神奈川県立生命の星・地球博物館魚類標本資料：KPM-NI 39479

近年、国内の河川中上流域における増殖が疑われており、水産上重要種アユをはじめとする在来種への影響が懸念されている。

図3-28
サケ目サケ科サケ属
●標準和名：ニジマス　●漢字表記：虹鱒　●英名：rainbow trout
●学名：*Oncorhynchus mykiss* (Walbaum, 1792)
●採捕年月日：2011年11月1日　●採捕場所：北海道・朱太川水系
●神奈川県立生命の星・地球博物館魚類標本資料：KPM-NI 29442

「世界の侵略的外来種ワースト100」(IUCN)、「日本の侵略的外来生物ワースト100」(日本生態学会)等に選定されている。

図3-29
スズキ目カワスズメ科カワスズメ属
●標準和名：ナイルティラピア　●英名：Nile tilapia
●学名：*Oreochromis niloticus* (Linnaeus, 1758)
●採捕年月日：2015年6月17日　●採捕場所：宮崎県・清武川水系

その名の通り、原産地はアフリカ大陸西部・ナイル川水系・イスラエルとされるが、世界中に広く導入されている。水温が10℃を下回らない河川において定着しているようだ。

法によって規制されている種(外来生物)

外来生物の採捕は全面的に禁止されているわけではありませんが、飼育・移動・運搬・放流・販売・譲渡・輸入等が厳しく禁じられている種も存在します。外来生物が自然環境に定着することで、在来種が自然の回復力を上回る勢いで捕食されたり、在来種との交雑が起きたりします。

2005年6月1日に施行された「外来生物法」(正式名称：特定外来生物による生態系等に係る被害の防止に関する法律)では、以下の三つに分けて外来種が指定されており、その取り扱いは最大で懲役3年以下または罰金1億円以下の重い刑罰をともなう形で規定されています。なお、「特定外来生物」を除き、国内で入手する個体の飼育は禁じられていません。

1.特定外来生物：海外起源の外来種で、生態系、人の生命・身体、農林水産業へ被害を及ぼす、あるいはその可能性があるものが指定されています。魚類ではオオクチバス(図3-26)、コクチバス(図3-27)、ブルーギル、カダヤシ、ナイルパーチ、ガー科魚類などが該当し、今後も指定種は増加する可能性があります。

2.未判定外来生物：生態系、人の生命・身体、農林水産業へ被害を及ぼす疑いがあるか、実態がよくわかっていないもので、特定外来生物の近縁種(姉妹種)が指定されています。魚類では、上記の特定外来生物の3種を除くサンフィッシュ科魚類全種や、チャネルキャットフィッシュを除くアメリカナマズ属魚類全種などが指定種となっています。

3.種類名証明書の添付が必要な生物：特定外来生物・未判定外来生物に該当する種群の近縁種から、広範囲に指定されています。さらに外来生物法では、法的な拘束力を持たない「生態系被害防止外来種」の選定も行われています。飼育が可能な種も含まれますが、導入・拡散は絶対に避けなければなりません。

生態系被害防止外来種：前3項目の指定種も重複して選定されていますが、それらへの指定が見送られている種も選定されます。タイリクバラタナゴ、カラドジョウ、ニジマス(図3-28)、カワマス、ブラウントラウト、カワスズメ、ナイルティラピア(図3-29)等、数多く選定されています。

また、前3項目と異なり、国内由来の外来種も対象にした幅広い選定が行われており、「琵琶湖・淀川以外のハス」、「東北地方などのモツゴ(第2章参照)」、「九州北西部及び東海・北陸地方以東のギギ」、及び「近畿地方以東のオヤニラミ(コラムp.88参照)」の日本産4魚種もリストに加わっています。

危険な魚

法的な観点ではなく、扱いを誤ると大怪我に繋がる魚種も存在します。代表例としては、歯や棘の鋭い魚種や刺毒魚などです。鮮魚を捌いたり解剖したりする際ももちろんのこと、とりわけ予測不可能な動きをする活魚を扱う飼育の際は、注意を要します。オニダルマオコゼのように、有毒の棘を持ち、過去に刺された方が亡くなった事例が複数知られる魚種は、特段の目的がなければ飼育は避けるべきでしょう(第2章p. 61〜63参照)。

また、ハタ科ヌノサラシ族魚類(ヌノサラシ(図3-30)・アゴハタ・ヤミスズキ・キハッソク・ジャノメヌノサラシ・ルリハタ)は、体表からグラミスチンという粘液毒を分泌し、水槽やバケツ内の海水を泡立たせることからソープフィッシュとも呼ばれます。同様に、ハコフグ科魚類(図3-31)は、皮膚からパフトキシンという粘液毒を出すことが知られています。いずれの毒も、人体に明瞭な影響を及ぼすようなものではありません。しかし閉鎖的な水槽内で、ストレス時や死亡時に放出される粘液毒が、他の飼育個体を死なせてしまうだけでなく、粘液毒を放出した個体自身も死んでしまうことがあるようです。これらの種を他の個体と同居させて飼育する場合には、注意を払わねばなりません。

図3-30
スズキ目ハタ科ヌノサラシ属
●標準和名：ヌノサラシ　●漢字表記：布晒
●英名：goldenstriped soapfish
●学名：*Grammistes sexlineatus* (Thunberg, 1792)
●採捕日：2006年2月27日　●採捕場所：沖縄県・渡嘉敷島
●神奈川県立生命の星・地球博物館魚類標本資料:KPM-NI 17694

粘液毒を出すことがあるものの、美しい見た目のため、観賞用の需要もある。

図3-31
フグ目ハコフグ科ハコフグ属
●標準和名：ハコフグ　●漢字表記：箱河豚
●学名：*Ostracion immaculatum* Temminck & Schlegel, 1850
●採捕日：2016年7月18日　●採捕場所：千葉県・館山市

幼魚でも皮膚から粘液毒を出すことがあるので、要注意。

病気の魚

また、有害という意味では、病気を患っていたり、寄生虫が付着していたりする個体を健全な個体とともに同居させると、病原菌や寄生虫が健全な個体へも伝播することがあるので注意が必要です。特に観賞魚店から購入した個体やその飼育水は、白点病などの伝播経路になりやすく、水槽間の水と生物の移動には細心の注意をしましょう。

以下に、かかりやすい病気の代表を挙げておきます。

病名：白点病

■**原因**：海水と淡水で病原虫は異なるが、どちらも同じ繊毛虫門に属する原生生物の寄生によって起こる。

■**対処法**：淡水環境下における発生時では、換水・清掃を行った後に、マラカイトグリーンやメチレンブルーの投薬や0.5%の塩水浴を数日間続け、再度の換水・清掃と、同じ治療サイクルを何度か行う。海水環境下においては、微量の硫酸銅やホルマリン溶液を用いたり、マラカイトグリーンが用いられたりもする。どちらも、完全な駆除は難しい。

■**予防法**：水質管理や健康管理が重要。淡水環境下では25℃以下で発生しやすいため、できるだけ25℃を上回るようにする。他方、海水環境下では、逆に25〜30℃で発生しやすいため、25℃を下回るようにする。

病名:滑走細菌症

■原因:*Flavobacterium columnare* や、*Tenacibaculum maritimum* というグラム陰性長桿菌類の感染による。滑走細菌性穴あき病と呼ばれる症状は、魚体の表面がただれ、病状が進行すると筋肉まで侵されてしまう。鰭ぐされ病や尾ぐされ病は各鰭の先端から腐ったように欠損していく症状で、鰓ぐされ病は鰓蓋の内側の鰓そのものが腐ったように欠損していく症状を指す。

■治療法:他の寄生虫が付いている場合は、まずそちらを駆除する。マラカイトグリーンなどの抗菌剤が用いられる。

■予防法:過密飼育を避け、健全な水質を保つ。紫外線の照射も効果的。

病名:エロモナス症

■原因:運動性の *Aeromonas hydrophila* 及び非運動性の *A. salmooicida* という細菌の感染による。ヒトへも感染し、その臨床症状としては腸炎が知られる。

■治療法:運動性細菌(前者)の症状として赤斑病・ポップアイ・鰭赤病・立鱗病(松かさ病)が挙げられ、非運動性細菌(後者)の症状として穴あき病が挙げられる。いずれもオキソリン酸を主成分とする薬剤が用いられる。

■予防法:運動性細菌は水温25 ~ 30℃でよく増殖するため、それよりも低水温に保ち、非運動性細菌では逆に低水温を避けるとよい。紫外線の照射も効果的。

仔魚から成魚、孵化から育てるには

卵や稚魚からの育成は、試行錯誤と好奇心が何よりも重要です。稚魚から成魚までに育て上げるには、適切な給餌と、水槽内での個体数の管理に加えて病気の疾患にも注意が必要ですが、特に仔魚期から稚魚期への移行時の飼育は、ワムシ類*など、餌となるプランクトンを飼育・繁殖させる技術が別途必要となるため(図3-32)、魚類の終生飼育の中でも最も難易度の高いステージであるといっても過言ではありません。そもそも、卵を孵化させることからして難しい種も少なくありません。孵化する前に腐ってしまうことも珍しくはなく、酸素濃度や水温の管理以外に、適度な水流を必要とする種も存在します。

水族館でさえ充分な知見を持たない、初期生活史が解明されていない種の方がふつうです。謎が多い分、解明に向けて研究・挑戦し甲斐のある分野といえるでしょう。

* ワムシ類
輪形動物門の総称で、全長1mmにも満たないような微小動物。仔稚魚の餌として使われる。

図3-32
(1)稚魚や口の小さい魚類には欠かせない餌となる小型甲殻類のアルテミア(ブラインシュリンプ)。冷凍タイプ(2)や乾燥タイプがある。卵は乾燥に強く、長期にわたって生存、休眠が可能。乾燥タイプの場合、この卵を28℃前後の塩水に移してエアレーションすると、約1日で孵化する(低水温だと孵化しない)。この孵化したアルテミアをスポイトで吸い取って水槽に移すと、小型魚が喜んで食べる。
(3)イサザアミ類:小型魚から大型魚まで、多くの動物食性魚類が好む餌の一つ。

(1)

(2)

ブラインシュリンプ
ミニキューブ30g

(3)

COLUMN

飼う・育てるの実例❶

小学校の水槽で、海の生き物を飼う・育てる

横浜市立幸ケ谷小学校

幸ヶ谷小学校水槽飼育有志のメンバー。左から清岡 愛来さん、大豆生田 祐希さん、樗木 瑶さん、吉村 奏音さん、金井 美桜さん、矢野 りさ子さん、小川 日向さん、最後列は担任の久保 聡一郎教諭。

総合学習授業で『海から魚をとってくる』

神奈川県横浜市にある幸ケ谷小学校は、玄関に大きな水槽がある。中にいるのは、近隣の「高島水際線公園」でとってきた魚たちで、飼育を担当しているのは現在5年生の有志数名。担任の久保 聡一郎教諭が見守る中、子どもたちは手慣れた様子で水道水に食塩を入れ、塩分計で濃度を調整して水を入れ替えている。

水槽ができたのは2016年9月。4年生の「総合学習授業」のテーマとして海の生き物が選ばれた。横浜市神奈川区という立地は海が近いにも関わらず、子どもたちが海の生き物と触れ合う機会が少ないため、ESD(Education for Sustainable Development：持続可能な開発のための教育)の一環として、海の生き物を学ぶことになったという。何を飼うかは、すべて子どもたちの自主性に任せている。男子児童は採取することに夢中になり、飼育は女子児童の方が熱心だった。

“何を学ぶか”ゴールを想定して飼育を始めた

餌やりは、平日は児童たちが、休日は久保教諭が担当している。生き物ごとの飼育方法は、子どもたちが自分で調べる。カニがとれたときは、カニがいた環境に似せて石を積み上げ、登って呼吸できる“カニタワー”を作った。カニが死滅した取材時は、魚のために水位を上げていたので浅瀬に相当する部分はない。その様子を久保教諭は「冬には生き物が少なくなり、春には新しい魚が生まれる。生物の環境は常に変化し、減ったり増えたりしているというのを『自分で見つけて』ほしいので、黙って見守っています」とのこと。ただ魚を飼って可愛がるというだけでなく、「何を学ぶか」のゴールを想定しないと、ただの生き物飼育で終わってしまうと先生は言う。実際、子どもたちは自主的に、調べた生態を自主的に水槽の周りに貼りだしたり、『幸ケ谷の海ガイドブック』(写真)を作成するなど、世話だけではない学びの成果が生まれている。

水槽・環境作りは、プロの手を借りて

横長の大きな水槽は、公益財団法人 笹川平和財団助成金を利用して購入し、設備と飼育方法は「生き物コンサルタントARU」の青木 宏樹氏に指導してもらった。

教室に置いた水槽だとクラスの子どもしか見ることができないが、玄関に置けたことで、他の児童たちも魚の成長を身近に意識できる。今は、4年生と引き続き世話をしているが、「他の児童にもお世話の輪を広げていきたい」(2017年取材時)と久保教諭は海水槽がより多くの人たちに親しまれるように考えている。

(文責：編集部)

生物ごとの生息場所・特長から、観察する際の服装、潮の満ち引き、環境への配慮からとった魚の調理方法まで、学習成果が豊富に盛り込まれている。

塩分計で水道水を調整したり、網でゴミをすくったり、有志メンバーは熱心に世話をしている。

玄関前に設置された水槽。右端は稚魚を隔離するのに使われている。水槽下は世話に必要な餌やバケツなどを保管している収納スペース。

COLUMN

飼う・育てるの実例❷

家のリビングでサメを飼う

饗場(あいば) 空璃(そらり)さん

親子でほぼ手作りのアクアリウム

中学3年生の饗場 空璃さんは、自宅でサメを飼っている。正確には、リビング全体に作られた水槽に、サメをはじめとして約100種程度の海の生き物がいる。60 cmの水槽からスタートし、採取した魚を飼ううちに、リビングがアクアリウムと化した。現在、ネコザメ、イヌザメからエイ、イセエビ、グソクムシからオキアジまで、水族館のような圧巻の水槽群が並ぶ。

失敗しながら、試行錯誤して学ぶ

サメを飼うのは難易度が高いと思われがちだが、饗場家によるとむしろサメは水質の変化に強い。

しかし、水槽に入れる組合せによっては、捕食されてしまったり、うまく管理できなくて死なせてしまうこともある。饗場家も、一度はその心苦しさに水槽を片付けてしまったことがあったが、魚愛を止められず、結局再開したのだという。

失敗や試行錯誤をしながら経験を積んでいく。同じ海好きの先輩からも「知識と経験、設備が揃わなければならない」とアドバイスされた。ただ好きというだけでは飼えない、だから今も「勉強中」だという。

情熱は親にプレゼン

饗場家は「これが飼いたい」だけでは許可しない。採捕や旅行もすべて空璃さんが場所を調べ、スケジュールを逆算し、親にプレゼンテーションする。本人の熱意を認めて、親としてできる限りの協力をする……という姿勢だ。とはいえ、水槽は作るのも維持するのもそれなりな負担がかかる。家族の協力は欠かせない。

“好き”を超えて、学問へ。研究発表

空璃さんは漁師さんや専門家に積極的に質問し、魚好きの仲間との交流を深めている。その中で活動範囲が広がり、2016年12月に、第2回「日本板鰓類（ばんさいるい）研究会フォーラム ― サメ・エイの世界にようこそ」において、キッズ部門で研究発表を行った。将来はJAMSTEC（海洋研究開発機構）で研究したいという夢を持っている。

（文責：編集部）

家族が“ネコちゃん”と呼びならわすネコザメの水槽。

比較的小さな魚のための水槽。化粧板を外すと、下は濾過装置などが設置されている。

リビングアクアリウム、作り方と気を付ける点

「わーきれい」だけでは済まないのが水槽のメンテナンスや管理。ぜひ饗場家の実例を参考にしてほしい。

●**作り方**：水槽は不定期に出る専門店の中古品を購入したり、自作する。スチールのフレームで組み、白板をはめ込む。

●**組合せ**：気を付けないと魚同士が食い合うことがある。それぞれの魚の生息エリアにも配慮が必要で、たとえば砂に潜って過ごすエイと、その上に乗りたがるネコザメを同居させてしまうと、お互い嫌がってストレスがかかる。空璃さんも、エイを飼う際には水族館に相談し、泳ぎ回るタイプの魚を教えてもらった。

●**水替え**：サメ類は1～2ヶ月に1度。チョウチョウウオなどはもっと小まめに替える必要がある。

●**汚れ**：餌やりなどで、床や周囲に水がこぼれるのは避けられない。「もう仕方がないというか……笑」とお母さんも覚悟をしている。

●**温度管理**：モーターがあるので、夏場はリビング全体が暑くなる。サメなどの水槽は25℃。深海用の水槽は10℃で管理。水温を冷やすためのモーターをさらに冷やすためのサーキュレーターを置く。冬は、逆にモーターのせいで暖かい。

●**費用**：餌代以外に、電気代はかなりかかる。

●**餌やり**：サメ類は2日に1度。小さな魚はもっとこまめにやる。主な餌は「イカ」。栄養バランスがよく、血や内臓が出ないので、水槽の水を汚さないのも利点。匂いも魚を引き寄せやすく、鋏などで切り分けやすい。

●**問題点**：水槽の数が多いだけに、モーター音がある程度する。水槽下を白扉で囲っているのは、防音のためでもある。

COLUMN

飼う・育てるの実例❸

観察しながら、アートを楽しむアクアリウム

野外で作る即席水槽 **がさりうむ** ──泉 翔さん

「魚をたくさん水槽に入れて飼いたいけどなかなか難しい。ならせめて短い時間でも自分が思い描く水槽を現地で作って写真に残そう。飼育水槽ではできない水槽を短時間でも作ってみたい」というモチベーションで泉 翔さんらが楽しんでいるのが「がさりうむ」。

水槽を着飾る様々な基質は、フィールドから調達するだけでなく、フィールドの背景とともに画像や動画として記録に残す。河川では止水環境と流水環境で分けてみたり、潮溜まり（タイドプール）では潮位によって分けたりすると、群集生態学的な理解も進む。魚の採捕・観察を一歩踏み進めて楽しめるだけでなく、科学と芸術との双方のセンスを磨けそうな活動であるため、とりわけ子どもの自然教育としては最高の機会提供に繋がるアイデアだ。

がさりうむの活動記録は、Twitter（泉@syo_izumi）やblog（http://toro-magurobussanten.blog.so-net.ne.jp/）でも確認できる。また、遊び方については「海に学ぶ体験活動協議会」の「海あそびレシピ」にも掲載されており、ホームページ上からpdfファイルがダウンロードできる（http://www.cnac.or.jp/recipe.html）。

ナマズ目アカザ科アカザ属
●標準和名：アカザ　●漢字表記：赤佐
●学名：*Liobagrus reini* Hilgendorf, 1878
●採捕日：2017年7月9日　●採捕場所：東京都・多摩川水系

導入由来（国内外来種）ではないかと疑われている個体群。簡単なトリックなのだが、不思議なレイアウト。

採集した魚のうち何を入れるか？水草は？砂礫は？ レイアウトや構図は？ ある程度の条件は制約されるものの、そこから先は自由に構成できる。

撮影したアクアリウムは、Twitterなどで配信
（https://twitter.com/syo_izumi/status/779313705846607873）

スズキ目ケツギョ科オヤニラミ属
●標準和名：オヤニラミ
●漢字表記：親睨
●学名：*Coreoperca kawamebari* (Temminck & Schlegel, 1843)
●採捕日：2017年7月9日
●採捕場所：東京都・多摩川水系

（1）水槽に近づいての撮影。観賞魚の放逐に由来すると考えられる国内外来種だが、小型でも流石に格好良い。
（2）用いる容器も千差万別。撮影後の魚はリリースする。

COLUMN

飼う・育てるの実例❹

在野の飼育が支える、日本産淡水魚類

オッケーフィッシュファーム ── 中村 陽一さん

趣味の日淡飼育が高じ、歯科医師からアクアリウム業界に身を転じたという異色の経歴の持ち主。全国の自然度の高い水辺を行脚し、採集・観察を続けている。特にタナゴの仲間を中心に、自家採集した個体を種親として日本産淡水魚類の累代飼育を続けている。ウシモツゴのように、現在は各県の希少野生動植物種に指定されてしまい、野外から採捕してきて飼育することが叶わなくなってしまった種についても、その対象としている。特に日本各地の淡水魚類は多くの種が絶滅危惧種に選定されており、今後も本来の生息地の悪化が進めば、50年先や100年先には本当に野生絶滅してしまう。換言すれば、個人による系統保存で、日本産淡水魚の保全に貢献する活動となっているのだ。

現状では、日本の希少種の保護には、このような個人の活動の寄与がとても大きく、国や地方自治体に任せていても保護されずに個体群絶滅が各地で進行するばかりの嘆かわしい事態にある。国の天然記念物に指定されているような魚種であれば、水族館や博物館施設などで系統保存や保護増殖の取り組みも実施されているものの、その他の種については必ずしも充分ではない。しかし、個人の活動でも持続可能性の担保が難しい側面もあり、その点は大きな課題といえるだろう。

ゼニタナゴの飼育水槽。屋根付きの屋外で管理されており、抽水植物が生えているのが驚きだ。

婚姻色の出た立派なゼニタナゴ（下）とカネヒラ（上）。

浴槽を利用し、様々な淡水性の水生生物の系統保存を行っている。吹きさらしでの飼育環境は、管理が大変ではあるが、魚にとっては自然の温度や日長の変化が体感できる条件の方が繁殖が促されやすいようだ。

小さい池も掘られていた。トウカイナガレホトケドジョウなど、繁殖の環境整備に挑戦中の種もいる。ここ以外にも、離れた場所に養魚場跡地を新たに借り受け、2018年よりさらなる系統保存を開始する予定とのこと。周辺地域の生物、水位、水温のモニタリングを行うために、往復3時間以上かけて日々業務時間外に通っている。

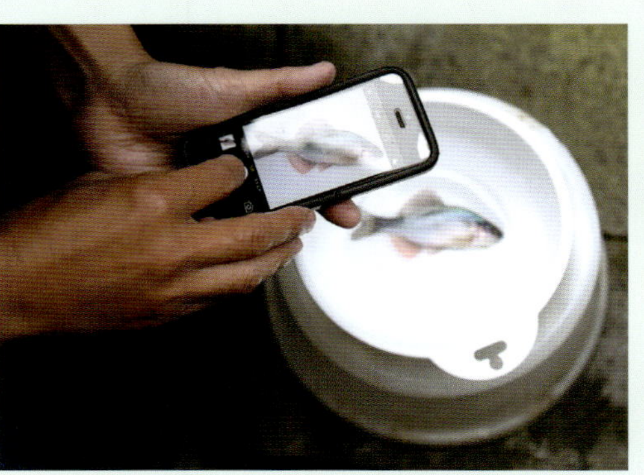

中村氏は、生物多様性保全のための観賞魚利用のあり方について、Twitterを活用した普及を行っている。

先月のだけど10年以上前から累代飼育しているウシモツゴの親。シナイモツゴとはまた違う感じの迫力のある婚姻色。飼育下では、丈夫でよく殖える種ではあるものの、規制により「みんなの手に触れられない遠い存在」になってしまったのは残念至極。

okfish中村
@okfishfarm
フォローする

ニッポンバラタナゴ、セボシタビラ、カゼトゲタナゴのスリーショットもかなり素晴らしかった。セボシの退色が少し惜しい。なかなか全て120%というのは難しいが、それがまた楽しみでもある。
将来「養魚場のほとりで」ではなく「生息地で」普通にこんな絵が撮れる事を夢見て。

6:06 - 2017年6月15日

飼う・育てるの実例❺

市民による飼育が、野生絶滅の個体群を系統保存

むさしの自然史研究会 ――須田 孫七さん・須田 真一さん

人口の多い地域では、放流が盛んに行われ、国外外来種のみならず国内外来種の問題も頻発している。特に東京都はあらゆる動植物が個体群絶滅しており、この百年で景観は劇的な変化を遂げた。水辺で見られる生物の多くは外来種となり、在来種であったとしても人為的に持ち込まれた他所の個体群との交雑を起こしている。一見すると在来種であるため、自然由来に思えてしまうが、DNA解析を通すと外来生物と判明する事例も多い。

かつては関東平野に広く分布していたミナミメダカも同様だ。生息域である水田地帯の激減だけでなく、観賞魚として流通している園芸品種の“緋メダカ”や“白メダカ”、あるいは東京都産ではない他所の地域の個体が野外に放されてきた。その多くが個人では飼育しきれなくなって、無秩序に放された個体に由来しそうだ。そのため、東京都では本当の意味での在来のミナミメダカは野外からは近年記録がなく、野生絶滅の可能性も示唆されている。しかし、昔からミナミメダカが累代飼育され続けてきた家庭の水槽から、東京都の純系DNAを有する本物の在来個体群の子孫が生息域外保全されていることが判明した。それが須田家のメダカたちである。

1944～1945年、須田 孫七さんは空襲の合間に杉並区井草川沿いの都立農芸学校（現・都立農芸高等学校）の水田からミナミメダカを採捕した。第二次世界大戦中であった当時、空襲時の初期消火用として全家庭に防火用水槽が設置されており、空き地にも大型貯水槽が設けられていた。どこの貯水槽にも湧いていたボウフラ防除のため、井の頭自然文化園水生物館において責任者であった木村 四郎氏（後に園長）の企画立案によって増殖事業が取り組まれていた。しかし終戦を迎えるとともに、防火用貯水槽とミナミメダカは不要となり、そのほとんどは井の頭池（弁天池と瓢箪池）に放流された。井の頭池のミナミメダカはいつの間にか絶滅してしまった。しかし、その残りの一部を、自宅で累代飼育し続けてきたという。

これも、市民の趣味が魚類学、そして生物多様性保全に大きく貢献した一例といえよう。

自宅の庭にビニールハウス用のカバーとレンガブロックでこしらえた小さな池で、そのミナミメダカは70年以上という長きにわたって系統保存され続けている。

池の中のミナミメダカ。遺伝子解析によって、東京都在来・純系のミナミメダカであるという科学的な証拠も揃ったお墨付き。

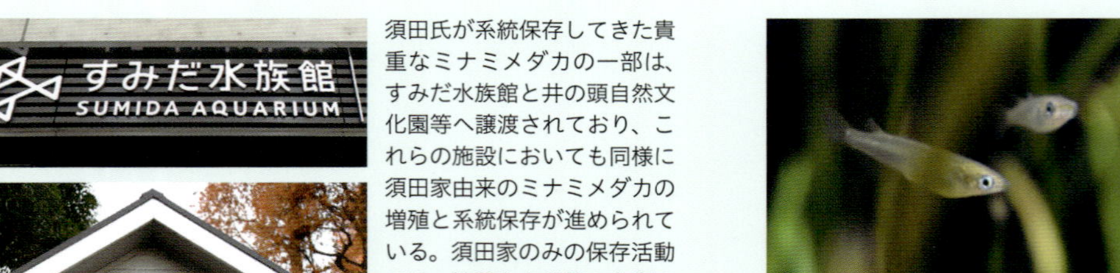

須田氏が系統保存してきた貴重なミナミメダカの一部は、すみだ水族館と井の頭自然文化園等へ譲渡されており、これらの施設においても同様に須田家由来のミナミメダカの増殖と系統保存が進められている。須田家のみの保存活動では、地震や火災等の有事の際に、せっかく系統保存され続けてきた個体群は絶滅してしまう可能性がある。いくつかの場所で分散して系統保存を行っていた方が、絶滅リスクを下げることができる。なお、野外への無秩序な放逐等に繋がる恐れがあるため、個人への譲渡は行われていない。

すみだ水族館では展示の他、バックヤードでも繁殖・系統保存されている。

井の頭自然文化園水生物館でも、展示以外に繁殖と系統保存が行われている。ここでは須田家の池と同じように、自然の温度変化に任せた屋外での管理を行っている。

4章

種類の見分け方と観察

魚の分類の基本から、
似て異なる紛らわしい魚の見分け方までを学ぶ。

マダイ

そもそも魚類とは？

釣ったり、つかまえたりした魚の名前を探すとき、「属」や「科」などの記載があるのを目にすると思います。これは、分類学の始祖、カール・フォン・リンネが定義した生物学上の分類階級です。しかし、魚類に限ってはそもそも「魚類」という分類自体が少しややこしくなっています。

図4-1は、脊椎動物の系統関係を表した系統樹です。私たちが「魚類」と呼んでいるグループは、実は単系統群（クレード）*ではありません。進化の系統的には哺乳類、鳥類、爬虫類、及び両生類（まとめて「四肢動物」と呼ぶ）は、「魚類」と同じ祖先種を共有します。

しかし、一般的に「魚類」には四肢動物を含めず、無顎綱から肉鰭綱までを含む側系統群（グレード）*として扱われます。たとえば、マダイはアカシュモクザメよりもヒトの方が系統的には近縁です。四肢動物は、軟骨魚綱や無顎綱と比べて、肉鰭綱や条鰭綱と共通の祖先をより近い過去に持ち、広い意味で魚類に含まれるグループです（実際に、四肢動物は「硬骨魚綱」として分類されたこともありました）。四肢動物も魚類の仲間に入るのですが、人間の都合で除いて扱っています。

同じ属の魚でも、生息地域によって姿が変わることも少なくありません。また日本においては「出世魚」と呼ばれるような、同じ種であっても魚の成長に合わせて呼び名が変わる場合もままあります。この章では、自分がつかまえた魚が何という名前なのか、それともまだ誰も知らない新種の大発見なのかを調べるために、基本的な分類のルールと見分け方を学びましょう。

*
単系統・側系統
単系統とは、同じ祖先種から派生した生物の一群を指す。一方、側系統は、同じ祖先種から派生した生物の一群のうち、特定の子孫の一群が取り除かれたグループを指す。

図4-1

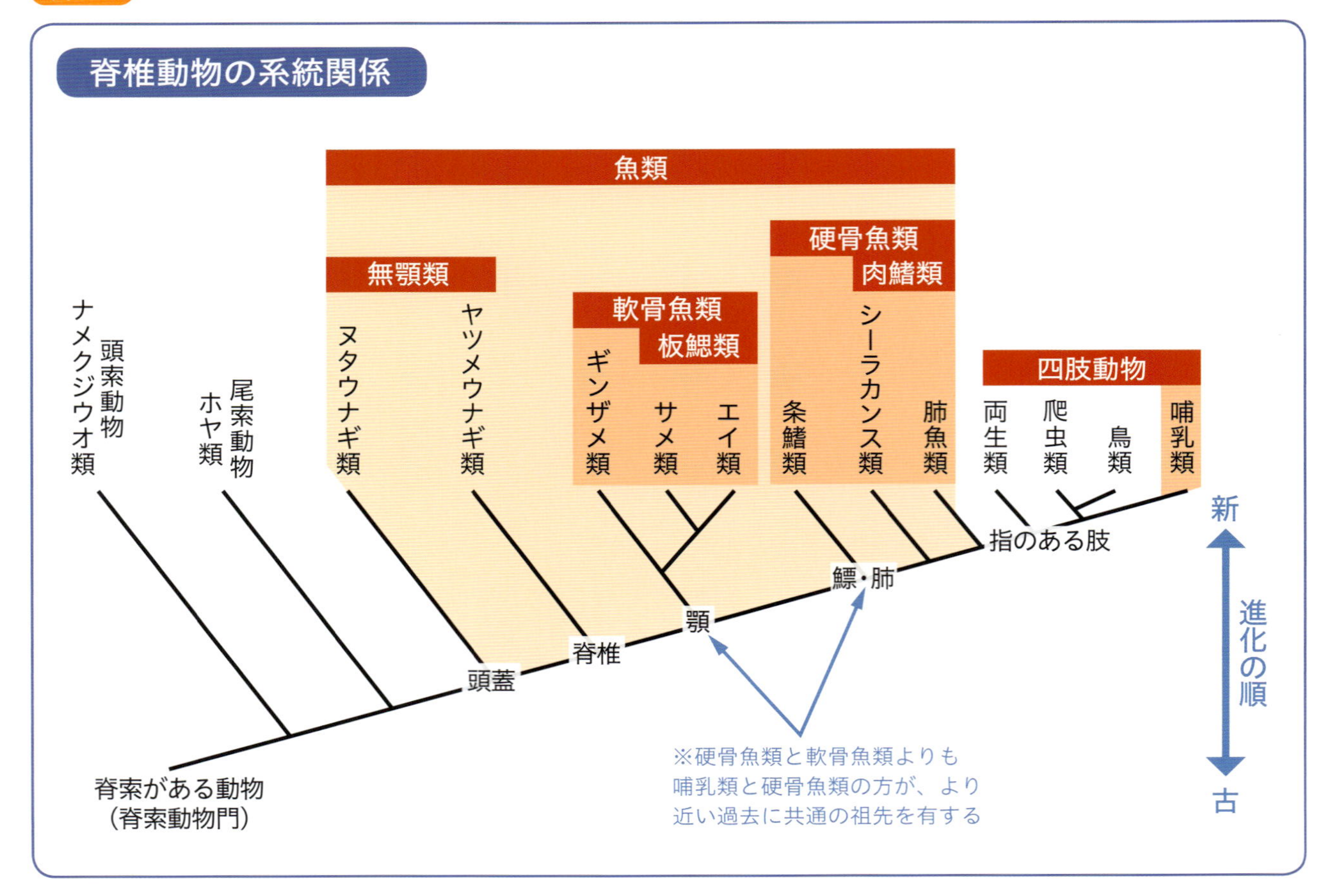

名前のルール

魚に限らず、生物種の学名（分類学的に記載された世界共通の名）は、図4-2の例にあるように、属名と種小名の「二名法」で一般的に表記されます。標準和名はカタカナで表記することがルールとなっていますが、地方名では同じ魚でも呼称が多彩です。

たとえば、「メダカ」は漢字では「目高」と表記され、主に関東における地方名でした。東北や北陸地方では「ウルメ」、東海地方を中心とした地域では「ウケス」や「ウキス」、神奈川県から兵庫県にかけての地域では「コメン」や「コメンコ」など、さらに山陰・四国・九州地方では「ゾナメ」、「タバヤ」、「ネーブー」、「ノザメ」や「メランコ」など、全国で約5 000もの呼称が知られます。また、中国語では「闊尾青鱂」、韓国語では「송사리」と表記されます。種の標準和名「ミナミメダカ」と対応する学名は“*Oryzias latipes* (Temminck & Schlegel, 1846)”、英名は“Japanese rice fish”があてられています。2012年に新種記載された「キタノメダカ」の学名と英名は、それぞれ“*O. sakaizumii* Asai, Senou and Hosoya, 2012”（*O.* は *Oryzias* の略）と “northern medaka” です。

図4-2
魚種名表記の例。ひとくちに魚種名といっても学名・地方名・標準和名・英語名などがあり、表記にはルールが存在する場合もある。一般的に、学名はカール・フォン・リンネが提唱した二名法で表す。

ダツ目メダカ科メダカ属
標準和名: ミナミメダカ
漢字表記: 南目高
英名: Japanese rice fish
学名: *Oryzias latipes* (Temminck & Schlegel, 1846)
属名　種小名　「種」の命名者　命名年

＊属名と種小名はラテン語 イタリック（斜体）で表記される
＊命名者と命名年にカッコが付されるのは、命名時から属が移動された（属名が変わった）種であることを示す
＊学名の命名者と命名年は省略されることもある
＊種小名の箇所に付されていることのある「sp.」は「species」の略のことで、未同定種などに用いられる。

分類階級のルール

分類階級とは、二名法と同じくリンネが生物を分類するために設けた階層です。「界」が最も上位の階級で、そこから下位の階級へと進化の順序に沿ってグループ分けしていきます。

分類階級は、「界」・「門」・「綱」・「目」・「科」・「属」・「種」の7つが基本として用いられ、さらに「科」と「属」の間に「亜科」や「族」という階級を立てて細かく分類したり、「種」の下位に「亜種」（同種ではあるものの、特徴がわずかに異なる個体群で、分布が重ならないもの）が記載されたりします（図4-3）。日本産魚類は、図4-1で示されたうちの無顎綱、軟骨魚綱、及び条鰭綱のいずれかに分類されます。

図4-3
ヒトとミナミメダカの分類学的位置の比較。

	ヒトの場合	ミナミメダカの場合
界	動物界	
門	脊索動物門	
綱	哺乳綱	条鰭綱
目	霊長目	ダツ目
科	ヒト科	メダカ科
属	ヒト属	メダカ属
種	ヒト	ミナミメダカ

種を同定する方法

「同定」とは、ある個体の特徴（多くの場合は外部形態の特徴）に基づき、その魚が「ある1種のタイプ標本と同種・同亜種である」と判断することです（第5章p. 111参照）。では、実際に自分が魚をつかまえたとして、どのようにその個体の同定をすればよいのでしょうか。正式な方法から簡便な方法までを順番に紹介します。

学術論文からの同定：既に名前が付けられている種は、論文や書籍によって既知の他種と識別できる特徴とともに、学名や、日本産であれば標準和名が記載されています。特に学名については基準となる標本（第5章p. 111「タイプ標本の種類」参照）が論文や書籍の中で指定されています。既に知られている種であれば、学名を用いて呼ぶことができます。しかし、学名が付けられていない種と出遭うことも、少ないながらまだあります。そのような種は、未記載種と呼ばれ、標本に基づいて論文で記載・発表されたときに「新種（sp. nov.）」として報告されます。

もし既に学名が付けられていたとしても、日本での採捕記録がなかった種については日本初記録種となります。このような場合、一般的には採捕された標本に基づいて日本新産であることを公的に学術誌等で報告するとともに、新標準和名が提唱されるという流れを経ます。これによって、初めて正式に日本初記録種として認められるのです。

なお、日本魚類学会標準和名検討委員会が中心となって作成したガイドライン指針（案）が2010年に公表されています。このガイドラインは、標準和名の提唱にあたって、混乱をなるべく避けることを意図して整備されました。たとえば、学名が未決定の状況下においては標準和名の提唱は指定された標本に基づき行うことや、差別的な名称を避けることが求められています。標準和名は、保全単位の共通認識を得るためなど、学術上のみならず社会的な必要性（特に普及教育の面）も高く、安定さが求められます。

種の同定は、厳正さを求めるのであれば、原記載論文の原本やタイプ標本を参照しなければなりません。しかし多くの場合、論文は英語であるだけでなく、種同定という観点からはわかりづらいことも少なくありません。

学術領域においては、分類学の専門家でない研究者であっても種同定を正しく、客観的かつ平易に行える分類群でなければ、研究対象とすることは危険です。なぜならば、種同定が曖昧だと、対象としている生物の特徴が種によるものなのか、個体によるものなのかの区別がつかず、研究成果の意義をなさなくなってしまうからです。

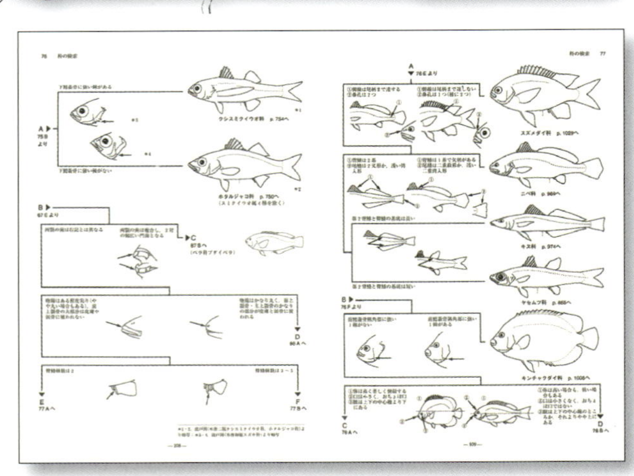

図4-4
『日本産魚類検索 全種の同定 第三版』中坊徹次 編（東海大学出版部）より目や科からも検索できるが、科に絞ってからの検索が本番。鰭や口など、形態形質を図で見合わせながら同定できる。

図鑑からの同定：論文にあたらずとも、図鑑の参照によって種同定を簡略的に行えます。特に日本産魚類の同定方法は、世界中の他の国々と比べて極めて恵まれた状況にあり、『日本産魚類検索 全種の同定 第三版』（図4-4）という書籍で体系的に整理されています。2013年頃までに日本産として記録のあった359科4 210種が網羅されているだけでなく、検索キーに基づき順を追って辿っていけば、最終的に種同定が可能になるという画期的な図鑑です。ただし、記載論文やレビュー論文の情報をすべて網羅しているわけではありません。絵合わせによって「目」や「科」をある程度絞ってから検索を始めたり、候補となるいくつかの「種」から検索を逆引きしたりする使い方がお勧めです。これに加えて、写真図鑑の参照で、同定結果の確証を得ます。

また、この検索図鑑の発行以降に日本産として報告されたり、記載されたりした魚種については、日本魚類学会のホームページ上で「日本産追加種リスト」という専用のページが設けられており、新たな日本産魚種が公表された場合にその内容が随時更新される仕組みが整っています。これらを参照して、それでも既知種に該当しない個体であった場合には、未記載種（いわゆる新種）や日本初記録種の可能性が出てきます。

図4-5
Googleの画像検索（https://www.google.co.jp/imghp?hl=ja）。カメラのマークをクリックし、指示にしたがって自身の画像を読み込ませると、WEB上からそれに類似した画像を解析・検索して、類似度順に示してくれるサービス。

WEB検索で同定する：最近では、Googleのイメージ検索のように、画像からWEB上で類似する魚を探し出し、それに付随する文章を参照することが可能になりました（図4-5）。また、KDDIとズカンドットコムの開発したアプリ「魚みっけ」（図4-6）のように、同定が確かになっている画像情報に基づいて、人工知能（AI）による解析が行われ、最も類似度の高い順から候補が表示されるようなシステムも開発されています。

魚類について興味・関心を持ち始めたばかりの頃は、外見や雰囲気から目や科レベルの同定をすることすら難しいかもしれません。そのような時に、種を同定するための“当たり”をつけるうえで、よいツールでしょう。しかし、残念ながら精度にはまだ課題もあり、また全種の画像情報を網羅するのは非現実的な状況です。とりわけ希種や近似種の多いような分類群では、人の目による同定に優るものはありません。

図4-6
KDDIとズカンドットコムの共同開発によるアプリ「魚みっけ」。AIによる画像解析は、その正答率を上げるためには膨大な事前の正答情報が必要である。したがって、生物分野の同定については、水産上重要種や普通種を除き、事前情報の量が少なく、難易度の高い分野なのかもしれない。

種を同定するときの計測ポイント

魚のどこで見分けるのか？　最も基本となるのが魚の形です。また、各部位の名前をきちんと知っておくことは、正確な種同定を行ううえで極めて重要な知識です。

部位：魚体は、頭部、躯幹部（胴部）、尾部、及び鰭の4つに分けられます（図4-7）。頭部は、体の前端から鰓蓋からはみ出る鰓膜の後端までの部分を指します。躯幹部（胴部）は、頭部の後端（すなわち鰓膜の後端）から肛門までの部分。尾部は肛門から尾鰭の基底までの部分を指します。

図4-7

同定のうえで必要になる基本的な部位の名称。

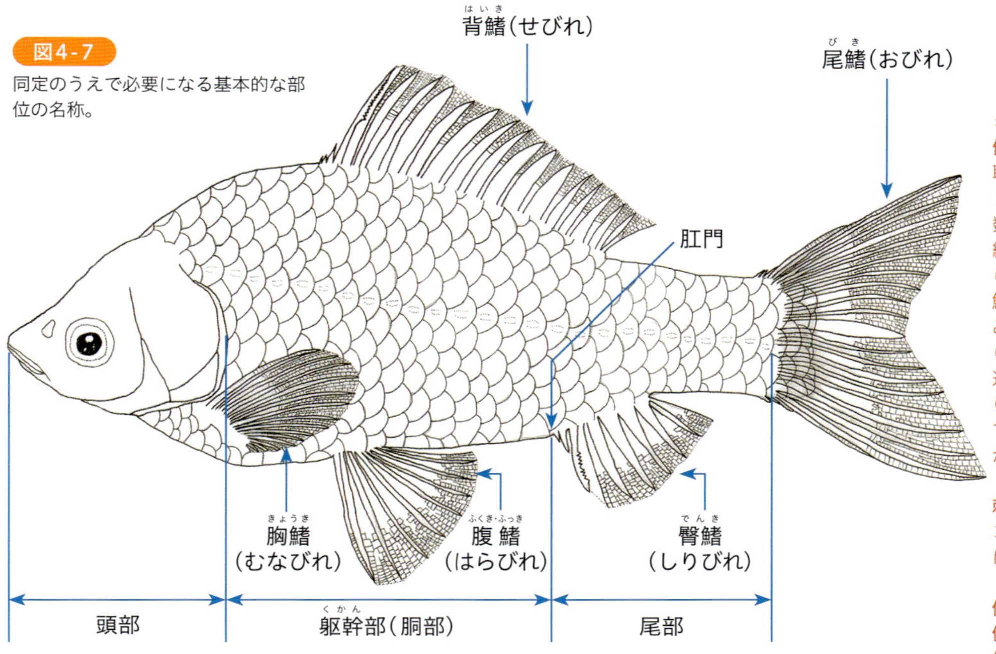

図4-8

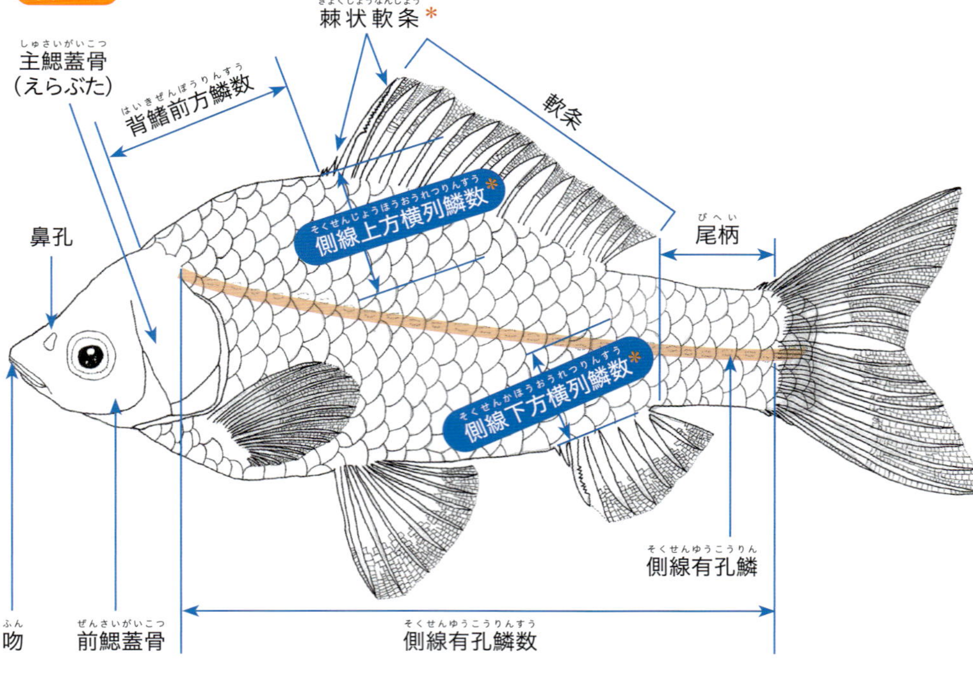

＊

側線鱗

聴覚や平衡感覚を担う器官の一つとして働く神経系。魚種によって列の数が異なるが、一般的には1列で、縦走する。鰓孔の上端に接する鱗から下尾骨の後端までの鱗の数を側線鱗数（LL）、側線鱗のうち有孔鱗のみを数えたものが側線有孔鱗数（LLp）、側線が無かったり、途中で途切れたりする場合の縦列鱗数（LR）が、それぞれ種の同定のうえで重要な形質として用いられることがある。

棘状軟条

コイ科の鰭条はすべて軟条だが棘条に似た不分枝軟条がある。

側線上方横列鱗数・側線下方横列鱗数

側線よりも上方の背鰭起部までの鱗数は側線上方横列鱗数（TRa）、側線よりも下方の臀鰭起部までの鱗数は側線下方横列鱗数（TRb）と表し、それぞれ側線鱗は数えない。背鰭棘条部中央下の側線上方横列鱗数（TRac）とともに、種の同定のうえで重要な形質として用いられることがある。

鰭式

鰭式は、種や個体の鰭条数の計数値の表記法。背鰭はD、胸鰭はP_1、腹鰭はP_2、臀鰭はA、尾鰭はCのように省略して表記する。棘条の数はローマ数字の大文字で記し、節のある軟条の数はアラビア数字で記して、両者をカンマで繋ぐ。なお、コイ科のように、棘状軟条（あるいは不分枝軟条）は、小文字のローマ数字で表し、他の分枝軟条数とプラスで繋いで分けて記す。背鰭や臀鰭の最終軟条は、あたかも2本の鰭条のように見えることが多いものの、基底で連結している場合には1本として数える。たとえば、このスケッチで記されたゲンゴロウブナの個体は、鰭式で「D iv＋15; P_1 15; P_2 9; A iii, 5」のように表される。なお、鰭が2基以上に分かれる場合には、1基目と2基目をハイフンで繋いで表記する。

＊
鰭条
鰭を支え、形作る細い骨。棘条と軟条があり、種によってある程度の数が決まっている。

鱗や鰭などの数：一般的に同定の鍵となる「形態情報」としては、数をカウントできる「計数形質」と、数をカウントできない「計測形質」の双方が必要になります。「計数形質」とは、鱗の枚数、鰭の数、鰭条＊の数や脊椎骨の数などで、大半の種で同定の際に必要な情報です。

プロポーション：「計測形質」とは、標準体長に対する頭長の比率、標準体長に対する体高の比率、標準体長に対する尾柄長の比率などで、要するに体形（プロポーション）を数値で客観的に示したものです。なお体形を数値で表すうえで、基準値として採用される「標準体長」とは、吻端（上顎の前端）から下尾骨の後端までの直線距離を計測したものと定義されています（図4-9）。しかし、下尾骨の後端（図4-10）は多くの場合で直接見ることができないため、その際には尾鰭を動かした際に基底に見られる横皺の後端が代用されます。また、無顎類、軟骨魚類や細長い魚体の条鰭類のように、標準体長ではなく全長や体盤幅を基準値として採用する分類群もあります。この他、肛門の位置、各鰭の位置、色彩や遺伝情報なども同定によく用いられます。

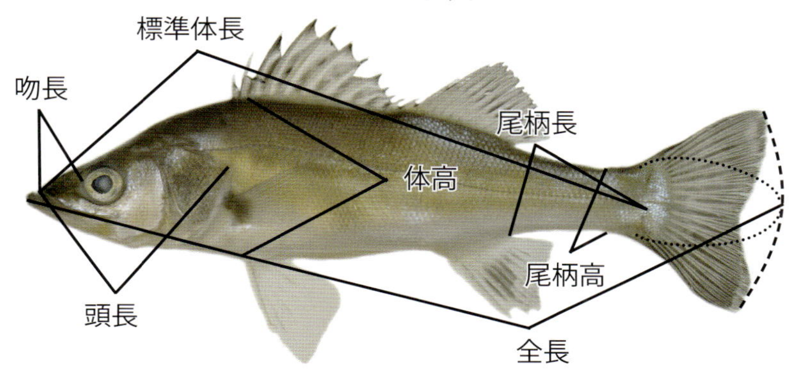

図4-9
全長は、頭部の前端から尾部の後端（尾鰭をすぼめて中央に寄せたときの後端）までの直線距離を示す。一般的に計測形質の基準として用いられる標準体長は、吻端から下尾骨の後端（尾鰭基部にできる皺の後端で代用）までの直線距離を示す。体高は、体の背縁から腹縁までの垂直方向の直線距離のうち、最も大きい値を示す。吻長は、吻端から眼窩の前端までの直線距離。頭長は、吻端から鰓膜の後端までの直線距離。

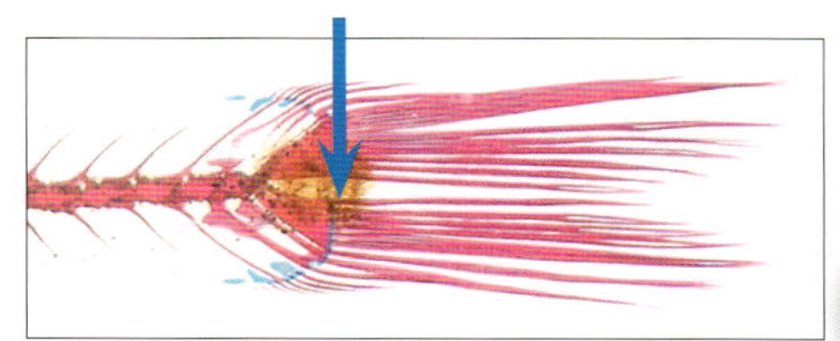

図4-10
標準体長の定義では、下尾骨の後端が用いられるが、このような透明骨格標本（第5章p.116～117参照）でなければ、正確な計測は難しい。しかし、尾鰭基部にできる皺は、尾骨の後端と尾鰭の基部を繋ぐ場で、泳ぐ時の可動部となるため、この皺の後端を下尾骨の後端として代用する。

「縦」と「横」のルール

魚類学実験用にスケッチをする場合は、魚の頭を左に向けて左側面を描くのが基本です（傷んでいる場合などでは右側面が用いられることもあります）。しかし、魚類学でいう「縦」と「横」は、ヒトと同じように魚体の頭を上に、尾を下に向けた状態を指します。図4-11でいうと、左のイシダイの若魚では横縞で、右のシマイサキは縦縞になります。初めてだと間違いやすいポイントです。

図4-11
模様を表現する場合には、前後左右ではなく頭部を上にした状態で表現するので、左頭で掲載した際の文章表現では、横と縦が逆転する。

体長の計測レベル

魚類の外形部位の長さ計測には一般的に、ノギスが使用されます（図4-12）。精度は、0.1 mm単位までの計測があれば充分です。ノギスは長さを100 分の1 mmから100分の10 mmの幅の単位で精密に測定できる器械で、外径測定・内径測定・深さ測定・段差測定ができ、ノギス、ダイヤルノギス、デジタルノギスの3種があります。

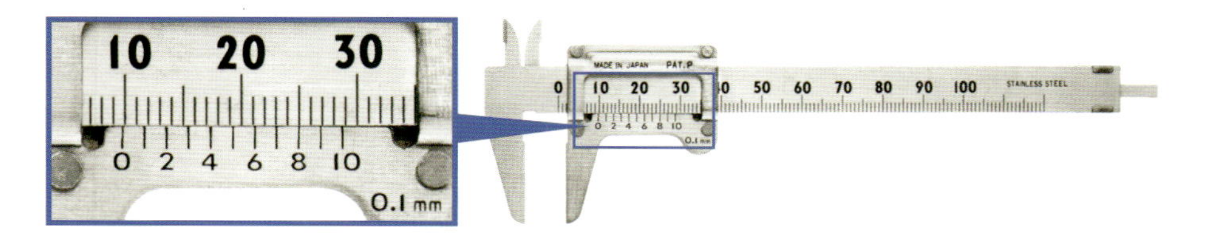

図4-12
ノギスを用いれば、0.01～0.1mmの単位で計測される。卵稚仔の場合、顕微鏡下で接眼ミクロメーターと対物ミクロメーターを用いて正確な長さを算出することもある。この写真の例では、9.8mmと読む。

見分け方

実際の見分け方は、初めに外見や体形など大まかな情報から絞り込み、そこから部位など細部を照らし合わせていきます。しかし、同じ種でも成長段階や繁殖時期などによって外見が変化することがあります。また、非常に見分けにくい近似種が存在することもあります。順を追って、いくつか例を挙げていきます。

(1) 体形を見る

エイ目、ウナギ目や異体類など、体形が特徴的な魚類は、外見から比較的楽に見当が付けられます。まずは「科」を探し、その次にさらに下の「属」や「種」を見分けるための細かい特徴を見ていきます。

ちなみに、平たい体形の魚のうち、背面を押しつぶしたような体形を「縦扁」、側面を押しつぶしたような体形を「側扁」といいます(図4-13～19)。縦扁の典型としては図4-14のマゴチ、側扁では「鯛」が挙げられるでしょう。「鯛」の語源は"平たい"とされるように、名前の語尾に「タイ」や「ダイ」と付く魚種はまさに側面に扁平な体形をしています(図4-19)。また、平たいというとヒラメやカレイの仲間などが思い浮かぶかもしれません。カレイ目魚類は成長とともに眼が片方の側面へ移動するため、縦扁ではなく側扁形となります。このように体が左右非対称になっているカレイ目魚類は「異体類」とも呼ばれます(図4-19)。

図4-13 主な体型

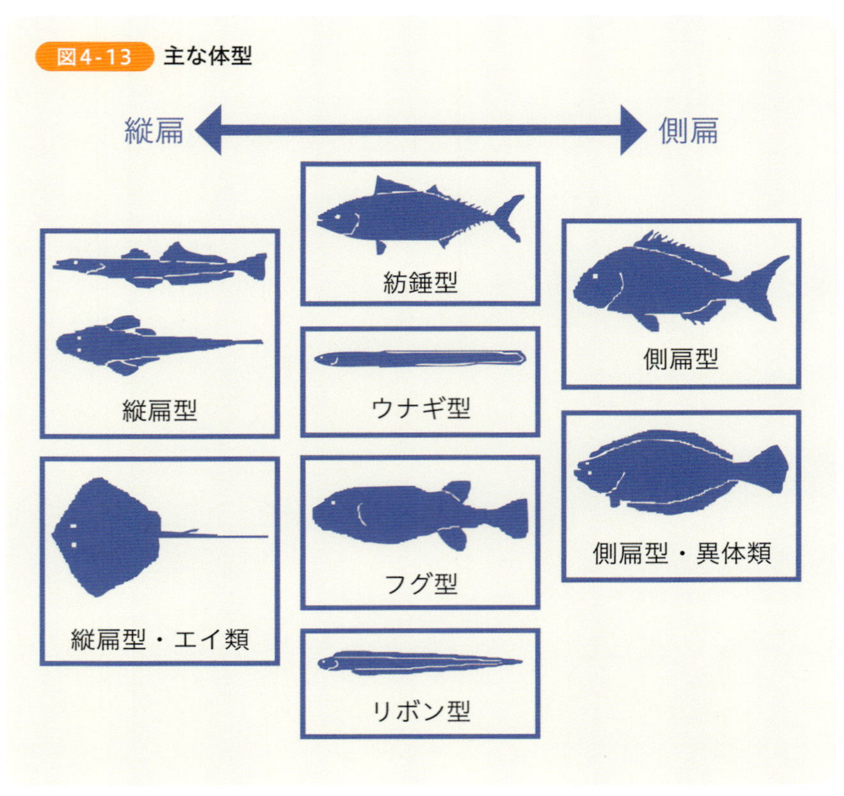

図4-14
マゴチやアカエイは、背面を押しつぶしたような形をしており、典型的な「縦扁型」として捉えられる。

図4-15

ボラやクジメなどのように、ボラ科・アイナメ科魚類は「紡錘型」とされる。この他、典型的な「紡錘型」としては、サバ科魚類が挙げられる。

図4-16

マアナゴをはじめとするウナギ目魚類は、縦扁が強く円筒状を呈する。ドジョウもこの「ウナギ型」に分類される。

図4-17

サザナミフグをはじめとするフグ科魚類の体形は球状。なお、クサウオ科魚類もこの「フグ型」に分類される。

図4-18

このスミツキアカタチのように、「リボン型」は細長くて側扁傾向の強い体形を指す。アカタチ科魚類の他、タチウオ科魚類やリュウグウノツカイなども典型的な「リボン型」として挙げられる。

図4-19

「側扁型」の体形をした魚には、名前の最後に“平たい”から転じたといわれる“鯛”が付されている種（マダイやゲンロクダイなど）が多く存在するものの、カワハギのように名前はまた別の理由に因む種も当然ながら存在する。マコガレイやクロウシノシタのような異体類は、成長とともに眼が片方の側面へ移動したもので、縦扁ではなく「側扁型」となる。

（2）部位を見る

たとえば、ワカサギとチカ（図4-20）はよく似ていますが、側線有孔鱗数*（本章p.96も参照）に差異があります。ワカサギでは側線有孔鱗数が54～60枚であるのに対し、チカでは62～68枚です。また腹鰭の起部の位置がワカサギでは背鰭の起部よりもやや前方ですが、チカではやや後方に位置するなど、わずかながらも重複しない形態的な違いが認められます。生態も異なり、ワカサギは河川に溯上して産卵しますが、チカは海域で産卵するようです。このように、一見すると外見が似ている近似種がいる場合には、各部位をきちんと計数・計測しなければ、正確に種を同定することはできません。

腹鰭・背鰭・臀鰭や肛門の位置関係は、系統的に決まっていることも多く（図4-21, 22）、おおよその分類群の目安をつけるうえで重要な情報です。また、胸鰭が鳥の翼のように進化したトビウオ類や、吻上棘（第1背鰭棘）が「エスカ」と呼ばれる擬似餌のように進化したアンコウ類などは、一見すると特別な構造をしているように見えるものの、これらは共通するある部位が進化した結果です（図4-26）。このような特殊な形に進化したパーツは、図4-23～30のように限られたグループにだけ見られるため、大まかな分類群の推定に役立つことも少なくありません。WEBで検索する方が、簡単に同定できる場合もありますが、形態の生態的な意義や進化的背景をきちんと理解するためにも、図鑑で丁寧に調べることをお勧めします。

*
側線有孔鱗数
側線管と呼ばれる孔の開いた鱗の数。この側線器は、魚類の聴覚や平衡感覚の機能を有する。

位置の違い

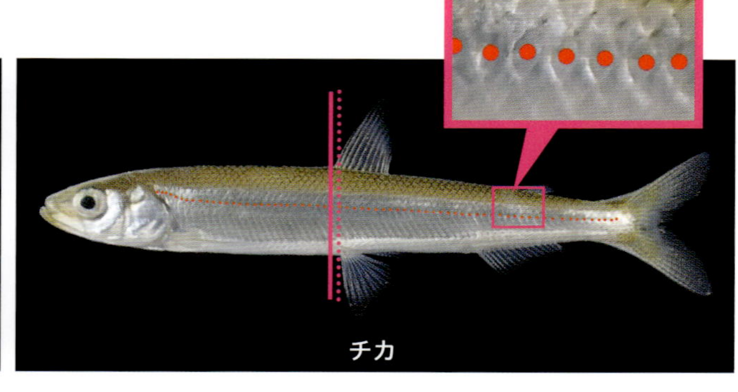

図4-20
側側線有孔鱗の列は、体側に線が入っているように見える。実線は背鰭起部、点線は腹鰭起部を示す。

図4-21
スズキ目メバル科ユメカサゴ属
●標準和名：ユメカサゴ　●漢字表記：夢笠子
●学名：*Helicolenus hilgendorfii* (Döderlein, 1884)
●採捕日：2016年3月16日　●採捕場所：神奈川県・相模湾
●神奈川県立生命の星・地球博物館魚類標本資料：KPM-NI 40390

スズキ目魚類の腹鰭は、胸鰭直下に位置する種が一般的。

図4-22
ソトイワシ目ギス科ギス属
●標準和名：ギス　●漢字表記：義須
●英名：Japanese gissu
●学名：*Pterothrissus gissu* Hilgendorf, 1877
●採捕日：2016年3月16日　●採捕場所：神奈川県・相模湾
●神奈川県立生命の星・地球博物館魚類標本資料：KPM-NI 40389

原始的な分類群では、腹鰭は比較的後ろに位置する種が多く、鰭の棘条は発達しない種が一般的。

部位が進化したもの

背鰭が進化したもの

脂鰭（あぶらびれ）

サケ目やヒメ目魚類などには、背鰭と尾鰭の間に「脂鰭」が見られる。

図4-23
サケ目サケ科イワナ属
●標準和名：エゾイワナ
●漢字表記：蝦夷岩魚
●英名：whitespotted char
●学名：*Salvelinus leucomaenis leucomaenis* (Pallas, 1814)
●採捕日：2011年5月29日
●採捕場所：北海道・朱太川水系
●神奈川県立生命の星・地球博物館魚類標本資料:KPM-NI 291955

小離鰭（しょうりき）

アジ科の一部やサバ科魚類などには、背鰭と臀鰭の後方に独立して並ぶ「小離鰭」が見られる。稜鱗は俗にゼンゴやゼイゴと呼ばれるが、アジ科の一部で見られる特殊な鱗のこと。

図4-24
スズキ目アジ科オニアジ属
●標準和名：オニアジ
●漢字表記：鬼鯵・鬼鰺
●英名：torpedo scad
●学名：*Megalaspis cordyla* (Linnaeus, 1758)
●採捕日：2015年9月26日
●採捕場所：千葉県・富津沖
●神奈川県立生命の星・地球博物館魚類標本資料:KPM-NI 39774

鰭の数（ひれ）

背鰭は多くの場合で1基か2基だが、ヘビギンポ科のように3基に分かれるグループも少数ながら存在する。

図4-25
スズキ目ヘビギンポ科ヘビギンポ属
●標準和名：ヘビギンポ
●漢字表記：蛇銀宝、蛇銀寶
●学名：*Enneapterygius etheostomus* (Jordan & Snyder, 1902)
●採捕日：2015年7月5日
●採捕場所：宮崎県・門川湾
●標準体長：40 mm
●神奈川県立生命の星・地球博物館魚類標本資料:KPM-NI 43561

吻上棘

図4-26
吻上棘が疑似餌のように進化したカエルアンコウ。カエルアンコウの以前の標準和名は「イザリウオ」であった。その由来は「エスカ」と呼ばれる吻上棘を餌と勘違いして寄ってきた小魚を襲って食べる生態の「漁り」からきている説もあるとする一方で、「尻に足を付けたまま進むこと」を意味する「いざる」（「いざる人」というのは足の不自由な人を差別する用語）にちなむという説もあった。このことから2007年2月1日、日本魚類学会により、亜目・科・属種の4段階の分類単位の標準和名に含まれていた「イザリウオ」が、「カエルアンコウ」に改名された。

胸鰭が進化したもの

図4-27
トビウオの仲間は胸鰭が鳥の翼のように進化した。写真はニノジトビウオの稚魚。トビウオ科魚類の稚魚についての情報は極端に少ない。同定の作業には時間もかかるが、自分なりの仮説を立てて、観察し、検証するという、学問への第一歩とも呼ぶべき過程を経験できる。

図4-28
ホウボウ科に属すカナドは胸鰭が足のように進化した。

腹鰭が進化したもの

図4-29
吸盤のように進化したスナビクニンの腹鰭。

顎が進化したもの

図4-30
礫に付着した珪藻類を食みやすいように進化したアユの顎。

（3）時期による外見の違い

同じ種の魚でも、成長段階によって姿が違ったり（図4-31〜33）、繁殖期で婚姻色が現れたり、あるいは雌雄の性差によって、別の種に見えてしまうことがあります（図4-34, 37）。

ウグイの仲間の場合、婚姻色*が出ていない個体は、背鰭前方鱗数*をしっかり数えたり、頭部感覚管孔のうちの眼下管をサイアニンブルー*で染色して観察しなければ種同定は難しくなります。

同定の精度を高めるためにも、魚をいつ、どこで採捕したのかを記録しておくことは大切です。なぜならば、図鑑で調べる際、見当を付けた種が繁殖時期で婚姻色（図4-36, 37）が出ているのか平常時の模様なのか、または幼魚の成長段階にあるのか成魚なのかを照らし合わせたうえで、種の同定を行う必要があるからです。

*
婚姻色
繁殖期のみに現れる体色や斑紋。魚類だけでなく、両生類、爬虫類や鳥類などにも見られる。

背鰭前方鱗数
背鰭起部よりも前の、背中線上に並ぶ鱗の列の数。

サイアニンブルー
エタノールで溶かして使う染料。簡易的な方法として、メチレンブルーでも代用できる。

新種なのか、奇形なのか？：同定に慣れないうちは、同種内の変異を別種レベルの差だと誤って判断したり、よく似た別種を同じ種として結論づけてしまったりします。同種内の変異や奇形の幅はどのくらいなのかは、種によっても変化します。進化の途上では、複数種で連続性を持った変異を見せ、典型的な個体以外は明瞭に識別できないようなことも起こっています。ある種について、相当数の個体の観察を続ければ、その種の実態をある程度は捉えられるようになります。同種か別種かを見分ける判断としては、背鰭棘数や側線有孔鱗数等複数の形質についていくつかの散布図に起こし、明瞭に二分される特徴を有する場合、大抵は別種とみなせます。

稚魚
成魚
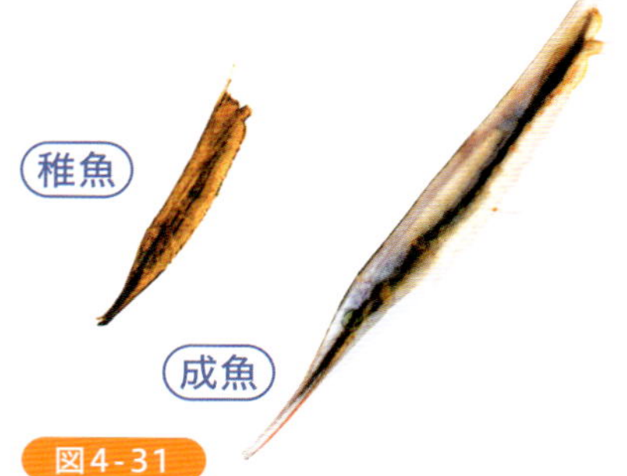

図4-31
トゲウオ目ヘコアユ科ヘコアユ属
●標準和名：ヘコアユ
●漢字表記：褌魮　●英名：razorfish
●学名：*Aeoliscus strigatus* (Günther, 1861)
（稚魚）●採捕日：2017年9月24日
●採捕場所：沖縄県・宮城島　●全長：21 mm
（成魚）●採捕日：2017年11月23日
●採捕場所：沖縄県・沖縄島　● 全長：106 mm

小さな群れを形成していることが多く、逆立ちの状態で泳ぐ。稚魚は海藻片に擬態しているような色合いで、波に漂う姿が夏季に見られる。

成長による違い

仔魚
受精卵から孵化した後、鰭条が形成されている最中の成長段階を指す。卵黄が吸収し終わるまでを前期仔魚、それ以降を後期仔魚としたり、脊索の屈曲前後でさらに成長段階を細分したりするなど、さらに成長段階を細分した定義が存在する。

稚魚
鰭条数が成魚と同じ定数に達した成長段階を指す。「幼魚」や「若魚」は、やや成長して未成熟な成長段階を指すが、前者は稚魚期を含むより広い概念として用いられることが多い。

稚魚

若魚

成魚

図4-32
●標準和名：カンムリベラ
●漢字表記：冠倍良
●学名：*Coris aygula* Lacepède, 1801
（成魚）●採捕日：2004年5月2日
●採捕場所：東京都・八丈島沖
（若魚）●採捕日：2010年5月1日
●採捕場所：鹿児島県・喜界島
（稚魚）●採捕日：2009年7月25日
●採捕場所：鹿児島県・屋久島

稚魚、若魚、成魚と成長段階で身体の模様や色彩がここまで目まぐるしく変化する種は、あまり多くないかもしれない。

稚魚

成魚

図4-33
スズキ目カゴカキダイ科カゴカキダイ属
●標準和名：カゴカキダイ　●漢字表記：籠担鯛
●英名：stripey
●学名：*Microcanthus strigatus* (Cuvier, 1831)
（稚魚）●採捕日：2017年1月13日
●採捕場所：神奈川県・三浦市　●全長：16 mm
（成魚）●採捕日：2017年1月25日
●採捕場所：東京湾　●全長：140 mm

鱗が形成される途上の仔稚魚期までは半透明であることが一般的。

雌雄差による違い

図4-34
●標準和名：ニッポンバラタナゴ
●漢字表記：日本薔薇鰱　●英名：rosy bitterling
●学名：*Rhodeus ocellatus kurumeus* Jordan & Thompson, 1914
●撮影日：2017年6月23日　●全長：(雄)45 mm、(雌)40 mm
●個体提供：オッケーフィッシュファーム（福岡県・矢部川水系産累代繁殖個体）

淡水魚は産卵期になると婚姻色が出てくる種が多く、この時期の雌雄は外見で充分識別できる。上は婚姻色の出た雄個体で、下は輸卵管の伸びた雌の個体。

図4-35
スズキ目ハナダイ科サクラダイ属
●標準和名：サクラダイ　●漢字表記：桜鯛
●学名：*Sacura margaritacea* (Hilgendorf,1879)
(雄)●採捕日：2016年1月2日　●採捕場所：神奈川県・相模湾
●神奈川県立生命の星・地球博物館標本 資料:KPM-NI 40115
(雌)●採捕日：2015年12月19日　●採捕場所：神奈川県・相模湾
●神奈川県立生命の星・地球博物館標本資料:KPM-NI 40140

雌性先熟の性転換を行うことが知られており、大型個体は雄であることが多い。

婚姻色による違い

＊婚姻色については第１章 p. 28 参照

図4-36
フグ目フグ科キタマクラ属
●標準和名：キタマクラ　●漢字表記：北枕
●英名：brown-lined puffer
●学名：*Canthigaster rivulata* (Temminck & Schlegel, 1850)
(通常色)●採捕日：2014年12月17日
●採捕場所：神奈川県・小田原漁港
●神奈川県立生命の星・地球博物館魚類標本資料:KPM-NI 37752
(婚姻色)●採捕日：2018年5月4日　●採捕場所：宮崎県・土々呂漁港
●写真提供：緒方 悠輝也

キタマクラの成魚の雄個体には、晩春から夏にかけて婚姻色として腹部に青い斑状の模様が現れることが知られる。

図4-37
コイ目コイ科ウグイ属
●標準和名：ウグイ　●漢字表記：石斑魚　●英名：big-scaled redfin
●学名：*Pseudaspius hakonensis* (Günther, 1877)
(通常時)●採捕日：2011年6月22日　●採捕場所：北海道・朱太川
神奈川県立生命の星・地球博物館標本資料:KPM-NI 29284
(婚姻色)●採捕日：2011年6月21日　●採捕場所：北海道・朱太川
●神奈川県立生命の星・地球博物館標本資料:KPM-NI 29283

上は通常時の成魚。下は婚姻色が出た個体。

正確な同定と新発見のために

近縁な近似種の中には、どうしても細かい形質を観察しなければならないような種も存在します。様々な角度で、精度の高い写真を用意する必要があったり、実物の標本を残さなければ確実な同定に至らないことも珍しくありません。その正体をどうしても知りたい場合には、標本を残すことが不可欠です（標本については第5章参照）。

自分で徹底的に調べてもなお魚名がわからなかった場合、その分野の有識者に尋ねることが最後の手段となります。昨今は、SNSをコミュニケーションのツールとして活用している専門家も少なくありません。

自分ではまったく見当が付かないような個体でも、その個体が属す分類群を見慣れている人であれば、一瞬で同定が終わるようなことも少なくありません。経験と知識の融合が必要な種同定の真骨頂はここにあります。しかし、「知っている人に尋ねる」という手段は、悪くいえば、その人が経験と知識を得るためにかけてきた時間と資金にタダ乗りすることになる点を忘れてはいけません。SNSで専門的な質問を他人（特に見知らぬ方）へ投げかける場合には、相手への敬意を払い、礼節を忘れてはなりません。また、質問の数が多くなるほど、相手に負荷をかけていることも理解しておきましょう。特にSNSは顔の見えないコミュニケーションということもあり、対面以上の配慮や注意が必要です。何も調べずに、あるいは少ししか調べずに尋ねることはマナー違反です（WEB上への情報公開については第5章参照）。

確実な手段は、自然史を取り扱う博物館施設に相談を持ち込み、専門家（多くの場合は学芸員）に尋ねることです。特に公立の博物館施設では、無償で相談を受けてくれるところがほとんどです（一部では有償のサービスとしているところもあります）。ただし、魚のことがわかる専門家が不在の施設も多いため、質問に答えられる専門知識のある職員が存在するのかどうかを予め調べておくことが肝要です。

他人に同定を依頼する際には、さらに留意すべき点があります。専門家であっても画像だけでは同定できなかったり、標本があっても一筋縄でいかなかったりするような分類群も存在します。また、専門家も見慣れていない種や成長段階については間違うことがふつうにあります。あらゆる生物は進化の途上にあり、まさに種分化の中途段階にあるような種群も珍しくなく、種の定義も多様で、一つの種名に同定することが適さないような種群もあります。このあたりの理解には進化生物学の知識の習得が不可欠ですが、「同定は一筋縄ではいかない場合も珍しくない」ことは覚えておいてください。上記に加えて大事なことは、WEB上に広く流布している情報には、最初の情報から引用や伝聞を経るにつれて間違いを含む情報へと変質していたり、不確かな情報や嘘が含まれていたりする可能性が高くなるということです。そして、他人の同定結果は、たとえ魚類の研究者であっても鵜呑みにしておしまいにせず、最終的な同定結果については自分の頭で判断すべき点も重要です。他人に言われた同定結果で納得・満足しては、成長はそこまでです。研究者であっても、その方が専門にしていたり、よく観察していたりする以外の分類群の同定は、誤ることがあっても不思議ではありません。しっかりと自分の五感を通して再確認し、納得し、あるいは同定結果に疑義を持つことも重要です。その過程で得られた疑義から、隠蔽種の発見などに繋がっていくこともあり得ます。

FULL PAPER

Difference in habitat use between the two related goby species of *Gymnogobius opperiens* and *Gymnogobius urotaenia*: a case study in the Shubuto River System, Hokkaido, Japan

Yusuke Miyazaki · Akira Terui

Abstract

Keywords

Introduction

図4-38

筆者が北海道・朱太川において採捕に基づく観察結果から明らかにしたシマウキゴリとウキゴリの生息場所の差異。シマウキゴリの方が中流域に、ウキゴリは下流域に分布が偏っていた（分布図）。また、シマウキゴリでは河道の中央も利用していたが、ウキゴリでは観察されなかった。河道の中央は、岸辺よりも水深は深く、流速は速く、砂泥は少ない傾向が認められた。シマウキゴリの方が、ウキゴリよりも頭部がやや扁平で、礫底を利用する生態のうえではウキゴリよりも都合のよい形態となっている。このように、生態と形態の差異が連動することはふつうに観察される現象だ。

フィールド観察

採捕した魚を家で飼うことについては第3章で述べましたので、ここでは自然環境下における観察を説明します。

自然環境における観察からの新知見

当然のことながら、種が違えば生態が違います。よく似た近縁種は、食い分けや棲み分けのように、競争を避けるための進化が起こっています。そのようなケースでは、観察をしていくと、泳ぎ方、移動や回遊の経路、産卵のタイミングや振る舞い、採餌行動、餌となる対象種、被食回避の方法、寄生・共生関係などのどこかで必ず差異を見出せるでしょう。自然条件下の本物の生態を観察したいのであれば、定性的・定量的な採捕活動や水中に潜って観察を行い、その結果を統計学的に解析するという流れが一般的です。

魚の生態は、多くの種で未解明です。泳ぎ方、移動·回遊、産卵、捕食—被食関係、縄張り、寄生・共生や脱皮など、未だに知られていないような行動や振る舞いを世界で初めて目撃したり気付けたりした人物になれるかもしれません。何せ、すぐ近所の水辺にどのような魚が生息しているのか？ という群集生態学の基礎ともいえる魚類相組成すらわかっていない地域が多いのです。調べられていない水辺の魚類をつかまえて、リストを標本と紐付けてまとめるだけでも有意義な新知見になります。

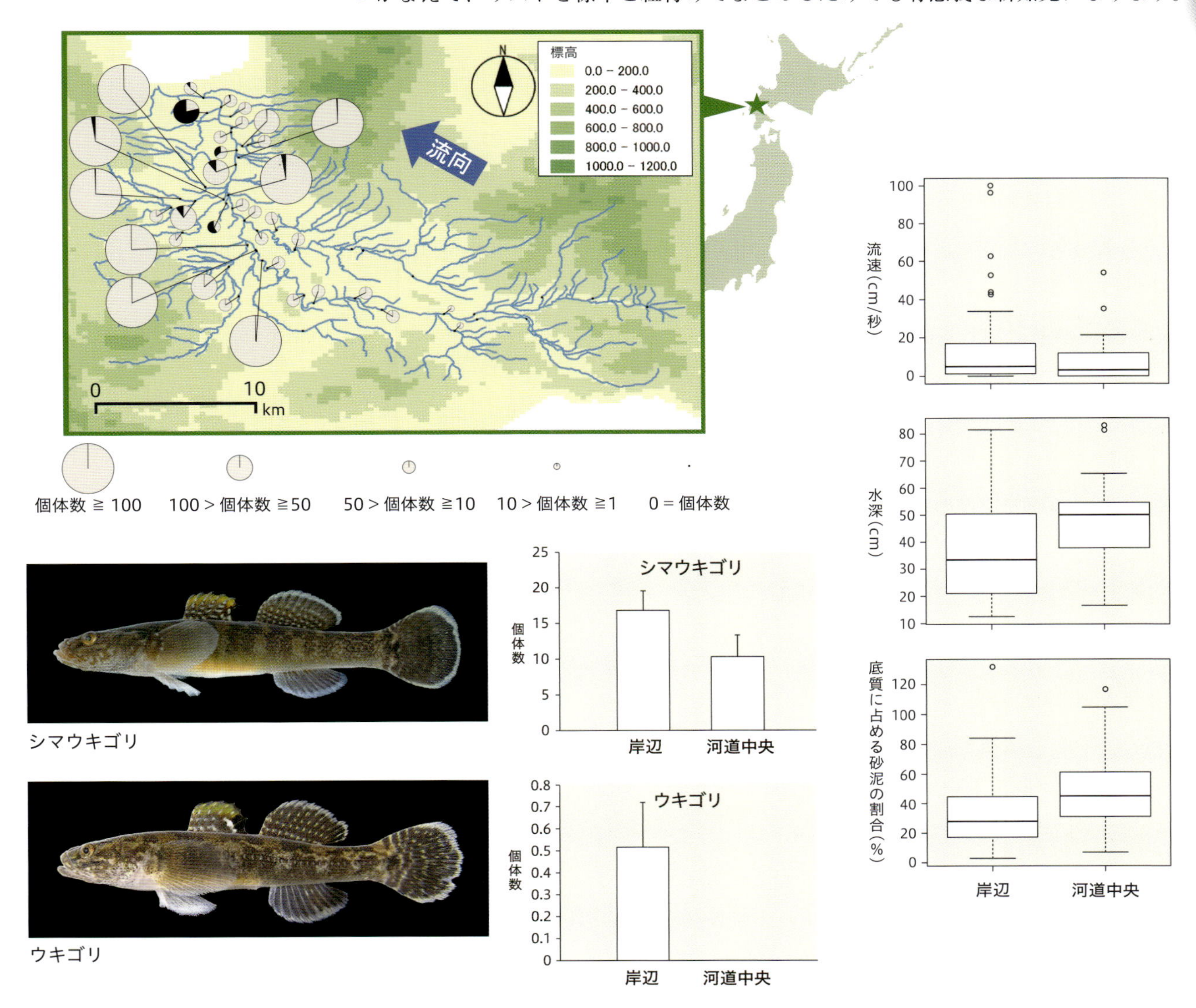

どこに、どんな魚がいるかを調べる

魚類相調査：最も基礎的かつ平易な魚類のフィールド調査です。ある地域にどのような魚種が生息しているのかを調べます。結果は目録として取りまとめられるべきですが、その時その場所に確かにその種が存在していた確たる証拠として、標本や写真などの再検証可能な資料に基づくことが望まれます。データ収集方法に決まりがないため、敷居が最も低い調査です。しかし、取得されるデータは「在」情報のみで、「不在」情報の取得ができていない点に注意が必要です。

専門的な調査には次の2種類があります。

定性調査：上記の魚類相調査もここに含まれます。この他、採捕や観察などの網羅的な方法を用いて、ある地域内に設定した複数の調査区における種の在・不在（出現の有無）を明らかにする、というような質的調査のことを指します。下の定量調査と同様に、環境条件との関係を統計解析によって調べることが一般的です。

図4-39
定量調査の一例。干潟に方形区をランダムに設け、その範囲内に生息している目視可能な水生生物をすべて採捕するといった調査。

定量調査：ある一定の基準を設けた採捕・観察を、調べると決めた複数地点で画一的に行う方法で、生息密度などの細かいデータが取得できる量的調査のことです（図4-39, 40）。

一般的には、定量的な調査の方が、定性的な調査よりも詳細な生態学的現象の解明に繋がります。なお、狙いの魚類が採捕されることがわかっている場所だけでなく、採捕されない場所における活動もともなわなければ、調査にならないこともあります（そして、それは時に面白くなくて辛いこともある）。また、魚類だけでなく、環境のデータも同時に取得しなければ、生態的な研究にはなりません。流速、底質、照度、pHや塩分といった物理化学的な環境条件や、外来種や捕食者といった生物的な環境条件と、あらゆる環境データを同時に取得できていれば、様々な仮説に応えられるデータとなるでしょう。しかし、環境条件の取得は時間もかかりますし、高価な機材も必要なので、取得できる環境条件は限られます。

図4-40
生態的な調査では、塩分や溶存酸素量といった環境計測も同時に行う。

研究機関に所属していない、そこまで専門的な観察ではない場合は、予め取得しやすい環境データ（底質、水温や塩分、他の生物の情報）で答えが導ける仮説を立て、狙いを定めて観察することをお勧めします。

産卵や回遊などの生態を観察する

生態を明らかにするための観察や採捕活動を行おうとするのであれば、予め対象となる地域や種の情報を調べておくことが重要です。どのようなことが既にわかっているのかを整理できれば、まだわかっていないものの、調べれば答えに辿り着けそうな問いが見えてきます。

一例を挙げてみましょう。福岡県の室見川（むろみがわ）では、毎年2月下旬から4月上旬にかけて海から溯上してくるシロウオを対象とした漁が春の風物詩として知られています（第１章p. 24参照）。また、千葉県湊川では四手網を使ったシロウオ漁が3月中旬から4月中旬にかけて行われています（図4-43）。しかし、北海道ではそもそも詳細な

図4-41
スズキ目ハゼ科シロウオ属
●和名：シロウオ
●漢字表記：素魚、白魚
●英名：ice goby
●学名：*Leucopsarion petersii* Hilgendorf, 1880
●採取日：2011年6月3日
●採取場所：北海道・朱太川河口域
●神奈川県立生命の星・地球博物館 標本資料：KPM-NI 29127

図4-42
興奮を誰かと共有したくなり、思わずTwitterでつぶやいた（今と違って写真が気軽に携帯電話からアップロードできなかったことが惜しい）。

Yusuke MIYAZAKI
@PuiPuiYukke
し、し、シロウオ採れた～！！！
12:27 - 2011年6月3日

分布域はわからず、産卵時期も不明でした。既往知見に基づくと、北海道の日本海側の南部にあたる朱太川には生息している可能性があると判断され、さらに春季に溯上するならば、朱太川では融雪水が落ち着く5月下旬から6月上旬を目安に河口域で観察・採捕活動を行うと、誰も未だ朱太川ではつかまえたことのないシロウオが記録されるだろう……と筆者は予測しました。写真は、まさにこのような見当を付け、実際に調査に臨み、初めて朱太川の河口域で観察したものをすくった個体です（図4-41,42）。

産卵期のみがわかっている種については産卵行動を調べてみたり、外洋域で食性が既に調べられている種については内湾の個体についての食性を調べてみたりと、既に調べられている生態情報にチョイ足しできるような情報が取り組みやすい研究となるでしょう。

なお、水槽観察を専門的な研究に昇華させるのはやや難易度が高いです。しっかりした実験系*を組み、行動や刺激に対する反応を観察・記録していくことが理想です。ただし、突発的な奇怪現象が観察されたとき、その現象が生じる前の経過状況が克明に記録されているのであれば、現象を報告するだけでも価値が認められることもあります。しかし、それには日常的かつ継続的な無目的のデータ収集を行う必要があるため、これもなかなか一筋縄ではいきません。

＊
実験系
「どのようなタイミングで産卵するのか？」や「どのような基質で産卵するのか？」といった問いに対して、ただ色々と試行錯誤した結果では研究に昇華していかない。必ず対照区を設けた実験が必要となる点に留意したい。

図4-43
3月中旬から4月中旬まで、関東で行われる四手網（よつであみ）を使った伝統的なシロウオ漁。現在では、千葉県・湊川に唯一残る漁で、絶滅危機的な伝統文化。（協力：椎熊 邦広氏、森山 利也氏）

COLUMN

日本の魚類学の歴史—魚類学者の系譜

江戸時代から始まった

分類学の始祖であるリンネ(C. von Linnaeus; 1707～1778年)の弟子にあたるスウェーデン人のツュンベリー(C. P. Thunberg; 1743～1828年)が持ち帰った日本産の魚類標本に基づき、36種の魚類がオランダ人のハウトイン(M. Houttuyn; 1720～1798年)によって記載された。このハウトインこそが日本の魚類を初めて学名で記録した人物だ。1793年には、ツュンベリー自身も日本産魚類を新種記載した他、1822～1823年には日本産魚類53種のリストを公表した。1785年から1795年にかけてはドイツ人のブロッホ(M. E. Bloch; 1723～1799年)も日本産とされる標本に基づく魚類の記載を行ったものの、実際には日本産ではない標本を悪徳の標本商から騙されて購入したのではないかという説が濃厚のようだ。その後、フランスの博物学者キュビエ(G. Cuvier; 1769～1832年)とヴァランシエンヌ(A. Valenciennes; 1794～1865年)、ドイツのミュラー(J. Müller; 1801～1858年)とヘンレ(F. G. J. Henle; 1807～1885年)、イギリスのギュンテル(A. Günther; 1830～1914年)、オランダのブリーカー(P. Bleeker; 1819～1878年)などの研究者によって日本の魚類に関する論文や報告が公表されてきた。とりわけ、ドイツのシーボルト(P. F. B. von Siebold; 1796～1866年)が日本滞在中に集めた魚類標本を、オランダのテミンク(C. J. Temminck; 1778～1858年)とドイツのシュレーゲル(C. H. Schlegel; 1804～1884年)が日本産魚類として系統立てた科学論文として公表した『Fauna Japonica: Pisces』は359魚種が掲載された大著である。このように、日本産魚類の研究は19世紀半ばまでは海外の人たちによって進められてきた。

日本人として初めて日本産魚類を紹介

1869年(明治2年)に政府が医学教育で当時最も先進的だったドイツ医学を取り入れるため、外国人教師が雇われて来日した。その中でも、日本で初めて本格的な博物学の講義を行った人物がヒルゲンドルフ(F. M. Hilgendorf; 1839～1904年)で、1873年から1876年までの3年間にわたって第一大学区医学校並びに東京医学校(現在の東京大学医学部の前身)で教鞭をとった。その間に通訳を務めるなどして、ヒルゲンドルフの影響を強く受けた松原新之助(1853～1916年)こそが日本人として最初に魚類学を体系的に学んだ人物となった。

松原新之助は水産講習所(後の東京水産大学、現在の東京海洋大学海洋生命科学部・海洋資源環境学部)の初代所長を務めた人物でもあり、1880年に出版した『Katalog der Japanischen Abtheilung der internatienalen Fischerei-Ausstelung zu Berlin』の中で日本人として初めて日本産魚類を欧文と学名で紹介した。その後、ドイツからデーデルライン(L. H. P. Döderlein; 1855～1936年)が来日し、多数の魚類標本を本国に持ち帰り、それらの標本でウィーンのシュタインダッハナー(F. Steindachner; 1834～1919年と共同研究を行ったものの、日本人の後継研究者を育てるとはなく、松原も魚類学を深めていくことはなかった。

日本魚類学の父、田中茂穂博士

20世紀初頭、後のスタンフォード大学の学長となるジョルダン(D. S. Jordan; 1851～1931年)が来日した弟子を総動員して日本産魚類の研究を行った。その影響を受けて日本人として初めての本格的な魚類分類学者となったのが東京帝国大学理学部動物教室の田中茂穂(1878～1974年)であり、「日本の魚類学の父」と称されるほどの著作を発表した人物である。ジョルダンと田中の研究で日本列島の魚類相の概要が明らかになり、後の魚類研究の基礎が築かれた。

田中に師事を受けた門下には、富山一郎(1906～1981年)、阿部宗明(1911～1996年)、蒲原稔治(1901～1972年)などが挙げられ、富山は明仁親王殿下(125代天皇)のハゼのご研究を指導した人物でもある。

第二次世界大戦前後には内田恵太郎(1896～1982年)と松原喜代松(1907～1968年)が特筆すべき活躍をし、北海道から沖縄県にかけての全国の大学、博物館や水産研究所等の研究機関に弟子を輩出した。その少し後の年代では、米国のハッブス(C. L. Hubbs; 1894～1979年)とミラー(R. R. Miller; 1916～2003年)が日本人研究者の後進を育てた。

現在、大学や大学院で伝統的にとられてきた講座制や学科目制が、特に国立大学で見直されたことや、少子化にともなう規模の縮小案などの影響を受け、従来の師弟制度は急速に廃れつつある。しかし、その反面、派閥にとらわれない自由な学びが展開できるようになった側面もある。多くの師匠を持ちやすい時代が到来したともいえ、自身に合う研究スタイルを確立していくことが重要な時代が訪れているといえるかもしれない。

5章

記録を残そう

標本や魚拓など、魚の記録の残し方から、
魅力ある魚写真の撮り方まで。

マハゼ

記録を残そう

確かな記録を残す

観察・採捕した記録を残すことは、ただ自分の思い出として楽しむだけでなく、学術や社会に役立てるうえで貴重な知見となることもあります。

環境変動にともなう分布域変遷の把握、外来生物の侵入時期の特定や資源利用の検討などの基礎資料として役立つ他、科学的新知見の公表にも繋がる価値の高い営みです。しかし、これらのような広いニーズを満たすデータとするためには、第三者による評価や利用に耐え得る、客観性が高い詳細な記録の残し方が重要です。ここでは学術の俎上に載せるための記録の方法を中心に紹介します。

記録の種類

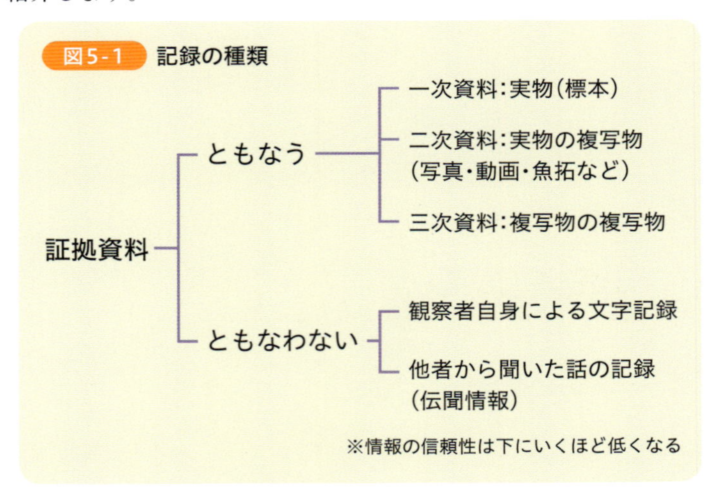

記録の方法は、証拠資料をともなう場合とともなわない場合とがあり、その証拠となる資料は一次資料や二次資料といった形に区分されます（図5-1）。

一次資料は、情報としての信頼性が最も高い資料です。魚類学では、対象となった個体の実物そのものが一次資料となるケースが一般的です。その「実物」とは、同定の再検証を可能にするvoucher（証拠）に値する「標本個体」のことです。分類学を科学たらしめているのは、同定結果の客観性が標本によって担保されていることにあるといっても過言ではありません。

標本は、後世に永久的に遺されていくべき実物です。なぜならば、種の同定だけでなく、標本の存在が、その魚種が確かに存在していたことを証明するからです。標本というと博物館で展示されているような「剥製」（図5-2）を想像される方も多いかもしれませんが、標本には作製手順の異なるいくつかの種類があります。科学研究においては剥製の利用価値はむしろ低く、一般的には、細部にわたった形態保存とその観察が可能となる「液浸標本」が用いられます。また、それに化学的な処理を施して、「透明骨格標本」が作製されることもあります。

図5-2
釣具店に飾られていた剥製。
（撮影協力：みやぎ釣具店）

こうした同定の基準となる標本は、第三者による再検証を可能にしなければ科学的な意義が大きく損なわれてしまいます。そのため、基準標本（タイプ標本）は個人所有ではなく、博物館等に寄贈・登録し、永久保管されることが強く望まれます。最近では、初等教育機関や中等教育機関の校舎の建て替えにともない、理科室に保管されてきた液浸標本が廃棄されたり、博物館へ寄贈されたりしており、学校で液浸標本を見る機会は減っているかもしれません。むしろ水族館のショップなどで観賞・インテリア目的の透明骨格標本が販売されるようになってきたので、そちらをご覧になったという方が多いのではないでしょうか。

それでは、まず情報の信頼性が最も高く担保される一次資料から順を追って紹介していきます。

液浸標本の管理は、保存液が魚体全体に浸かっていることが重要。(撮影協力:神奈川県立生命の星・地球博物館)

一次資料

タイプ標本の種類

趣味で作る標本ではなく、新たに学名を付けるために論文で基準として使用された標本は、「タイプ標本」(模式標本/基準標本)という、その学名を担う最も重要なものです(そのため、担名標本ともいいます)。タイプ標本には、以下の種類があります(図5-3)。

図5-3 タイプ標本の種類

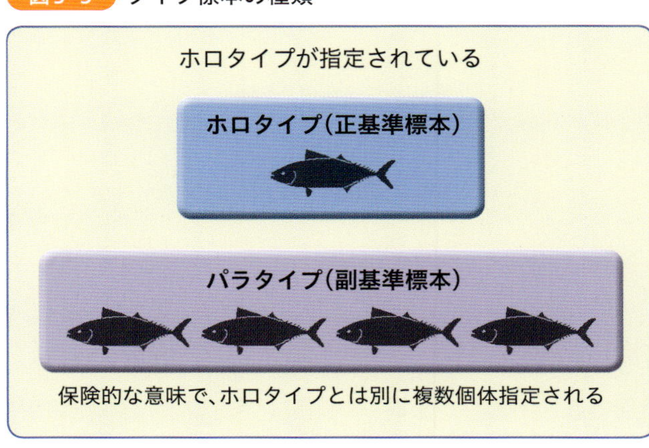

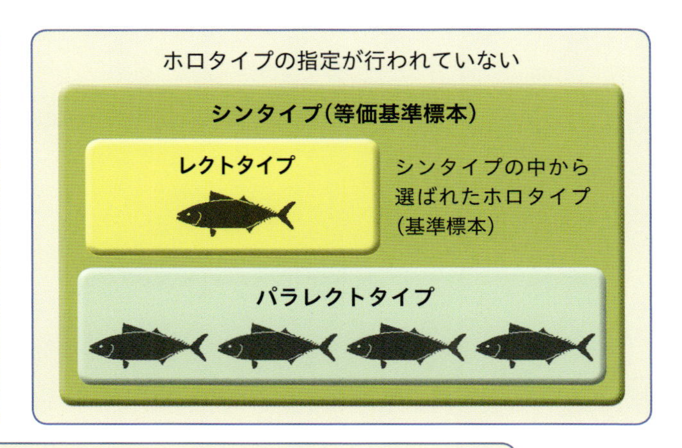

ホロタイプ(holotype)

日本語では、正基準標本、正模式標本や完模式標本と呼ばれる。公刊された論文や著書における原記載の中で、明示的に指定された一個体の標本。新種記載された種の学名を担保する最重要標本。

パラタイプ(paratype)

日本語では、副基準標本、副模式標本や従基準標本と呼ばれる。新種記載の際に基づいた標本群のうち、ホロタイプ以外の標本について複数個体を同時に指定することができる。保険的な役割を担う標本群。

ネオタイプ(neotype)

ホロタイプ、シンタイプ、レクトタイプといった担名タイプ標本がまったく存在しない場合に担名タイプとして指定される唯一個体の標本を指す。現存するホロタイプ、シンタイプ、レクトタイプが分類学的に不適当であったり、あるいは天災や戦災によって担名タイプ標本が間違いなく消失してしまったりなどのケースにおいて、問題のあるタイプ標本の指定を解除し、ネオタイプを新たに指定できる場合がある。

シンタイプ(syntype)

等価基準標本・等価模式標本。論文や著書の中でホロタイプの指定が行われず、複数個体の標本に基づいて記載が行われているケースが古い時代の著作物に見られる。これらの複数個体の標本群を指す。

レクトタイプ(lectotype)

上記シンタイプの中には、別種や隠蔽種が混じっていたというケースも実際にあり、すべての個体が担名のタイプ標本として取り扱われることに不都合が生じる場合もある。この際、シンタイプだった標本群の中からホロタイプに相当する唯一の標本として指定されたもの。

パラレクトタイプ(paralectotype)

シンタイプの中からレクトタイプに指定された標本以外の個々の標本を指す。

アロタイプ(allotype)

別模式標本。形態的な性差が著しい種については、ホロタイプに指定された標本の性とは違う性の標本をアロタイプとして指定できる。たとえば、ホロタイプが雄の標本であれば、雌の標本をアロタイプとして指定でき、またその逆も然り。

標本を作る

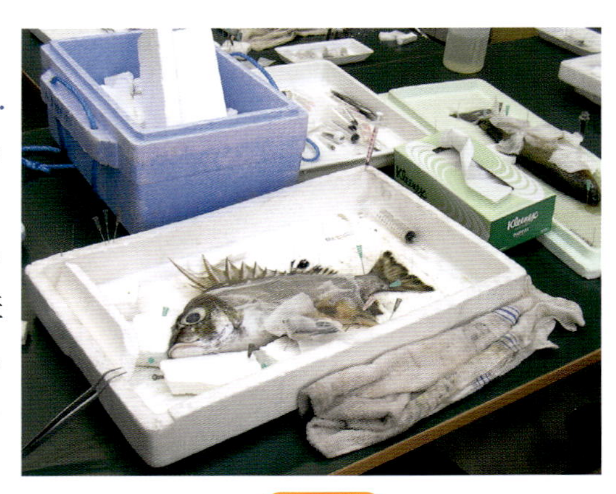

図5-4
展鰭の様子（撮影協力：神奈川県立生命の星・地球博物館）

実際の標本の作り方の手順を紹介します。初めて作る際は、食べるうえでも手ごろな大きさの魚類がよいでしょう（図5-4）。また、よく側扁している種が作りやすいです。用意するものは、魚の鰭が最も立った状態で上下左右の空間に余裕がある大きさの発泡スチロール箱の蓋や食品トレー、プラスチック容器、麻酔液（（1）参照）、鰭条を留めるためのピン（裁縫用のマチ針でもかまいません）、歯科用ピンセット（図5-5（1））、ホルマリン溶液（（3）参照）、ゴム手袋です。

標本は、完成後も定期的に液を入れ替えるメンテナンスが必要です。また、使い古したホルマリン溶液を廃棄する場合は、他の薬品を調合したり、多量の水道水で希釈して無毒化する必要があります。無論、前者の方が環境への影響は低いです。例としては、次亜塩素酸を加え、ホルマリンの分解処理をした後、さらに水道水で希釈して下水道に放流する方法などが挙げられます。ガラス製やプラスチック製などの容器もよく水洗してから捨ててください。

（1）麻酔・氷水絞め

標本作製は、魚類の生命を奪う行為となります。昨今は倫理的な観点から、氷水で一気に絞めたり、麻酔薬を用いたりするなど、安楽死や苦痛の時間が短い（一瞬で済む）手法が望ましいとされています。たとえば、『Journal of Fish Biology』のように、欧米の科学雑誌の一部では、投稿規定の中で魚類に苦痛を与える実験内容をともなって得られた研究成果（論文）は受理しない方針が明記されているほどです。魚類の麻酔薬は一般的にはベンゾカイン（アミノ安息香酸エチル）、MS 222（トリカイン・メタンサルフォネート）、及びクローブオイル（丁字油）が用いられています。特に市販香辛料のクローブは若干高価であるものの、スーパーマーケットで購入できます。このクローブの粉末をコーヒーフィルターで濾過した水溶液を麻酔薬として用いる方法がお勧めです（図5-5（2））。

使用する麻酔薬の量については、薬剤、水温、魚体の大きさ、魚種等によって異なるため、一概には判断できません。したがって、初めはごく少量から様子を見て、徐々に増量しながら適量を見極めます。もし標本にせず観察するだけの場合、麻酔からの回復は、生息地の止水域へ再放流すれば問題ありません。回復に時間がかかりそうな際には、生息地の水を入れた容器内に移してエアレーションを行うと、より確実かつ迅速な回復が望めます。麻酔薬が効き過ぎると回復までに数十分を要したり、昏睡したまま死んでしまうこともあるので気を付けましょう。なお、自然水域に麻酔薬や毒薬を流して魚類を採捕することは水産資源保護法で厳しく禁じられており、絶対に行ってはならない点は肝に銘じておいてください。

図5-5
（1）展鰭に用いる歯科用ピンセット。大型個体は注射針や発泡スチロール片なども駆使して展鰭を行う。微小な針を用いる場合、顕微鏡下で作業を行いたい。
（2）簡易的な麻酔はクローブの粉末を濾した水溶液で代替可能。蕾状のものを無水エタノールで浸漬させた溶液にすると、同様に魚類用の麻酔として用いることができる。

（2）水洗

魚体を水洗します。氷水あるいは麻酔で絞めた個体の場合でも粘液が少し出ることもあります。特に冷凍保存していた魚を解凍して標本に供した場合には粘液が多く出るだけでなく、鱗は剥がれやすく、鰭膜は破けやすくなります。そのため、特に解凍個体は丁寧かつ慎重に水洗する必要があります。

図5-6
体軸はなるべく真っ直ぐに整えた方が計測形質の情報が取得しやすくなるし、見た目も綺麗。この写真は、頭が上に上がってしまった他、胸鰭がバンザイしてしまったよくない例。

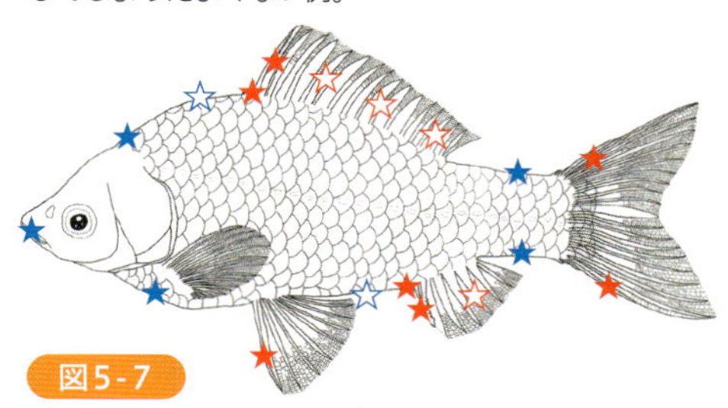

図5-7
ピンを打つ場所の例。★が体軸を整えるために添えて打つ場所で、★が鰭膜に刺す場所。☆☆は、体軸が整いにくかった場合や、鰭の展きが甘い場合に刺すとよい箇所の例。

図5-8
発泡スチロールを切って接着剤で貼り付けたトレーを用いると、針が貫通してホルマリン溶液が漏れる心配はなくなる。

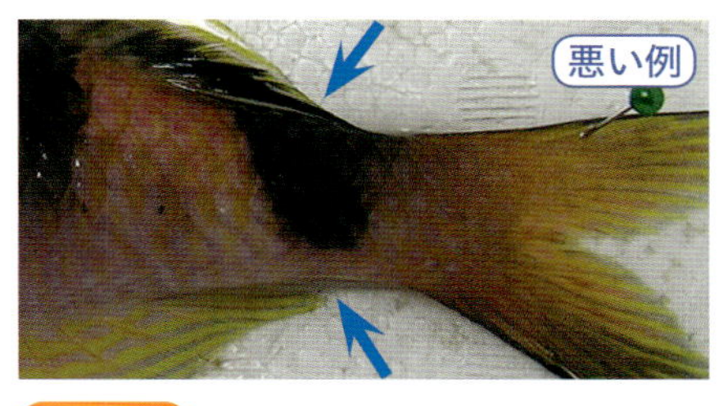

図5-9
展鰭の失敗例。背鰭と臀鰭の後端は魚体に癒合しているように見える。オジサンは背鰭と臀鰭の後端は魚体と離れているので、これはよくない。

図5-10
魚体と鰭膜は離れているのか、くっ付いている構造なのかは、種の特徴を捉えるうえで重要。それがひと目でわかるようにしっかり鰭を立てる必要がある。

＊
微針
微小なサイズの昆虫針。

(3) 展鰭

鰭を展き、形状を整えます。発泡スチロール性の箱や食品トレーの上に魚体を置き、可能であれば背鰭や臀鰭がフワッとなるくらいの水を張ると作業がしやすくなります。

まず、体軸を整え（図5-6）、その形状が崩れないよう、頭部や尾柄部などを支えるような形でステンレス製の昆虫針や注射針を発泡スチロールに刺します（図5-7）。次いで背鰭・腹鰭・臀鰭・尾鰭等の各鰭を歯科用ピンセットや指で軽く摘み、広げた鰭膜に刺して展きます。鰭は放っておくと寝かせる（閉じる）方向へ力が働くだけでなく、鰭膜は破けやすいため、棘条や軟条のすぐ後ろの中央付近の鰭膜に刺すと安定しやすくなります。鰭条の先端部や基部の方に刺してしまうと、しっかりと鰭が立たなかったり、ホルマリンで固まる前に徐々に閉じてきてしまったりします。また、テクニックとしては、鰭の模様で白色や明色になっている箇所に刺すと、撮影時、針を刺した痕跡が目立たなくなります（白色背景の場合）。また、後ろの鰭から徐々に進めていくこともポイントです。

大型個体はさらに発泡スチロールの欠片を身体や鰭に当てて、体軸を整えてから展鰭します（図5-4）。小型個体を展鰭する際には、歯科用ピンセットと微針＊の組合わせで行うとよく、特に小さい個体については顕微鏡下が作業しやすいです。鰭は一度乾燥してしまうと、元のフワッとした状態には二度と戻せなくなるため、霧吹きで水をかけるなど常に瑞々しい状態を維持しながら作業しましょう。

(4) 仮固定

展鰭（鰭立て）時に浸していた水道水を捨て、形状の固定と防腐処理のため、ホルマリン溶液に浸します（図5-11,12）。ホルマリン溶液は、作る段階からゴム手袋を着用し、素手で触れないようにします。万が一肌に直接触れてしまった場合は水でよく洗い流します。また、床や机にこぼした場合は乾いた布で拭き取った後、その布もよく水洗しましょう。作業をする部屋の換気は充分に行いましょう。特に薬品が目や傷口などに入らないよう、気を付けてください。

ホルマリン溶液は、重曹や四ホウ酸ナトリウムで中和したホルムアルデヒドを、水道水で希釈し、5～10％の濃度にします。大型個体の場合はホルマリン溶液の浸透に時間がかかるため、希釈していない原液のホルムアルデヒドを筆で鰭の根元に塗ったり、担鰭骨の付近に注射器を用いて注入したりすることで、確実な固定を導くことができます。なお、特に解凍した個体では、ホルマリン溶液に浸かると眼が真っ白になってしまうため、後で写真撮影を行う場合は、眼にかからないよう注意しましょう。魚体の大きさによっても異なりますが、30分から数時間ほどホルマリン溶液に浸透させていると、鰭膜に刺した針を抜いても鰭が寝ずに（閉じずに）展鰭された状態が維持されるようになります。この鰭の固まり具合の様子を見て、適切なタイミングで針を抜きます。

ホルムアルデヒドについて：魚類標本の固定と保管の際、防腐剤として用いられるホルムアルデヒドは毒劇物に指定されているため、保管は鍵のかかる薬品庫を用意する必要があります。一般人でも購入は可能ですが、近年になって薬品のすべてに使用期限が定められることとなったため、毒劇物を市販で取り扱う薬局やドラッグストアは減少傾向にあります。個人で入手するためには、まず取り扱っている販売店を探すところから始めなければなりません。

図5-11
水道水を捨て、ホルマリン溶液を各鰭が浸かるくらい注いだ状態。針を深く刺し過ぎて孔が開いてしまっていると、毒劇物のホルマリン液が下から漏れ出るので注意が必要。空気に触れる面は乾くと体色がその部分だけ変化したり、鰭の柔らかさが不可逆的に失われてしまったりする。これを防ぐため、ホルマリン溶液で湿らせたティッシュや布などを被せる。属性情報と紐付けて管理するため、固有の標本番号を割り振る。（撮影協力：神奈川県立生命の星・地球博物館）

購入の際には簡単な書類手続きも必要となり、使用目的・住所・氏名の記入と印鑑の押印が必要です。ここで煩雑な手続きに入手を諦めてしまうこともあるかもしれませんが、中学校や高等学校などの学校教育機関ならば試薬の購入が可能で、科学部・生物部のような部活動や理科担当の教員などを通じて、標本作製の機会を作ることができます。また、博物館等におけるボランティア活動や、高等教育機関への進学にともなう教育研究活動に参画すれば、標本作製の機会を得られるでしょう。

しかし、上記のような活動を実現できない個人の方でも、諦めるのはまだ早いです。個人による液浸標本の作製は、ホルマリン溶液による固定を経ずに、薬局やドラッグストアでもふつうに購入が可能な、エタノールやイソプロピルアルコールを用いた固定と防腐処理で代替できます。この方法は、展鰭を施したうえでの生鮮個体の写真撮影には向きませんが、遺伝子解析に耐えることがあります。長期間にわたってホルマリン溶液に浸けられてきた標本はDNAの構造が壊れてしまっているため、古くから博物館等で保管されてきた標本の多くは遺伝子解析に用いることができません。系統解析のために供する標本は、最初の段階から無水エタノール溶液に浸透させて、冷凍庫で保管することが理想です（エタノールの融点は－114.1℃で、凍結せず、DNAの分解を抑える効果がある）。

専門家との共同研究が実現できる場合、ホルマリン固定を経ずにエタノールへの液浸等の方法で保存されてきた標本が手元にあると、遺伝子解析へ供せるという大きな利点にも繋がります。なお、ホルマリン固定する標本については、DNA解析用のサンプルとして鰭の一部や肉片の一部を切除し、無水エタノールで別途標本の本体と紐付けて保存する形をとるのが一般的です。

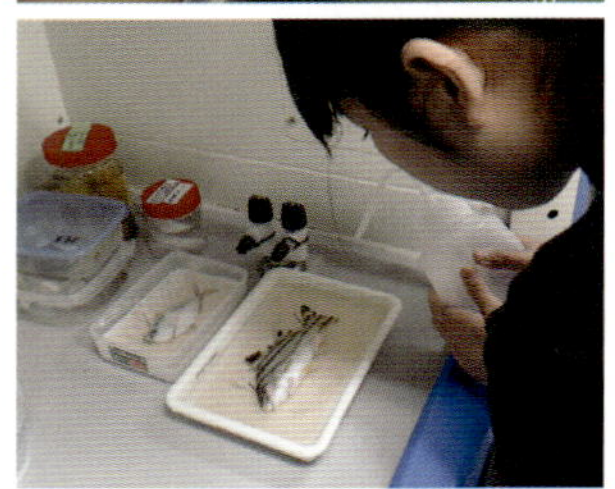

図5-12
鰭立て時に浸していた水道水を捨て、ホルマリン溶液に移す。水道水を捨てる際に、針が抜けたり、体軸がずれることがあるので要注意。

（5）写真撮影

液浸標本は時間の経過とともに脱色していくため、生鮮状態の色彩が残っているうちに、高解像度の写真（二次資料）を作製し、色彩情報を記録しておきましょう。魚体や鰭が乾かないようにケアしながら撮影します。

標本の撮影にはコピースタンド（カメラを下向きに固定する装置）を用いると、手ブレの心配なく水平に撮った写真を残すことができます。この際、水槽に水を張り、その中に標本を入れて左右から光を照射すると、光の反射によって体側面が白飛びになってしまう現象を防ぎやすくなる他、魚体の影も気にならないような写真を撮影できます（図5-13,14）。鰾（うきぶくろ）がある種では、撮影とは反対の側面から注射針を刺してエアーを抜いておきます。この時、お腹が萎み、外見からも凹んで見えるような不自然な体形に変化することがあるため、その際は注射針を抜かずにそのまま鰾内にホルマリン溶液か水を代わりに注入し、体形を整えます。

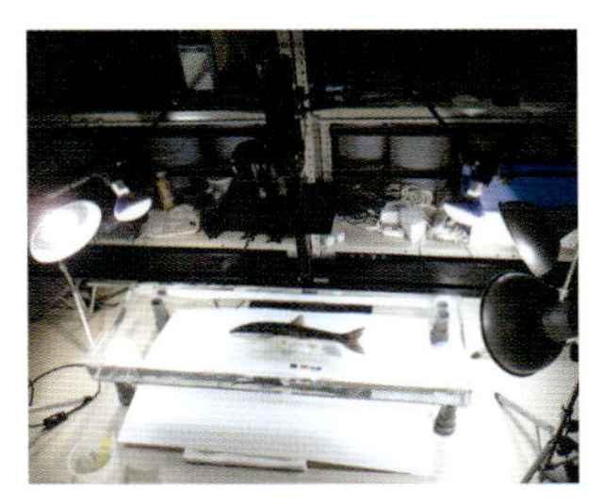

図5-13
標本撮影。背景を白色にすることによって、自然光下と同様の色彩が残せる。ただし、鰭膜の透明色と白色の区別が付きづらくなるという欠点がある。（撮影協力：神奈川県立生命の星・地球博物館）

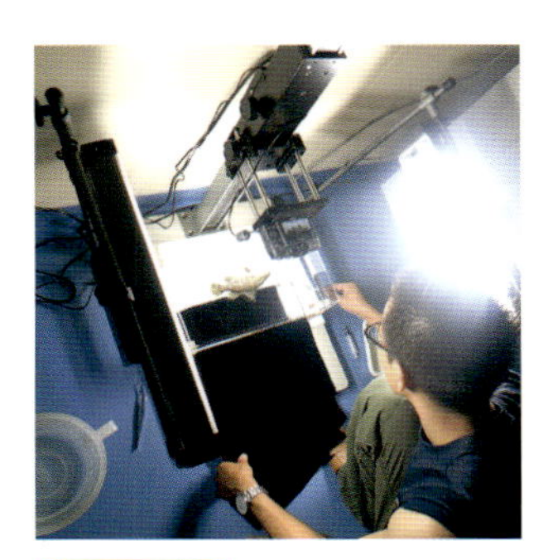

図5-14
背景色を黒で撮影したい場合には、黒色のハイミロン生地を用いるとよい。特に鰭膜に白色の模様が入っている種は白色と黒色の2パターンで撮影しておきたい。背景に黒色を用いた写真は見栄えがする。

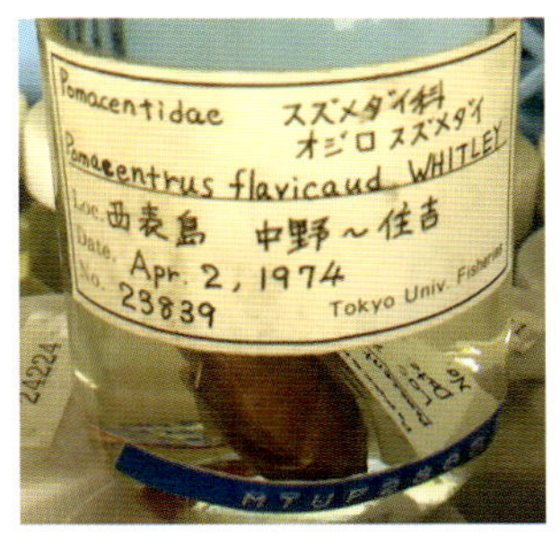

図5-15
ラベルを付す場合は、その種の採捕された時の記録を細かく記せるとよい。耐水紙を印字したものや鉛筆で手書きしたものが同封される。標本台帳やデジタルデータによって、標本番号とすべての属性情報が紐付けられている場合、タグのみで管理されることも珍しくない。（撮影協力：神奈川県立生命の星・地球博物館）

スポイトやシリンジ（注射筒）は、撮影時に写り込みが気になる水面や沈んだゴミを吸い取る際に活用でき、水槽や魚体に泡が付着している場合には、筆を用いてサッと刷くと泡を取り除けます。毛が抜けやすい筆を用いると、掃除した折からまた違う掃除をする手間が生じやすくなるため、筆は毛が抜け難いものを用いましょう。

(6) 固定・防腐処理

およそ1週間から1ヶ月間（魚体の大きさによる）、ホルマリン溶液を魚体の全身に浸漬させた後、水道水でホルマリン溶液を充分に洗い流し、人体に害の少ないエタノール水溶液またはイソプロピルアルコール水溶液に標本を移し、冷暗所において保管します。エタノール溶液とイソプロピルアルコール溶液の最も殺菌効果の高い濃度はそれぞれ70％及び45％です。大型標本や小型種の一部（植物食性魚など）では、そのまま放っておくと内臓が腐ってしまうことがあるため、防腐処理に入る前に予め腹腔内にもホルマリンを注入するか、あるいは腹を切開して内臓がホルマリン溶液に浸かるように処理を施した方が安心な場合もあります。なお、ホルマリン溶液で保存する場合は、徐々に液体が酸化していくため、定期的な中和や溶液の交換を行う必要があります。

(7) 保管

冷暗所が基本で、湿度も高くない場所で保管します。特に光は標本の敵で、色彩情報が失われる原因となります。液浸標本は、カビや害虫の心配はほとんど要らないため、常に全身が液体に浸かっているかどうかという液の減りだけを気にすれば大きな問題は生じません。しかし、標本庫の衛生環境は人体へ悪影響を及ぼす可能性があること、標本を保存している容器の寿命にも関わるため、温度・湿度ともに高過ぎず低過ぎずの状態で保つことが理想です。

属性情報の管理：標本の管理とともに標本の属性情報の管理がとても重要となります。特に採捕した場所と時間のデータという、最低限の情報がしっかりと標本に紐付けられていると、博物館も快く寄贈を受け入れられます。管理は、基本的には標本1個体ごとに一つの標本番号を付し（図5-11, 15）、標本番号と採捕場所・時間などの属性情報を別途取りまとめて、標本台帳や電子データで管理する方法が一般的です。

しかし、採捕に行った際にとれた複数の個体をまとめて標本にする場合、同一の時間と場所のデータを有していることから、種ごとにまとめて複数個体に一つの標本番号を与えて管理することも珍しくありません。国立科学博物館では、大型標本などの例外を除き、一つの標本番号（1ロット）ごとに容器を分けて管理しており、容器ごとに抜粋された属性情報をまとめて印刷した標本ラベルも付されています。他方、神奈川県立生命の星・地球博物館のように、省スペースのために種でまとめられて配架されているケースもあります。

なお、標本と同封するラベルのデータは消失する危険性があるため、耐洗紙と、インクについてもアルコール耐性のあるものを使用するか、鉛筆を用いましょう。標本番号のみを記したタグは、キャラコ（白木綿の生地）に顔料インクでスタンプを押し、完全に乾燥させたところでコロジオン原液に浸し、布全体をコーティングします。洗濯挟みを用いて吊るして乾燥させたものを1番号ずつ切り、外科用弱弯角針とレース糸を用いて、主に下顎に通して結び、采番します。

透明骨格標本の作り方

透明骨格標本は(図5-16,17)、もともとは調査研究用に開発された手法ですが、最近ではアート方面の需要が高まっています。特に二重染色の人気が高いものの、作るための薬品は一般薬ではなく、試薬が多いため、家庭で取り組むことはなかなか難しいです。しかし、中学校や高等学校で、生物部のような学内の課外活動なら、試みることもできるでしょう。顧問教員の経験の有無にも左右されますが、中等教育機関の場合、薬品の適切な保管体制さえ整っていれば、基本的に試薬の入手が可能です。

二重染色法による透明骨格標本は、硬骨が赤色、軟骨が青色に染め分けられます。内部形態の種差、個体差、あるいは成長段階による差異が観察できます。製作手順は次の通りです。

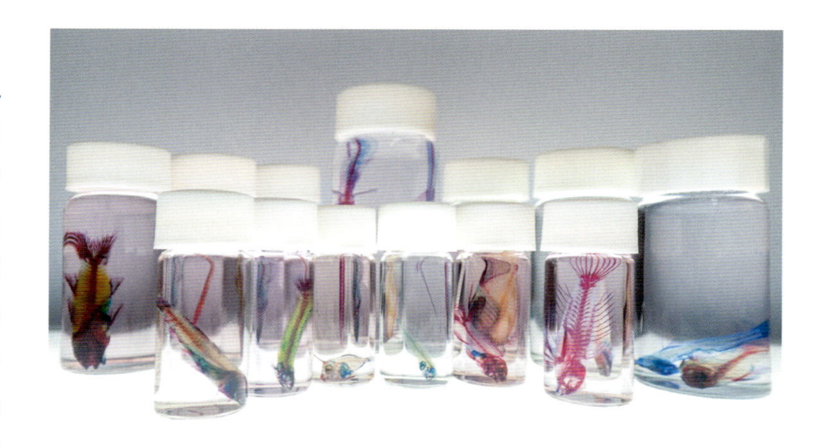

図5-16

透明骨格標本の保存は、一般的にはスクリュー管瓶が用いられる。最近では、一部の水族館のミュージアムショップや専門店の他、学園祭やフリーマーケット形式のイベントでも販売されていることがある。

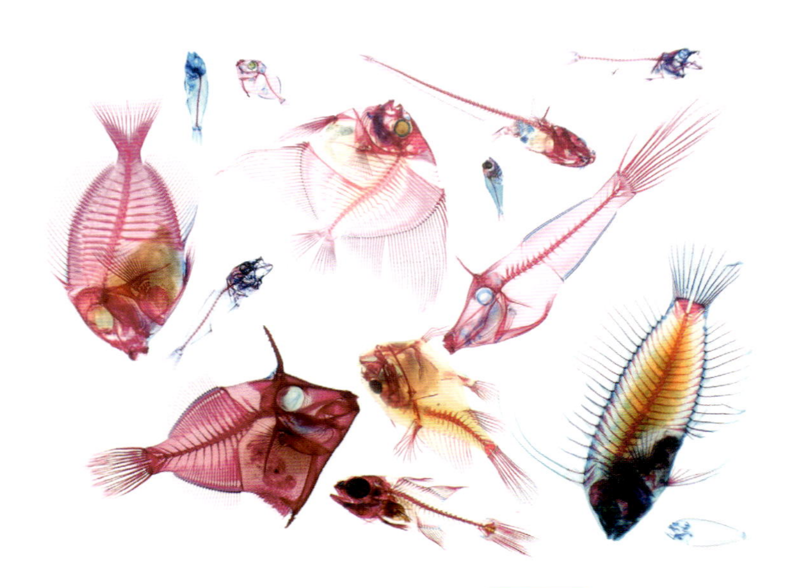

図5-17

実際に、骨格系を対象にした研究で行われていることであるが、色々な種で透明骨格標本を作製し、比較してみると、系統による骨格の違いがよく観察・理解できる。また、同一種の様々な大きさの個体を用意し、成長段階による骨格形成の発達具合を観察するのも面白い。なお、軟骨の青色が綺麗に染まりやすいグループは担鰭骨が大きく目立つ種群であり、芸術的な目的には異体類などが人気を博する。

■用意する薬品

四ホウ酸ナトリウム、水酸化カリウム(KOH)、トリプシン、アルシャンブルー8GX、アリザリンレッドS、ホルムアルデヒト、エタノール、グリセリン、氷酢酸、過酸化水素水、純水(DW)

■溶液の調合

- 10%中性ホルマリン溶液→ホルマリン原液に四ホウ酸ナトリウムを飽和するまで溶かし、その飽和液:水＝1:9の割合で混合する。
- 飽和ホウ砂水溶液→水に飽和するまで四ホウ酸ナトリウムを溶かす。
- 軟骨染色液→95%エタノール:氷酢酸＝4:1の割合で混合し、その混合液100 mlに対してアルシャンブルー8GXを20 mgの割合で溶かす。
  - ※1 尾部骨格の末端部が濃青色に染まればよい。
  - ※2 この溶液は長期の保存ができないため、使用時に調合する(ただし、冷暗冷所で保存すれば4～5日は使用可能)。
- 0.5%KOH溶液→水100 mlに対しKOHを0.5 gの割合で溶かし、よく攪拌する。
- 硬骨染色液→0.5%KOH溶液に少量(500 mlで小スプーン3～4杯程度)のアリザリンレッドSを溶かす。
- トリプシン混合液→飽和ホウ砂水溶液:水＝3:7の割合の混合液に、100 mlあたり2～3 mgのトリプシンを溶かす。

■手順

1. 魚を10%中性ホルマリン液で固定する。(1～3週間程度) ※魚体の大きさにより変動
2. 標本を水洗し、ホルマリンを除去する。(2～3日間)
3. 軟骨染色液に入れる。(4時間～1日間)
4. 95%エタノール溶液に移し入れる。(1～2時間)
5. 新しい95%エタノール溶液に移し入れる。(1～2時間)
6. 75%エタノール溶液に移し入れる。(標本が底に沈むまで)
7. 40%エタノール溶液に移し入れる。(標本が底に沈むまで)
8. 15%エタノール溶液に移し入れる。(標本が底に沈むまで)
9. 水道水に移し入れ、適宜水を交換する。(2～3日間)
10. トリプシン混合液を入れる。(3日間～1週間程度)
    ※1 トリプシン混合液は標本の10倍以上の用量がよい。
    ※2 温度を30～35℃に保つと、筋肉の消化が順調に進む。
    ※3 身体が透明になり、脊椎骨がよく見えるようになるのを目安とする。
11. 硬骨染色液に入れる。(30分間～12時間)
12. 0.5%KOH溶液に入れる。(染色液がある程度抜けるまで)
    ※浸し過ぎると標本が崩壊することがあるため、要注意
13. 黒色素胞の除去。(2～30分間)
    ※1 黒色素胞が目立つときには、0.5%KOH溶液に過酸化水素水を数滴加える(100 ml あたりに1～2滴ほど)。
    ※2 過酸化水素水を加え過ぎたり、長く入れ過ぎたりすると、標本の体内に気泡が生じてしまう。
14. 0.5%KOH:グリセリン＝3:1の割合の混合液に入れる。(標本が底に沈むまで)
15. 0.5%KOH:グリセリン＝1:1の割合の混合液に入れる。(標本が底に沈むまで)
16. 0.5%KOH:グリセリン＝1:3の割合の混合液に入れる。(標本が底に沈むまで)
17. グリセリン液に入れる。(永久保存)
    ※硬骨染色液が抜け切っていない場合、適宜新しいグリセリン液に入れ替える。

一般的にはトリプシンというタンパク質分解酵素を用いますが、吸気で肺に吸い込まないよう、マスクをして作業をするなど、充分に注意する必要があります。

また、KOH溶液のみでタンパク質の透明化を図ることもできます。KOHは強塩基で毒劇物に指定されており、この薬品についてもホルマリンと同様に取り扱いには充分な注意が必要です。KOH溶液による透明化は、浸し過ぎると標本が壊れることもあります。また、軟骨染色液が酸性であるのに対し、硬骨染色液は塩基性であるため、時間をかけて徐々にpHの変化に標本を馴染ませていく必要があります。急激なpHの変化は、標本が壊れる大きな原因の一つです。実際に製作しているとわかってくることですが、この変化に弱い種と強い種がいるようで、種によって難易度が異なる実感があるものの、そのあたりは科学的な研究はまだ進められていません。

なお、上記の方法がすべてではないため、色々と試行錯誤して、自分にとって最良の方法を模索していってください。

二次資料

写真、動画、魚拓

二次資料とは、一次資料の複写物のことです。これが付随する情報は文字のみの記録よりも同定の再検証可能性が担保されやすくなります。魚類の場合、写真、動画や魚拓等を指します。本来、証拠記録としては標本が残されることが望ましいのですが、生態学的な調査は観測されたデータの分析が重要で、専門の研究者であっても、データとして学名や和名を記録するのみで標本を残すことはあまりありません。

なぜならば、綺麗な標本を残すことが作業内容と人的資源の観点から実質不可能なこともあるだけでなく、希少種や個体群・個体を追跡する研究においては、個体を殺傷して標本とするわけにはいかないためです。また、保護区や観光地のような場所では、標本の持ち出しが難しいこともあります。これらのような調査においては、標本の代替手段として個体に基づく二次資料を記録の証拠として残すことが望まれます。

標本よりも情報量は減少しますが、その個体から二次的に作製されたデータからも種の同定が可能な場合があります。換言すると、種の特徴を明確に捉えられていれば、同定の再検証可能性が担保されるのです（とはいえ、種によって同定の難易度は異なります）。

それではそれぞれの特徴を見ていきましょう。

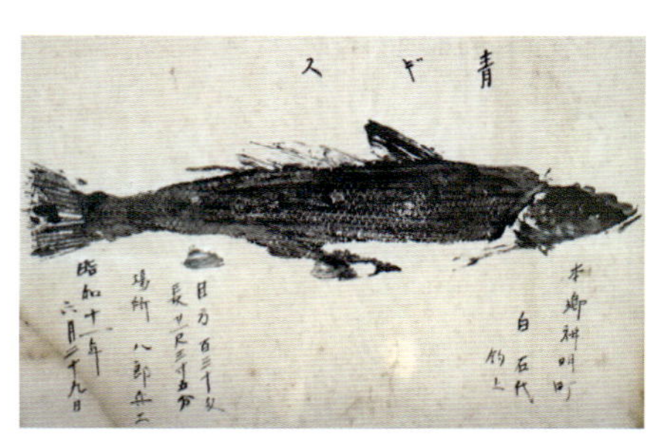

図5-18

昭和11年（1936年）年6月29日、全長1尺3寸5分（約41 cm）の八郎兵エ（船橋境）において釣獲されたアオギスの魚拓。（協力：船宿 吉野屋）

図5-19

平成10年（1998年）年11月4日、全長53 cmの宮崎県一ツ瀬川で釣獲されたアカメの魚拓。宮崎県では2006年からアカメは県条例によって希少野生動植物に指定されているため、まさに幻の記録といえる。（協力：井上貸船店）

魚拓：写真技術がなかった頃、江戸時代末期に日本で発祥したと考えられている拓本の技術を応用した魚拓によって、採捕した魚類の記録を残す活動が釣り人を中心に広がっていきました（図5-18, 19）。しかし、魚拓は墨ではなく絵の具で塗り分けるような手法も存在するものの、正確な色彩情報を残すことができません。また、魚体に直接塗料を塗る直接法と紙の上からタンポで塗る間接法の二通りの手法があることや、複写の際にかけた力加減によって、写し取れる外部形態の情報精度の誤差が標本や写真に比べて大きくなることが予想されます。近年では、カメラによる記録の需要の高まりとともに釣具店、船宿や飲食店で見かける頻度は下がっているのかもしれませんが、アートとしての「カラー魚拓」という分野もあり、生き生きとした美しい魚拓も楽しまれています（図5-20）。

図5-20

カラー魚拓の作製の様子。魚の上に濡らした和紙を当て、上から絵具をポンポンと叩いて着色していく（間接法）。胸鰭以外の鰭は外しておき、後から当てることで魚のフォルムが綺麗に描き出される。色を何色も重ねるため、鮮やかで深みのある色合いになる。（協力：美術魚拓 竜の子会）

写真・動画：かつての銀塩カメラの時代では、フィルムの枚数にも限度があり、現像にも時間を要すため、時間も資金も膨大にかかっていました。しかし、現代では、防水やGPS機能を有したデジタルカメラやスマートフォンの普及によって、高解像度の画像・動画データを位置と時間の属性情報を付して残すことが可能となり、資金的にも時間的にも一昔前と比べてそのコストは劇的に下がりました。画像や動画に残すことで、同定に疑義が生じた場合や、分類学の進展にともなって1種とされていた分類群が複数種に分けられた場合に、研究成果を将来的に再検証できます。

これらの二次資料は、文字のみによる記録よりも同定の再検証ができる重要な資料となります。特に、分布データとしては、一次資料と同等の価値を有するvoucher（証拠）となることもあります。実際、近年では新しい分布記録の証拠として、科学論文でも画像のみで有効性が担保される事例が出てきました。

ただし、分類学の進展によって、1種と思われていた分類群が複数種に分かれるような事態が生じた場合、二次資料のみでは再同定が不可能なこともあります。二次資料は一次資料の複製であり、それ故に情報量が減少する大きな欠点があることを念頭に置いて活用しましょう。なお、古くはスケッチが担名タイプ（ホロタイプ）として機能した時代もありました。現在でも、写真を証拠資料とする新種記載も、厳しい条件を満たした場合に認められるケースがあります。しかし、現代では基本的に、新種記載は標本に基づき行われなければ、論文は受理されません。

図5-21
一目でおおよその大きさを把握できる利点がある。

図5-22
発泡ポリスチレンボードの上で撮影した例。

図5-23
EVAシート上で撮影した例で、広げた背鰭棘をスポンジ状のシートに刺している。

図5-24
群集生態学的な調査時における写真の記録。

図5-25
魚体が跳ねるなどによって、レンズに水滴が付くこともしばしば。そのままにしていると台無しな写真になってしまう。撮影の際には、必ずレンズの状態をチェックしたい。

資料としての撮影方法

魚類は、自然環境で伸び伸びと泳いでいる時、陸に水揚げした時、鮮時、腐敗時など、状態によってその色彩は変化していきます。昆虫標本と異なり、生きている時の色彩を残すことが極めて難しいのです。標本は光にさらされる環境に置いておくと徐々に脱色していき、最終的には真っ白になってしまいます。したがって、生時や鮮時の色彩を記録しておくことは極めて重要となります。ここでは、正確に記録として撮るための撮影方法をご紹介します（生き生きとした魚の撮影テクニックはコラムp. 127を参照）。

掌の上で撮る

軽く麻酔を施した個体を掌上に乗せ、魚体全体を水に浸し、もう片方の手で撮影します（図5-21）。掌から逃げられる元気はないものの、各鰭が自立できるレベルの軽い麻酔が大きなコツです。これが深くかかり過ぎると、各鰭が展かれなくなってしまい、種の特徴を捉えきれなくなることがあります。麻酔無しでも可能ですが、逃げられないよう注意が必要です。また、掌や指との対比によって、概ねの体サイズを理解できる利点もあります。

白板の上で撮る

白色のアクリル板、発泡ポリスチレンボード（図5-22）やEVAシート（図5-23）を用意し、その上を水で濡らします。魚体をそこになだめるように置き、撮影します。麻酔をしていない分、激しく暴れまわることもあるため、採集した直後やバケツの中などで落ち着かせた時など、撮影にタイミングのよさそうな頃合いを見計らう必要があります（図5-24, 25）。各鰭の自立が難しいこともあるため、板を叩いたり、鰓を閉じるように軽く押したりして鰭を立てた瞬間を逃さずにシャッターを切るとよいでしょう。発泡ポリスチレンボードやEVAシートを用いる場合、魚体サイズに合わせてカッターで楕円形にカットし、その孔に縦扁した魚体の側面をはめ込むと、広げた背鰭や臀鰭を定位させることができます。活きのよい個体であれば、たいてい眼が下向きになるため、生命力を感じられる写真となります。

水を張った容器で撮る

容器の底に発泡スチロールやEVAシートを接着剤で貼り付け、水を張ったその容器内に、麻酔をかけた個体を置き、昆虫針で即席な展鰭を施して針が刺さった状態で撮影する方法です(図5-26)。小さい個体であれば食品用トレー、大きい個体は発泡スチロール箱でも代用可能です。撮影後は、復活させて採捕地点へ再放流します。魚体を水中に沈めることによって、魚体から光が反射して白く飛んでしまう現象を避けることができ、より再現性の高い画像を得ることができます。

なお､麻酔の効きが浅いと眠りから覚めた個体が暴れてしまって鰭膜が破けるなど魚体を傷めてしまうことがあります。この方法を用いる場合、鰓呼吸が止まるくらいの深さまで麻酔をかけるのが無難です。また、鰾がある種では腹部が浮いてきてしまうことがあります。その際は、撮影する向きとは反対側の胸鰭の根元を昆虫針等で斜めに刺すことで抑えられます。

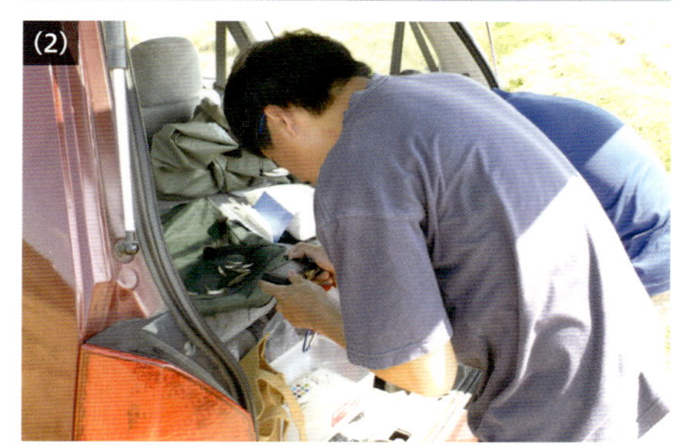

図5-26
(1) 麻酔を軽くかけ、簡易的な展鰭をして個体の特徴を捉える。
(2) 野外調査では、風が避けられる車のトランク部を活用することも。

標本写真の撮影

客観的な色彩を捉えるために、白色と黒色の二通りの背景で撮影することが望ましいです。白色背景は鰭膜の色を明瞭に示すために必要であり、黒色背景は鰭膜の色が白色なのか透明色なのかを判断するために必要となります。基本的には白色背景の方が色彩の再現性が担保されやすく､あらゆる場面で最も活用されます｡一方で､黒色背景の方が重厚感のある見栄えする写真となるため、普及目的ではよく用いられます。

基本的に、科学論文として公表する際に用いる画像については、編集は捏造に繋がり得る危険な行為となります。しかし、背景に写り込んだ異物などについて、画像編集ソフトを用いて見栄えをよりよくするために綺麗に処理することは特に禁じられていません。禁止されているのは、研究目的に対する結果について、関連する箇所の画像編集です。カラーバランスの調整についても、色彩の記載をするうえでは注意が必要となりますが、カラースケールを同時に写し込ませることで回避できます。また、他の標本と混同しないよう、標本番号を一緒に写し込むと後の画像の管理が行いやすいです。

他方、非破壊による方法で標本の内部形態を観察する方法も重要で、X線写真に基づく脊椎骨の計数はよく行われています(図5-27)。近年では､CTスキャンによって内部構造を立体的に、かつ非破壊で観察する研究も行われるようになってきました。特にタイプ標本は、その貴重さ故に貸し出しを禁じ、収蔵する博物館に直接赴かねば観察できないことも珍しくなく、国際的な研究が進展しにくい事情もあります。この課題については、標本写真やCTスキャン画像をWEBに公開する博物館も出てきており、より加速度的な分類学的問題の解決に繋がる糸口となるかもしれません。

図5-27
アリアケギバチのX線写真。

解剖する

解剖用の鋏とメスが一般的な道具立てとなります。簡易的に行う場合には、ふつうの鋏、カッターや包丁でも代用できます。そもそも、魚を調理する際の下処理は、解剖に限りなく近い作業として捉えられるところもあるでしょう。同定には内部形態が重要な情報となる種も存在します。観察する部位を壊さないよう、慎重な作業が必要になるだけでなく、魚の内部構造についての知識を前提として持っていれば、無理な刃の入れ方をして壊さずに済みます。

図5-28
(1) マダイの解剖例。肛門から鋏を入れていくと内臓の観察に適した展開が可能。
(2) "鯛中鯛"や"鯛の鯛"などと呼ばれる、肩甲骨(左)と烏口骨(右)。左図のマダイの"カマ"から取り出したもので、その名の通り、魚の形をしている。この形は種によって異なる。

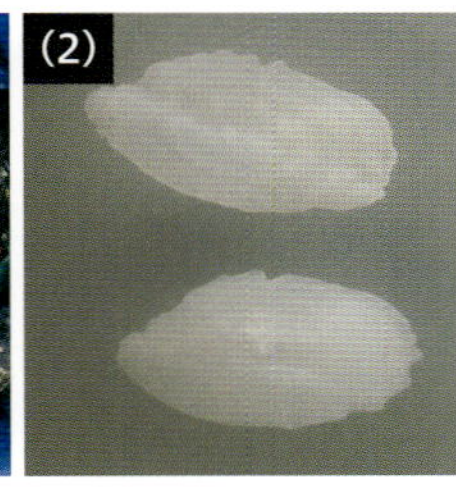

図5-29
尾辰水産で購入した函館産タヌキメバル(1)から取り出した扁平石(2)。「耳石」は平衡感覚や聴覚を司る内耳の器官のうち、扁平石・星状石・礫石の3種を指し、扁平石が最大。魚種によってそれぞれの耳石の大きさや形は異なる。扁平石は大きく、綺麗な骨であり、特別な処理をせずとも腐らずに保存できる気軽さも相まってか、収集するファンも少なくない。

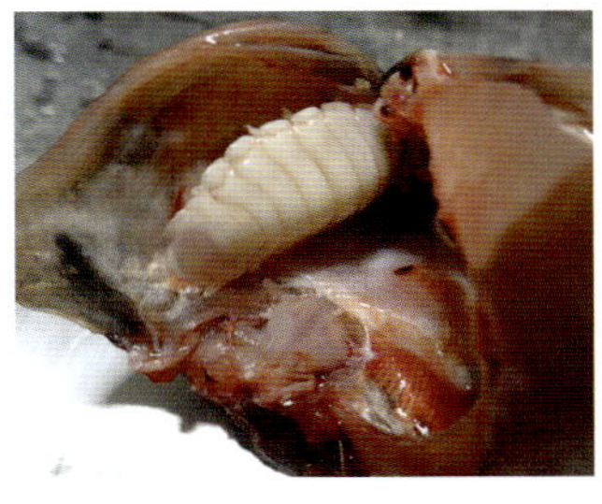

図5-30
タヌキメバルの口腔内から摘出されたウオノエの仲間。魚の体表や口腔内に寄生するウオノエの仲間はオオグソクムシやオカダンゴムシなどと近縁の甲殻類で、魚の体液から栄養を得る。宿主の魚種によって、寄生するウオノエの種も変わってくることが知られるが、分類や生態の多くが謎に包まれているグループだ。魚類よりも未記載種が見つかる頻度が高いグループかもしれない。もちろん、ヒトには無害などころか、甲殻類なので一緒に調理して食べてみるも一興。

なお、固定された後の標本は、あらゆる部位が固く可動しづらくなります。解剖は、なるべく生鮮状態のうちに行った方がよく、作業を楽に進められます。また、生鮮状態の方が無駄に破壊する部位も少なくなるうえ、力加減を誤って自身が怪我をする割合も低くなります。ただし、生鮮魚を室温で解剖していると、腐敗も同時に進行していきます。適宜70%エタノール溶液をかけるなどして、消毒・固定しながら行うこともあります。

外部形態と同様に、内部形態を記載する調査研究においても、再検証可能性を担保するため、博物館の登録標本として全体を保存することが必要です。また、記録についても、部位ごとの構造を文章で記述するとともにスケッチや写真によって描画して後世に伝える形をとります。解剖に長時間を要すると、細菌が増殖し、アニサキスなどの有害な寄生虫が内臓から身へ移ってしまうこともあるため、食中毒には充分に気を付ける必要があります。衛生面という観点から、長時間を解剖実験に供した個体を食す際には、熱を通した料理でいただくのが無難です。

解剖によって明らかになる骨の形態学的研究は、出土した遺跡や化石の種同定などでの機会において、その知見が活用されています。

証拠資料をともなわない情報

文字のみによる記録

証拠資料をともなわない文字情報のみによる記録の場合、同定結果を再検証できないため、同定した個人のスキル等を加味して、その情報の信憑性を判断することになります。博物館に関わる分野を除く学術領域においては広く用いられている手法ですが、誤同定が混じっていることもあり、その場合の再同定は証拠がないために不可能となります。このような場合、論文や研究の結論が変わってしまうこともあり、したがってその価値が下がることもあり得ます。群集生態学等の分野では、同定精度を数理モデルに組み込み、誤同定が含まれていることを考慮したうえで統計解析を行うといった工夫もなされています。また、1種とされていたものに隠蔽種が含まれていたことが判明し、複数種に分けられてしまった分類群が含まれている場合、その分類群の再同定ができないために上記の誤同定の場合と同じような問題が生じる欠点もあります。文字のみで記録する場合、魚の記録だけでなく、生息環境の記録も同時にしておくと、生態学的な解析にも耐えられるかもしれません（第4章参照）。

記録を発表する

観察・採捕した記録を発表することで、第三者と情報の共有ができます。情報の共有は、驚きや喜びの共感だけではなく、学術分野への貢献という利点もあります。どのような新しい知見や研究成果を得たとしても、公にせず自分だけが知っている状態では、科学の俎上に上がることはありません。つまりそれは公式には“無い”ことと同義になってしまいます。特に科学の世界においては「再検証可能性」や「情報の固定化」が強く求められるため、新知見の発表の際にはルールに則った方法をとる必要があります。それに準拠しない発表はどんなに素晴らしい発見であっても、新知見としては認められないこともあります。

「再検証可能性」とは、論文の公表後に、第三者による同じ方法に基づく検証によって、同じ結果が得られることを指します。「情報の固定化」とは、情報の発表後にその内容が改変できない媒体への公表を指します。このため、発表の仕方によって、その情報の取り扱われ方は変わってきます。その記録が一次資料や二次資料に基づくのか、あるいは証拠資料は付随しないのかといった情報の有無や質が問われる他、発表媒体の性質によっても情報の信頼性や評価が変化します。ここでは、発表媒体の性質ごとに、SNS・ブログ・個人サイトへの公開、自費出版の書籍の作成、そして学術論文の公表という3段階に分けて紹介します。情報公開についての最終的な判断はあくまで自身の判断に委ねられますが、後悔のないような方法を模索し、目指してください。

WEB 公開

現在では、スマートフォン一つあれば、インターネットを通じて誰でも自然観察の結果を気軽に公開できるようになりました。特にWEB上における公開の場としては、SNS・ブログ・個人サイトが挙げられるでしょう。「WEB魚図鑑」などのサイトに投稿すると

図5-31
サイト利用者が投稿し、分類しあう魚図鑑(https://zukan.com/fish)。

いうのも一つの手段として考えられます(図5-31)。高画質の写真に位置情報や時間の情報が付随していれば、証拠資料付きの分布データとなります。また、手動による閲覧だけでなく、プログラミングによる自動解析も可能です。研究者や愛好家もWEBの検索エンジンを利用した閲覧を行うため、標準和名だけでなく、英名や学名の記載をしておくと、海外の研究者に参照されることもあるかもしれません。

メリット：WEB公開のメリットとして、同じ問題意識や興味関心を持つ方々との出会い、フィールドの紹介など、オフ会も含めたさまざまな「関係者との交流」が挙げられます。WEB上の繋がりしか持たない方と、実際に面会する際の安全の判断は難しいところですが、実名のSNSにおける投稿内容、SNS以外におけるWEBサイトの内容や信頼できる方に人物照会をお願いする等、いくつかの観点から総合的に判断すれば問題は起きにくいでしょう。もちろん、暴言を吐く、自分勝手な振る舞い等は厳禁です。インターネット上のお作法“ネチケット”をわきまえて接してください。

デメリット：WEB上での情報公開、特に画像や動画のアップロードには、望まない形による盗用や剽窃*も生じます。著作権は守られるべきものではありますが、著作権侵害は親告罪(権利者のみ訴えることが可能)であるため、侵害された本人がアクションを起こさないと、違反者は処罰されません。また、自身が不快に思う第三者の利用であっても合法的に認められてしまうケース*もあります。したがって、どのような情報をWEBにアップロードするかについては、リスクとリターンを天秤にかけて見極めましょう。著作権保護対策として、WEB上に公開する画像は、画質を落としたり、著作権ロゴを入れるなどの対策をとる方も少なくありません。

公開上の注意点：世界的にはオープンデータやオープンサイエンスの機運も高まってきています。しかし、すべての情報を公開してよいわけではありません。特に、個人情報はもちろんのこと、乱獲や絶滅のおそれのある種(特に淡水魚は全般)については、採捕地点の公開は慎重にならなければいけません。たとえ自分では地点をぼかしたつもりであっても、風景として写り込んでいる周囲の地形や、シンボルとなるような構造物などから特定されてしまい、乱獲と、最悪の場合はそれにともなう個体群絶滅が生じてしまうこともあります。画像のアップの際、GPS情報を削除しておくことはもちろんのこと、風景の写り込みのない画像にしたり、信頼できるクローズドな場での情報伝達に限定したりといった工夫が必要です。WEB公開は不特定多数への情報開示になっていることを常に頭に置いてください。

残念ながら、SNS・ブログ・ホームページといった情報公開の場は、科学的な貢献に重きを置きたい場合や、意義のある発見と主張したい場合には適切ではありません。なぜならば、情報は容易に修正が可能で固定化されず、再検証可能性を担保できない場とみなされているからです。趣味の範疇を超え、科学の俎上に載せるためには、後述するように、科学的な手続きに則り、情報が固定される出版物で行う必要があります。

＊

剽窃(ひょうせつ)
著作権法で認められている「引用」や「教育機関における複製」などの範囲を超えて、著作権保有者に断りなく著作物を掲載すること。

合法的に使用・転載が認められるケース
①引用や教育機関による利用については、条件を満たせば無断使用・転載が法的に認められている。
②著作権法では直リンクを張られることは現状では合法とみなされる。

自費出版／同人出版

次に取り組みやすい方法は、書籍の出版です。これは報告書のようなものの自費作成や、自費出版による本の制作を指します。ただし、どのような出版形態であれ、科学の俎上に載せるための研究成果の公表は、少なからず第三者による参照が可能でなければなりません。最低でも国立国会図書館への納本は検討すべきです。その場合、簡易製本は受け付けられないため、無線綴じなどの製本方法をとります。以下、それぞれの特色を紹介します。

図5-32
『緑の火山島 口永良部島の魚類』:SNSで出版資金を募集して出版した例

図5-33
『魚類図鑑 浜坂町の沿岸魚（定置網の魚）』：浜坂町の助成によって出版されたもの

自費出版：書店流通する書籍とは別に、自費出版を請け負う出版社もあります。近年ではパソコンで気軽に文書、画像や誌面の編集ができ、印刷・製本も安価に行えるようになりました。

出版助成本：自費では出版費用を賄いきれないという場合、学術書には出版助成事業の活用という手段があります（図5-32,33）。個人での申請は難しい場合が多いですが、いくつかの財団法人等では、出版費用を助成する制度を設けています。また、近年注目が集まるようになってきたクラウドファンディングを活用すれば、個人でも資金の調達を募れる可能性があります。

図5-34
『ボテジャコ』：魚類自然史研究会の同人誌

図5-35
『魚屋が出会う身近な魚の寄生虫 大漁版』：コラムp.88・泉翔さんが「博物ふぇすてぃばる！」などで販売した同人誌

同人誌：書くところから販売までを個人で行う方法です（図5-34～36）。自費出版の一部が含まれますが、コピー機で作るような簡易製本でも発売できます。同人誌の頒布・販売場所は「コミックマーケット」、「博物ふぇすてぃばる！」、フリーマーケットや学園祭などが想定できるでしょう。芸術と関連付ければ「デザインフェスタ」や「クリエイターEXPO」のようなイベントへの出展・出店も可能（図5-37）です。出版物の売上げが見込めれば、費用を回収できることもあります。

図5-36
『KUROSHIO-UONOFU』：長嶋祐成さんの魚譜は個人発注・販売している

さらに、このようなイベント参加によって、魚をキーワードに、サイエンスとアートを融合するような試みを行う人たちとの繋がりを持てることもあります。実際に出版社からの書籍の刊行や商業施設における商品の販路が開けることも珍しくありません。科学以外の分野における、魚を介したコミュニケーションの場もかけがえのない文化的な営みといえるでしょう。

図5-37
「アクアリウムバス」（生物販売）イベント出展ブース。魚繋がりで、様々な関連イベントへの参加機会が増える。

電子書籍：紙での出版を考えずに、電子出版のみで検討すれば、より容易に成果の公表が行えます。たとえば、アマゾンジャパン合同会社では、個人で電子書籍の販売が申請できます。ただし、書籍ごとに割り振るISBN（国際標準図書番号）コードがつかない、DOI（デジタルオブジェクト識別子）が付与されないといった一定のデメリットもあります。ISBNについては、個人での取得も可能なだけでなく、別途申請して有料で取得できる場合もあります。ISBNコードは書籍を検索しやすくするためにも、予め取得しておいた方がよいでしょう。

筆者の携わった出版の例を挙げておきましょう。2017年3月に、後志地域生物多様性協議会から出版された『朱太川水系の魚類【第二版】』(図5-38)は、北海道・黒松内町企画環境課が申請した北海道新聞野生生物基金の出版助成が採択されたことに端を発します。2010年から2016年にかけての調査研究の成果を一般向けに取りまとめたものです。編集に用いたソフトウェアはAdobe社のInDesign で、紙面をPDFファイルにし、数名の同業の研究者や黒松内町企画環境課の職員に校正紙を送付して内容の確認をお願いした後に、WEB印刷業者の「ラクスル」へ入稿・印刷という手順を踏みました。ISBN番号の取得は個人でも可能ですが、『朱太川水系の魚類【第二版】』では、後志地域生物多様性協議会の名義で取得され、その住所・電話番号は事務局を担当する黒松内町役場企画環境課として申請されました。なお、出版者名を個人で登録する際には注意が必要です。なぜならば、出版者名、住所、及び電話番号はすべて公開情報として開示されるため、個人による申請の場合はそれらの情報が第三者に筒抜けになってしまうからです。

図5-38
『朱太川水系の魚類【第二版】』

学術誌への掲載

市民科学者が最も貢献し得るのは、地域の自然史の解明や保全・普及教育の分野になるでしょう。調査・研究で得た知見を正式に発表する場合は、学術誌面で行うことが最も望ましい形になります(図5-39)。論文の投稿には学会員でなければならないという条件が設けられている学術雑誌もありますが、誰もが自由に投稿できる雑誌もあります。ただし、投稿すれば必ず掲載されるというものではありません。その論文が掲載にふさわしいかどうかを判定するため、同分野の研究者や編集者による査読(レビュー)を経て、受理された論文のみが掲載されます。採録の基準は学術雑誌によって異なりますが、全般として科学分野では事実としてのもっともらしさと緻密な論理構成が求められます。

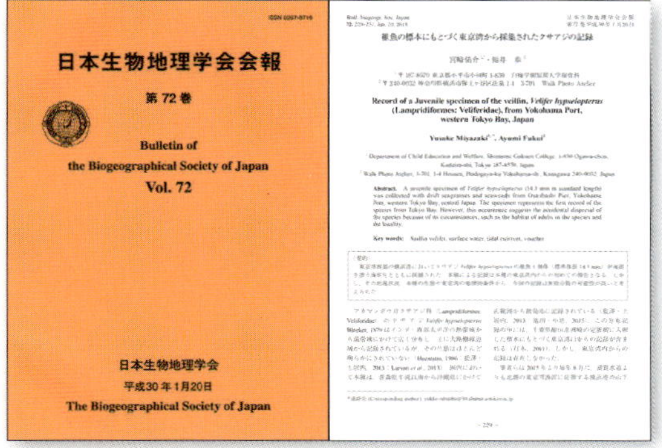

図5-39
2018年1月20日発行の『日本生物地理学会会報』の第72巻に、筆者とカメラマン・福井氏との共著で発表した論文「稚魚の標本にもとづく東京湾から採集されたクサアジの記録」。

身近な学術誌：学術誌にはさまざまなものがありますが、当該地域やその周辺に設置されている公的な自然史博物館では、大抵、紀要*を発行しています。学術的な発表としては、これが最初の目標となる発表誌面でしょう。たとえば、神奈川県立生命の星・地球博物館では毎年3月に『神奈川自然誌資料』(図5-40)を

図5-40
『神奈川自然誌資料』

*
紀要
大学・研究機関などが発行する定期刊行物

5章 記録を残そう

発行していますし、大阪市立自然史博物館でも毎年3月に『大阪市立自然史博物館研究報告』を発行しており、いずれも各地域における自然史の解明に貢献する原稿を広く募っています。また、より一般性が高い研究成果については、『魚類学雑誌』(図5-41)や、『日本生物地理学会会報』のような日本魚類学会や日本生物地理学会の和文誌への掲載も目標にできるでしょう。

図5-41
『魚類学雑誌』

国際学術誌：さらに、国際的に情報共有を図るべき研究成果については、国際誌への掲載を目指すべきです。ひと口に国際誌といっても、ローカルな話題を専門に扱う雑誌(図5-42)から、一般性の高い話題を扱う雑誌(たとえば『Nature』や『Science』は誰もが知る憧れのトップジャーナル)など、国内誌以上にバラエティに富んでいます。一般性の高い研究成果ほど、緻密な論理展開とその説得力を保障するデータと解析が要求されることになります。したがって、一般性の高い研究成果であるほど、高等教育機関における充分な知識と経験の修得なしには、誌面で公表することが難しくなります。

図5-42
日本魚類学会が発行する国際誌『Ichthyological Research』。もちろん、“Web of Science”や“Scopus”にも収録されている。

投稿先の選び方：学術誌の中には、俗にハゲタカ出版社やハゲタカ雑誌(predatory publishers/journals)と呼ばれるような、高額な出版費用と引き換えに論文の質や内容を問わずに公表できるところもあります。このようなところに論文を発表した場合、研究者としての信用を失う場合もあります。せっかくの自分の時間や資金をかけて得た成果の公表先は注意して選んでほしいものです。国際誌に関しては、厳正な審査に基づき、一定の条件を満たした学術雑誌のみを収録している“Web of Science”、“PubMed”や“Scopus”といった世界的な学術データベースに掲載されていれば、論文の投稿先としての信頼に足ると考えて差し支えないでしょう。しかし、残念ながらこうしたデータベースへのアクセスは、個人利用の場合は国立国会図書館等、一部の公共施設からのみに限られています(ただし、“Web of Science”収録誌は“Journal Impact Factor”(あるいは単に“Impact Factor”)、“Scopus”収録誌は“CiteScore”というそれぞれ掲載論文の引用回数に基づく指数をサイトで公開しているので、その有無が目安になります)。このような国際的な学術データベースには、邦文誌はそもそも審査の申請をしていない雑誌も多く、収録数も多くはありません。国内誌については、発行元の信頼性として学会や研究者の関与の有無等がその判断材料となるでしょう。

近年では、公表されずに埋もれていくデータや公表された論文のデータを科学界で共有しようという動きが加速しています。こうしたオープンサイエンスの潮流は、生物多様性領域にも広がりつつあります。たとえば、魚類に関するあらゆるデータは、『Biodiversity Data Journal』、『ZooKeys』、あるいは日本生態学会誌の英文誌『Ecological Research』等の科学雑誌で“Data Paper”という形で受け付けてくれます。今やデータ公開だけでも、科学に貢献できる時代となっているのです。

COLUMN

写真撮影のテクニック ― 魚を撮影するために ―

本文/写真 **福井 歩**(フォトグラファー)

カメラの仕組みを理解する

◉よりよい写真を撮影するための基礎

現在、カメラで撮影することは、携帯電話とデジタルカメラの普及とともに、ごく一般的なことになりました。誰でも手軽にボタン(シャッター)を押すだけで写真が撮れ、デジタル化されたデータは保存されその場ですぐに見ることができ、誰かに送信することも可能な時代です。あまりに手軽な行為であるので、その仕組みを理解していない方も多いのです。しかし、基本的な仕組みを正しく理解して操作するだけで、格段によい写真が撮影できます。まずは写真の基礎を知っておきましょう。

◉色彩 - 光の色と絵の具色は違う -

どのカメラでも原理は一緒です。小さな穴(絞り f 値)を通った光が暗箱(カメラ本体)の中に逆像で写ります(図-1)。針穴写真機にレンズ装着したのが、カメラです。それをCCD(電荷結合素子板Charge Coupled Device)が受光してデジタル信号(RGB:光の三原色)に変換したのがデジタルカメラで、写真は光で描く絵だと思ってください。

RGBの三原色とは、テレビ画面やコンピュータディスプレイで使われる色、Red(レッド)・Green(グリーン)・Blue(ブルー)のことで、加色混合する(光の三原色を混ぜる)と白くなっていきます。その逆に、色の三原色、Cyan(シアン)・Magenta(マゼンタ)・Yellow(イエロー)は、減色混合といって、色を混ぜるほど黒くなります。プリンターや印刷などで使用されるCMYKとは、色の三原色にKey plate(キープレート:黒)を加えた構成要素のことです。

目に映る光の色と、絵の具を混ぜて作り出す色とは、根本的に異なっていることを頭の片隅にとどめておいてください(図-2)。

ピンとこない方は、厚紙を丸く切り抜き、円の中心から三等分してレッド・グリーン・ブルーの三色に塗り分けて中心に楊枝を刺してコマを作り、回して見てください。混合された光は白くなります。絵の具やインクの色と光は、混ざり方が違うのです。

図-1 カメラの仕組み

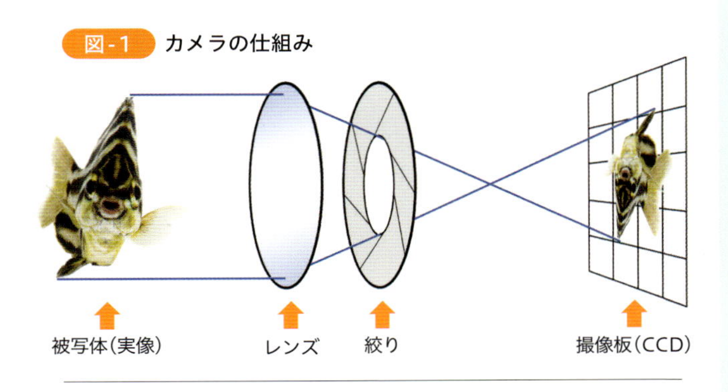

図-2 加色混合と原色混合の違い

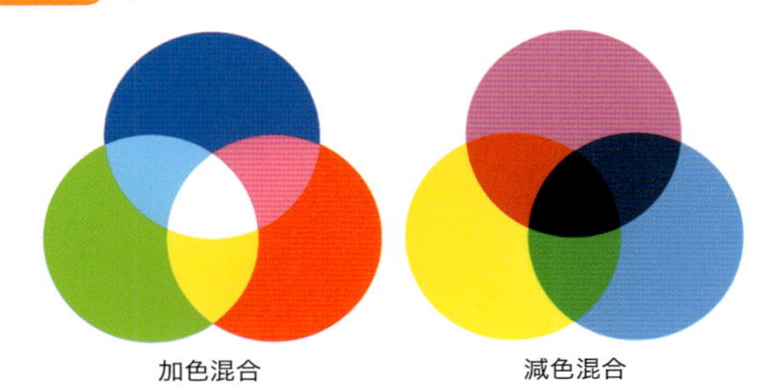

加色混合は三色が重なると中央のように白くなるが、
減色混合は逆に色が重なった部分は暗くなる。

◉光には色温度(ケルビン)がある。

光を表す単位には、K(ケルビン:色温度)・lx(ルクス:照度)・lm(ルーメン:光束)などの単位があります。

写真撮影の時、最も関わりの深い単位の一つが色温度K(ケルビン)です。人間の目には無色透明に見える光ですが、太陽の昼間の色温度が5 500～6 500Kで、朝日や夕日の色温度は約2 000K、裸電球などは3 200Kで赤味を帯びます。人間は、自分たちの生活を豊かにするためにさまざまな光源を生み出しました。裸電球・蛍光灯・水銀灯・LEDライトなどさまざまです。そして、人間の目は、曖昧に映る光を勝手に主観で補正する能力を備えています。しかしカメラは機械なのでその違いを克明に写し出します。写真撮影時に、太陽光に比べて裸電球や蛍光灯で撮影した場合とでは明らかに違った色に写ってしまう経験をした方は多いと思います。これらの現象は、カメラ設定や現像の際のホワイトバランスやグレーバランスを補正することで解消することができます。専用のカラーメーターもありますが、最も簡単な方法は、

1カットだけ、同じ光のときに白やグレーの紙を写しておくと、後の現像作業でホワイト・グレーバランス補正が、簡単にできます（図-3）。

白い紙を色々な光源で写してみてください。白い紙が、色温度数値が多いと青味を帯び、数値が少ないと赤味を帯びてきます。蛍光灯は主に、電球色：約3 000K、温白色：約3 000K、白色：4 200 K、昼白色：5 000K、昼光色：6 500Kで、LED照明もこれに準じています。特に、水槽のガラスは断面を見ればわかるように、多少グリーンがかっています。そして水、海の色は、空気中から見ると青から緑っぽく見えます（これは、水によって赤い色の光が吸収されることで起こり、深海の魚に赤い魚が多いのは届かない赤い光が反射しないので、目立たないせいだといわれています）。これらの色を補正して撮影すると、魚本来の色に近づくことができます。

図-3

ホワイト・グレーバランス補正グッズ

カードにはホワイト、グレー（反射率18%）、ブラックが印刷されています。

濡れても大丈夫なホワイトバランスセッター。

◉シャッタースピードと絞り、ISO感度の関係

小さな穴の大きさ（絞りf値）を通った光が、どれだけの瞬間（シャッタースピード 秒s）撮像素子に当たっていたかのバランスで、写真の明るさが決まります。絞りを開くほど（f値の数字は小さいと穴は大きい）ピントのいく範囲が前後に短くなって（被写界深度が浅く）明るくなります。シャッタースピードが速ければ速いほど動いている被写体は止まりますが、写真の露光量が不足するので写真は暗くなります（図-4）。

そのバランス（絞りやシャッタースピード）で撮影したいけれど、光が足りないという場合はISO感度を上げます。ただし、ISO感度を上げて光量を足りるように持っていく場合でも、上げ過ぎるとノイズが発生して粒子の粗い仕上がりになります。どのメーカーでも大概ISO感度を800以上に上げるとノイズが発生しやすくなります。ISO感度は100～800を基準目安としておくとよいでしょう。

手ブレ現象とピンボケの関係は、レンズによっても違うのですが、標準レンズ50 mmを手持ちで構えた場合、

図-4

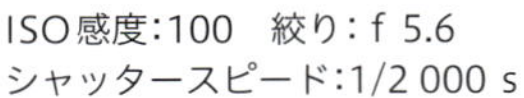

ISO感度:100　絞り：f 5.6
シャッタースピード:1/2 000 s

ISO感度:100　絞り：f 32
シャッタースピード:1/50 s

(A)(B)は、絞り値による被写界深度の比較例
レンズ焦点距離 55 mm（35 mm レンズ換算焦点距離 82 mm）で撮影。

(A) 開放値で撮影すると背景のビルはボケる。
(B) 絞り込むと背景まである程度シャープに写る。

※デジタルカメラの場合最小絞りまで絞り込む（絞り値を大きくする）と、回析現象を起こし、解像力の低下した鮮鋭感が損なわれた画像データになることがあるので、鮮鋭感が足りないと感じたら、絞りを多少開ける事で、改善される場合があります。

シャッタースピードが1/60s以下では止まっている被写体もブレてしまうことが多く、人を全身で画角に入れた場合はf 8～f 11くらいで撮影しておけば人物の大体の部分にピントが合っています。シャッタースピードが速ければ動く被写体は止まり、絞りを絞ればピントの合う範囲が広がると覚えておいて下さい。

◉撮影データの保存形式

写真の保存形式の拡張子には、JPG・TIF・RAW（写真データは画像情報+文字情報となるので各カメラメーカーによって保存形式は異なる）などがあります。

JPG 8 bitは、簡単に圧縮率を変えられるので、WEB、印刷などさまざまなメディアに対応し易いデータです。TIFは8 bit・16 bit・32 bitで、大きなデータ容量に向く保存形式で、主に印刷媒体などに使用されています。

カメラによっては、RAWデータで撮影可能な機種があります。RAWデータとは最も情報量が多い未現像のフィルムのようなもので、現像（後加工）次第で見た目通りの色に変えることのできるデータです。RAWデータで撮影可能な機種ならばぜひRAWで撮影しておくことをお勧めします。多少現像の手間はかかりますが、大きなデータを小さくすることは可能ですが小さなデータを大きくするのは目伸ばししかできません。

現場で観察して撮影する工夫

◉太陽の位置に注意する(順光と逆光)

昼間のメイン光は太陽の光です。太陽の位置がどこにあるのかによって、写真の写り方は変わります。

太陽を背にした場合が順光で、最も色が表現しやすく、被写体が、綺麗に写ります。反対に太陽が、被写体の後ろ側にある状態が逆光で、光が当たりづらく影になるので色の表現は乏しくなりますが、ドラマチックな映像を撮影することが、しやすい時間帯となります。

太陽の位置は時間によって刻々と変わっていきます。昼間は頭上に太陽があるので、さほど感じないかもしれませんが、朝夕は太陽の位置が低いので、その位置関係をカメラと被写体のどこに置くかで、写り方に格段の差が出ます。撮り方のコツとして、色を出したいなら順光、ドラマチックに撮りたいなら逆光もしくは朝夕のサイド光を利用する。自分のカメラを構えた位置と被写体の東西南北を把握しておくだけで、写真は変わります。また、冬の太陽の光は直進性が高まり、空気が澄んでいるので、影の暗部は夏より暗くなります。

◉水面の上から魚を撮る(PLフィルターの利用)

魚を水面上から見つけて採捕する場合、屋外の水面は波や風の影響で、乱反射していて難しいです。その時に役立つのが偏光サングラスです。偏光サングラスはある一定方向だけの光のみを目に運んでくれるので、水面の乱反射を抑えてある程度水中が見やすくなります。そこで役立つのが偏光サングラスと同じ仕組みのPLフィルターの利用で、カメラにPLフィルターを装着して回すと乱反射が抑えられて水中がくっきり写ります(図-5, 6)。

◉魚を見つける工夫(魚のキモチになれば…)

水中にいる魚を見つけるのは難しいことのように思えますが、慣れてくると意外と簡単にできます。

その方法の最も近道は、魚の気持ちで考えることです。まず、自分が10 cmの魚になったと考えてみてください。あなたの身長は何センチですか？　仮に170 cmなら、あなたは魚の17倍で、170 cm x 17=28.9 mとなり、魚にとっては巨大怪獣にしか思えません。その大きさの怪獣が突然近づいてきたらあなたならどうしますか？立ちすくむか、一目散に逃げ出すしかないでしょう。だから姿勢を低くして、見つからないようにゆっくり、そっと、

図-5
PLフィルター使用例 (A):PLフィルター無し。(B):PLフィルター有り。

図-6
水面の反射を抑えるPLフィルターとレンズ口径を変える変換アダプターリング。

図-7
離れたところからカメラを操作可能なリモートコマンダー RMT-DSLR2。

近づきます。その場に留まってじっとしているのも効果的です。魚たちは安全とわかれば意外と戻ってきます。リモートスイッチで隠れてシャッターを押すという方法もあります(図-7)。

◉魚を陸上に揚げ撮影する工夫(釣果写真など)

やはり、水面からでは何の魚だか判別しづらい場合があります。釣ったり、網などで魚を採捕して、横から見たアングルで撮影してみましょう。

地上に揚げて撮影するには下に白布やマット(100円ショップなどで購入)などを置いて水をかけ、冷やしてから撮影すると比較的暴れにくくなります。やや逆光ぎみに撮影すると魚の滑り感が出てカッコよく撮れます。水をかけるのは、魚の生息していた水温にできるだけ近づけるためです。水中は温度変化が少なく、特に夏場の地面の温度は気温以上に高いのです。人間でも、42℃で、

適温のお風呂が45℃に上がっただけで熱いと感じます。釣果写真などで魚を持っての撮影では、手を一旦水で冷やしてから、撮影するとよいでしょう。

また、魚を持った手を極力前に出して顔の近くまで持ち上げて撮影すると釣った魚が大きく見えます（図-8）。

図-8
スズキなどは、腹側を軽くさすってあげると、背鰭がピーンと立つ場合があります。

◉水中写真を撮影する

水中写真の撮影は、ボンベを背負って深く潜らなくても腰がつかる程度の水深に、意外と魚はいます（図-9）。箱メガネ（図-10）を利用したり、シュノーケルで防水仕様のコンパクトカメラ（図-11）やスマートフォンで撮ってみましょう。箱メガネを利用する場合は内側を艶消し黒で塗って、カメラのレンズはガラス面に当て、自分の体で影を作って撮影すると良いでしょう。水中カメラで潜って撮影する場合には、体を岩などで固定して、流れや波で動かない体勢を確保してください。

魚を上手くフレーミングするには、魚の進行方向側を広くとっておくと比較的センターに収まります。水の中では光の屈折率が違うので、小さな魚が大きく感じます。水中では空気中とは画角が違うので、レンズ選択も必然的に焦点距離が短かめのレンズになります。

図-9
進行方向側に回り込んで撮影した、膝下30㎝の水深にいるヨシノボリ。

図-10
写り込みをキャンセルするために、内側に黒マットスプレーを吹いた箱メガネ。

図-11
水中コンパクトカメラに、マクロ撮影に有効なフラッシュディフューザーを装着。

◉水槽や観察ケースに魚を入れて撮る

この方法が魚がわかりやすく、生きた色合いが出せる撮影になります。撮影時に一番注意することは、水を極力きれいにすること、撮影面のガラスやアクリルの水滴、指紋を拭き取り、自分やカメラが写らないように黒いコスチュームなどで工夫します。自分が影になるように、順光で撮影するのもよいでしょう。また、観察ケースの後ろ側は、空やなるべく離れた風景にしておけば、ピントがボケて比較的すっきりした撮影が可能です（図-12）。現場の水を利用してもよいのですが、夏場などは微生物等の浮遊物が浮いていることも多いので、日置きした水道水や、塩分濃度を調整した海水をペットボトルで少量持って行くことをお勧めします。このとき、ペットボトルに入れた水は海や川に沈め置き、自然の水温と同じになるように注意してください。

図-12
観察ケースにソウシハギを入れて空を背景にして撮影。

◉水槽や観察ケースに一工夫

ただ単に透明なケースだけだと、ケースの向こう側の背景が写り込んでしまいます。そこで、乳白のアクリル板で観察ケースの背景を白くしてみましょう。観察ケースの内寸に合わせてアクリル板をカットし、できたアクリル板に湯でアール（角度）を付け（図-13）、魚の写り込みがないようにマットスプレーを吹きます（図-14右）。

図-13
底の平らな鍋で沸騰したお湯の火を止め、アクリル板にアールを付けていく。

図-14
（左）アクリル用研磨剤
（右）アクリルクリアーマットスプレー

また、観察ケースはアクリル樹脂製の製品です。ガラスと違い平面性に乏しく傷付きやすいので、撮影面には傷が付かないように注意してください。もし、傷が付いたらアクリル用の研磨剤（図-14左）で磨くと細かな傷は、ある程度は無くなります。

◉被写体に寄って撮影する（マクロ撮影）

魚の同定には、鰭棘の本数や鱗の数が重要になる場合があります。また、小魚や稚魚にはマクロレンズがベストですが、安価に撮影するならクローズアップフィルターや接写リング（図-16）を利用する手もあります。接写撮影では拡大率の関係で、シャッターを押しただけでも、手ブレを起こす場合があるので、しっかりと三脚に固定して、レリーズを使って撮影してください（図-17）。

顕微鏡の接眼部分に、携帯やカメラのレンズを押し当て光軸に対して直角に固定すれば、顕微鏡で見える画像を撮影することも可能になります（図-15）。

スマートフォンやiPhoneでの撮影には接写用の商品も販売されています（図-18）。

◉記録取材撮影をする

同行者の集合写真などを撮影する場合は、肩が重なるくらい寄ってもらい、全員の顔が見えるように少し高い位置から撮影するとよいでしょう（図-19）。複数名の場合は、誰かしら瞬きで目が閉じるので、3ショット程度は撮影しておくことをお勧めします。

見つけた場所や時間帯、季節によって、同じ場所でもいる魚は違います。海や汽水域は潮の満干差によっても変わってきます。上げ潮なのか下げ潮（引き潮）なのか、タイドグラフにメモっておくのもお勧めです。

その場の風景や花なども一緒に撮影しておくとその魚がどんな時期に岸に寄ってきているのかが理解しやすくなると思います（図-20）。

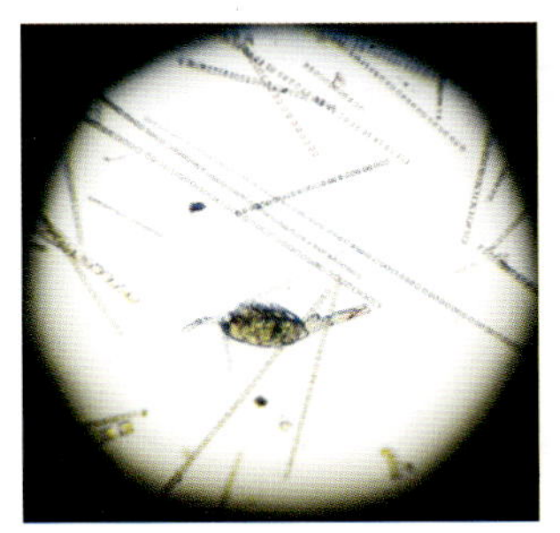

図-15
顕微鏡接眼部にカメラレンズを当て、光軸を合わせて撮影したプランクトン（珪藻類と橈脚類）。スマートフォンなどの撮影機能を利用しても撮影可能です。

図-16
レンズとカメラボディの間に装着して拡大率を変更可能な 接写リング 。2枚を組み合わせて、拡大率をさらに上げることができる。

図-19
高い位置から撮影することですべての人の顔が見えやすくなります。
（撮影協力：NPO法人　多摩川大師干潟ネットワーク（Schop100干潟調査会））

図-17
マクロ撮影の微妙な位置調整で、カメラを前後左右に動かせる雲台。マクロ撮影では、ほんの数ミリ動いただけでもブレが生じるので、雲台はカメラを固定する際の必需品。カメラボディ＋レンズの組み合わせで耐荷重は変化するので注意が必要。

図-18
全長15 mmのダンゴウオを付属のシャーレに海水を入れ、吸盤を下側からスマートフォンで観察しながら撮影。顕微鏡と違い数人のグループであれば同時に覗き込むことが可能で、動画撮影も可能なので、自然観察会などでは新たな発見が期待できる。青枠は、撮影したダンゴウオの吸盤写真。

図-20
彼岸の季節に計ったように咲く彼岸花。毎年の月平均気温は年度によって推移するが、陸上の植物と関連付けて考えることで、魚の産卵時期や接岸時期をある程度推測することができます。

COLUMN

持ち帰って観察して撮る

◉魚を水槽写真で撮る工夫

魚類の色や形は、生息する環境によってバリエーションに富み、ユニークな表情を見せてくれます。

ただ水中なので、空気中とは違った撮影方法が必要になる場合があります。清流や南の島の魚の写真は水中カメラマンやダイバーによって多く撮影されていますが、生活排水が多く流される場所に暮らす身近な魚類の写真は、水が濁っているために、意外と少ないのです。最も身近にいる魚類を撮影するには、どうしたらよいのか？ここではその撮影方法のヒントをご紹介します。

◉綺麗な環境を作る工夫（水を濾過する）

水槽の撮影に際して一番気を付けることは、ガラス面の清掃と水の濾過です。陸上では、レンズと被写体の間に存在するのは空気のみですが、水槽撮影の場合は、空気+ガラス+水の3点が存在するので、このガラスと水をいかに透明な状態に保つかが、重要になってきます。

水中ではチリやホコリがゆっくり移動するので、写真にはとても写りやすくなります。濾過水は撮影時に、酸素不足や汚れることがあり、多めに用意してください。

海水は、日置きした水道水に塩分濃度を調整して使用するのがベストですが、筆者は冬場の澄んだ海水や、沖釣りに出船した際に海水をポリタンクに汲んできて、コーヒーフィルターで濾過したものを、常時100ℓほど汲み置きしています（図-21）。

魚は白い水槽に入ることを好みません。ストロボなどの強い光が当たると脱糞したり、気絶してしまうこともあるので注意してください。

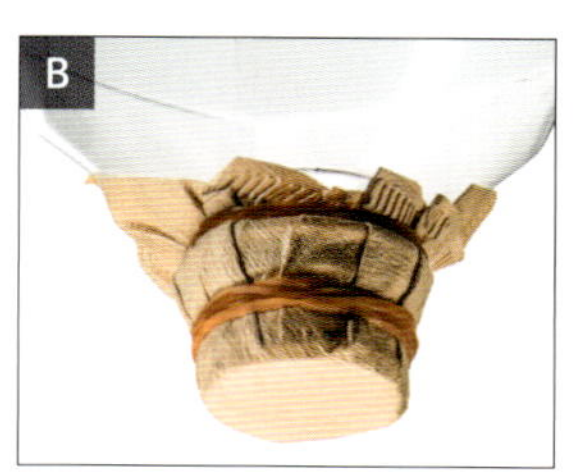

図-21

（A）底を切った焼酎ペットボトルを利用した濾過、コーヒーフィルターは目が詰まりやすいので、上側に粗いゴミ取り用の塗料用フィルターを置いています。

（B）底を切り取った焼酎のペットボトルにコーヒーフィルターを輪ゴムで固定。

採捕してから2日以上水槽で飼って、泥吐きをさせてから撮影するのがベストです。撮影時の水の汚れ具合は魚の鰓の後方をファインダーで覗くと容易にチェックできます。

◉環境を再現して撮影する工夫（ジオラマ写真）

水槽に、砂や石を入れて撮影すれば、彼らがどのような生活をしているのか、観察しながら撮影することができます（図-22）。彼らが水中で普段どのような体勢や場所を好んで生活しているかを把握できれば、撮影するカメラの構える場所や方向を決めることができ、新たな撮影方法を考え出す工夫に繋がります。

給餌に成功して慣れていれば、人が近づくだけで、魚たちは寄ってきますし、生きた小エビ類を投入することで捕食するシーンの撮影も可能になるでしょう。また、貴重な産卵シーンに出会える可能性も秘めています。

図-22
サビハゼを、飼育水槽に砂と岩を配置して撮影したジオラマ写真。

◉撮影用水槽にアレンジする工夫（スタジオ作り）

写真撮影は、日々独自の創意工夫が必要です。商業写真（広告）の分野では撮影する被写体（宝石・人物・車輌など）によって大きさの違うスタジオを手配し、撮影された写真も色バック、黒バック、背景有り、無し（白く飛ばしたキリヌキ用）などで、色々な工夫なされています。

筆者の写真を展示すると「どのようにして撮影されているのですか？」と、よく聞かれます。そのたびに「水槽スタジオで、モデル撮影をするようにライティングして撮影しています」とお答えするのですが、今現在、魚類専用スタジオは存在しませんので、筆者は、水槽をモデル撮影に使用するような白ホリゾントのスタジオ風にアレンジし、バックライトやフットライトを強くして、ストロボ撮影しています。色々な道具を駆使して水槽をアレンジするのですが、ここではそのアイデアとアレンジに使う道具をいくつか紹介します。

図-23
市販の水槽を利用して内側に乳白アクリル板を配して、魚の大きさに合わせて作った色々なサイズの水槽。

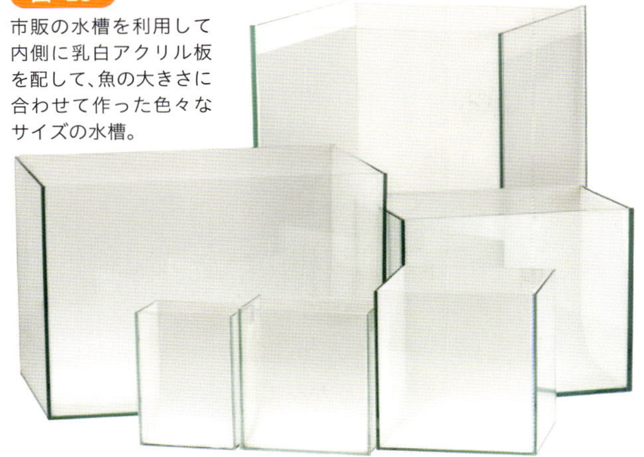

◉ベタ用水槽を利用する（小型種に合わせた水槽）

水槽は、やはりガラス製品の方が平面性に優れ、傷付きにくいので撮影に適していますが、あまり大きいサイズの水槽では被写体を追いづらく、フレームに収まらず、ピント合わせにも苦労します。

魚には気の毒ですが、狭い水槽に入ってもらい、ある程度の自由を奪いましょう。そこで、活用したいのが「ベタ用水槽」です。最近ではさまざまなサイズのベタ用水槽が売られています。左右幅が、Lサイズ（約15cm）・Mサイズ（約12cm）・Sサイズ（約9cm）程度の３サイズがあれば、手網で採捕できるような小型魚種は大体、撮影できます（図-23前列3個）。

小型魚種の撮影では、拡大率の関係で撮影側のガラス面に残った小さな水あとが写り、致命的な原因になることもあるので、細心の注意が必要です。海水には塩分が含まれているので、使い終わった水槽は真水で洗浄、乾燥させ、次回使用時にはメガネ拭きなどの布を使って、水あとの拭き残しがないかチェックしてください。

SSサイズ（約6 cm）以下のサイズを作るには、市販品のアレンジでは困難なため、ガラス店で薄めのガラス板をカットしてもらい、防水接着剤を利用して作ります。以下はそのようなときに役立つ道具の一部です（図-25）。目的に合わせて工夫してみてください。

図-24
Lサイズ（約15 cm）のベタ用水槽を利用して作った魚撮影スタジオ（水槽）。アクリル板をRに曲げる時は少し浅めのRにしておき上側をテープで固定しておくと魚種によってR角度が変更可能で、奥行きをさらに狭めることで、魚をカメラ側のガラス面に誘導できるので便利です。

図-25

(1) 通常のカッター刃より隅の作業がしやすい30° 刃カッター。

(2) 手の入りづらい小水槽用に使用する細身カッター。

(3) 精密ピンセット。

(4) 精密ツル首タイプピンセット。

(5) 底部内側に使用するカッター刃は、テープを巻いて使用する。

◉選別する（モデルオーディション）

海や川の魚は野生で、厳しい自然に適応して生きています。弱肉強食の世界では、成魚になるほど危険な目に何度も出会っているはずです。同魚種を何匹か採捕できたなら、魚を観察して傷みの少ない魚を撮影用に選別してみてください（図-26）。

魚は単独でいるよりも、ペアや複数匹の群れでいることが多いので、同時に何匹か採捕できるチャンスもあります。１匹を見つけたらその周りを注意深く探してください。意外とその近辺には同魚種が潜んでいます。また、魚にも個性があります。水槽に入れるとパニックになって暴れまくり、とまらない魚や隅っこでジッとして動かない魚などさまざまです。１魚種に３匹ぐらいつかまえられると撮影は楽になります（この個体差は種の特徴を捉えるうえで大事な要素です）。

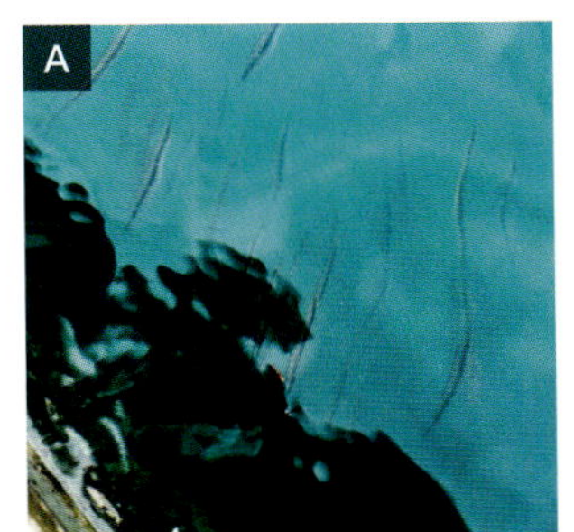

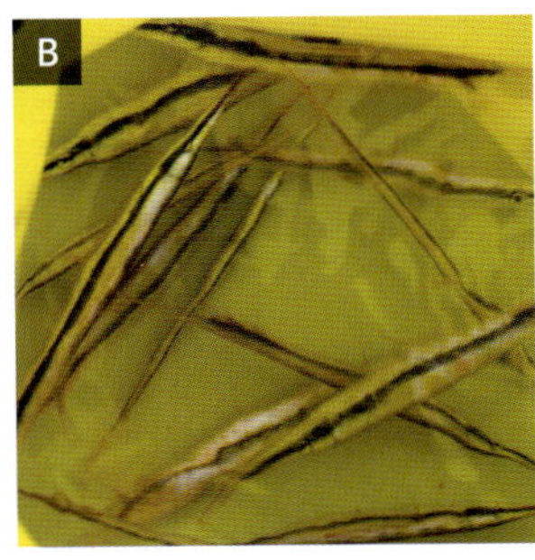

図-26
(A) 沖縄の漁港の隅にヘコアユを発見。白と黒の縦帯のように見えるのがヘコアユの群れ。
(B) 岸壁採集でヘコアユを採捕。網には30匹ほどのヘコアユが入ったが、状態のよい4匹のヘコアユを1匹ずつ小分けし、残りはリリースした。

COLUMN

水槽さかな撮影のさまざまな工夫

◉ストロボを使って撮影する（ライティング）

スチール撮影の最も優れた点は、何と言っても瞬間を止めて見せることができることです。ストロボの発光時間は一瞬です。閃光速度が速ければ速いほど、ブレの少ない写真が撮影可能になります。

ストロボで光量調整ができる機種は光量をなるべく落として使うと閃光速度が速くなります。一般の一眼レフカメラのX接点（ストロボなどの同調できるシャッタースピード）は、1/125～1/200s以下なので、それ以上にシャッタースピード速くするとシャッター膜のスリットが通り過ぎる前にレンズが閉じてしまうので、半分写ってないような写真になってしまうので注意が必要です。

乳白アクリル（ディフューザー）を透過した光は、拡散性が強くなり回り込みやすく、明暗差の少ない光がまわった状態の影が薄い画像になります。カメラ側や上側から生光（直進性のある光）を当てることで、その画像にメリハリをつけていくことが可能になります（図-27）。

また、下から光を加えることで、SF映画のような不思議な浮遊感を与えることが可能になります。

図-27
ストロボを魚の反射角から当ててギラギラ感を表現してみた。

スズキ目アジ科ブリ属
●標準和名：カンパチ　●漢字表記：間八
●英名：greater amberjack
●学名：*Seriola dumerili*（Risso, 1810）
●採捕日：2017年8月17日
●採捕場所：神奈川県・横浜市　●全長：84 mm

幼魚のうちは若干体高が高く、眼を通る暗色の斜帯がある。これを上から見ると「八」の字に見えることから間八（カンパチ）と呼ばれるようになった。全長1.5 mになる大型魚。

◉レンズ選択

記録写真のような場合は、被写体に自分が近づくよりも、長いレンズを使用して、撮影することで記録性が高まります。135 mmタイプの一眼レフカメラでの換算率では、50～80 mm程度が標準レンズ（人間の視野率に近い状態）になります。

被写体が歪まずに写るようにするには、標準レンズ以上の長い焦点距離のレンズを選択するとよいでしょう（図-28A）。逆にあえて広角レンズでパース感を与え、被写体本来の形に、歪み状態を意図的に加えることによって、迫力のある映像撮影が可能となります（図-28B）。

A

B

図-28
（A）200 mmレンズで撮影したカサゴ。
（B）50 mmレンズで動きと迫力を強調して撮影したカサゴ。

スズキ目メバル科カサゴ属
●標準和名：カサゴ　●漢字表記：笠子、瘡魚　●英名：false kelpfish
●学名：*Sebastiscus marmoratus*（Cuvier, 1829）
●撮影日2005年4月14日　●採捕場所：神奈川県・相模湾沖

胎生で12月～翌年2月に産仔する。仔魚は3.5～4.5 mmとかなり小さい。

◉ 現像加工白バックで撮影して切り抜く

白バックで切り抜き加工しておくことで、WEBや印刷媒体に使用でき、レイアウトも自由に変更できます。

魚の鰭は透明に見える個体も多いので、後ろや下から当てるライトの光量で調整します。目安は、手前から当てる光量から＋2段ほどオーバーにして発光させます。白いバックで撮影した画像でも、白レベルがゼロの背景に挿入すると、意外と画像が暗かったり、ネムイ画像

（コントラストの低い画像）だったりします。

白い背景に馴染ませるためには、レイヤーマスクを作って調整していきます。レイヤーマスクを作る場合には、仮の明るさコントラストレイヤーを1～3枚程度作って、画像のコントラストをフルに上げ明るさを暗くし、自動選択ツールで許容値10くらいで選択すると、意外と簡単に切り抜きマスクが制作できます（図-29B）。

図-29

A

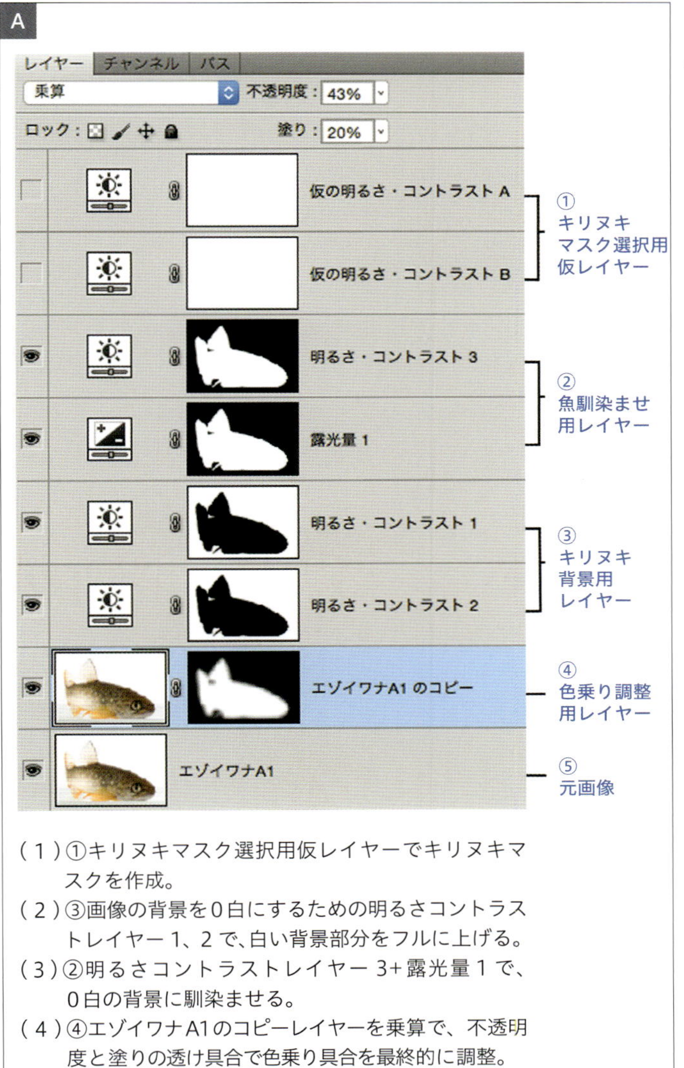

（1）①キリヌキマスク選択用仮レイヤーでキリヌキマスクを作成。
（2）③画像の背景を0白にするための明るさコントラストレイヤー1、2で、白い背景部分をフルに上げる。
（3）②明るさコントラストレイヤー 3+露光量1で、0白の背景に馴染ませる。
（4）④エゾイワナA1のコピーレイヤーを乗算で、不透明度と塗りの透け具合で色乗り具合を最終的に調整。

B

C

（B）①キリヌキ選択するために仮の明るさ・コントラストレイヤーA･Bで、透明な鰭を選択しやすくした画像。
（C）図-29A②と④のレイヤーで、透明な背鰭など最終的に色調整したエゾイワナの画像。

◉モニターの色調整をする

コンピュータのモニター画面はメーカーや機種、使用年数、設置場所の環境光などで変わってきます。カメラで取り込んだデータを処理するときには、極力同じモニターを使用することをお勧めします。また、使用年数による劣化を保つためには、キャリブレーション機器の使用をお勧めします。

◉撮影のデータ保存の工夫（バックアップ）

写真をデータとして保存する場合、出力機器や入力機器によっても色の表現性は変わります。カラーチャートを同ライティングで撮影して、別レイヤーで張り込んでおくと、どの機器でも調整が容易です（図-30）。RAWデータでは画像データと文字データ（XMP）が別々で保存されるので、筆者は、Photoshop LightroomでRAWデータをDNG形式に変換して保存しています。

写真をRAWやDNG形式で保存しておくとデータ量が多くなり、コンピュータの処理速度が低下する場合があるので、外付けハードディスクに写真データを移しておくとよいでしょう（図-31A）。もし使っているコンピュータがクラッシュしても、外付けハードディスクに移しておけば安心です。最近のハードディスクは大容量保存が可能です。このような大容量の外付けハードディスクの場合は購入時にパーテーションで2～3個に区切って使用すれば、トラブルが生じた場合にはそのエリアだけをチェックすれば済むのでお勧めです（図-31B）。最も残しておきたいデータに関しては、インターネット経由で各社のクラウドサービスに保存してバックアップを残しておくのが安全です。

図-30

同ライティングで同じ色を合わせるために使用するカラーチャート。

A

B

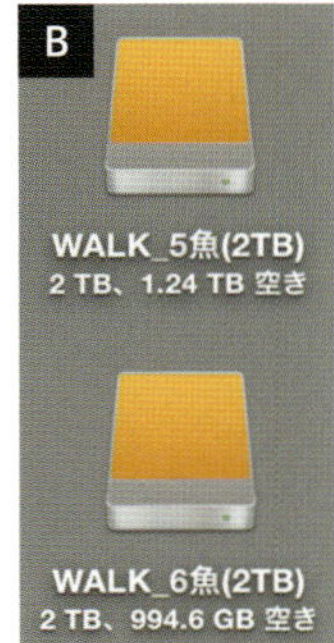

図-31

（A）写真上が作業用外付けハードディスク。下2つがデータ保存用。（B）その1つを別パーテーションで区切って使用。

図-32

A 少しずつピントをずらして撮影した画像の抜粋。

B 10枚のピントをずらした画像をPhotoshopで合成した画像。

カレイ目ササウシノシタ科
セトウシノシタ属
●標準和名：セトウシノシタ
●漢字表記：瀬戸牛之舌
●英名：wavyband sole
●学名：*Pseudaesopia japonica*（Bleeker, 1860）
●撮影日：2016年9月2日
●採捕場所：神奈川県・横浜市
●全長：71 mm

やや深い砂・泥底に生息する。シマウシノシタなどに似るが、尾は背鰭・臀鰭と基部でわずかに繋がることで識別可能。

◉ピントの深い写真を撮影する工夫（深度合成加工）

マクロレンズや望遠レンズを使用すると、拡大率の関係でどうしてもピントのくる範囲が浅くなってしまいます。生きた魚でこの作業をするのは難しいのですが、少しずつピントをずらした画像（図-32A）を複数枚撮影して１枚に合成することで頭から尾鰭までピントが合った画像（図-32B）を作ることができます。ジッとしている魚がいれば是非トライしてみてください。また、昆虫の世界では、深度合成した画像を6方向から撮影して、3Dマッピングに貼り付けて、どの角度からでも見られる技術開発も行われていて、近い将来にはネットアクセス可能な博物図鑑が、見られる可能性も秘めています。

図-33

通常の状態では、木の実に模倣したかのように見える。襲われた時の膨らんだ状態は、網などで覆うことで撮影できる。このような、習性を利用した撮影の仕方もある。

フグ目ハリセンボン科ハリセンボン属
●標準和名：ハリセンボン　●漢字表記：針千本
●英名：longspined porcupinefish
●学名：*Diodon holocanthus* Linnaeus, 1758
●採捕日：2017年8月10日　●採捕場所：神奈川県・横浜市
●全長：47 mm

幼魚は日本海などで集団で現れ、冬に打ち上げられることがある。ハリセンボンの名は体の棘に由来するが、実際には300～400本台といわれている。ハリセンボン属は世界で5種が知られ、そのうちの4種が日本に産する。

図-34

ユメカサゴの表情。シャッターを押すタイミングは、ユメカサゴの呼吸に合わせ、口や鰓の動きを観察しながら、撮影するとよいでしょう。カメラアングルの上下左右ちょっとした違いで、多彩な表情を見せてくれます。

スズキ目メバル科ユメカサゴ属
●標準和名：ユメカサゴ　●漢字表記：夢笠子
●学名：*Helicolenus hilgendorfii* (Döderlein, 1884)
●撮影日：2017年1月25日　●採捕場所：東京湾　●全長：220 mm

水深150～500 mの砂泥底に棲む。卵胎生で1～3月ごろに産仔するといわれている。

◉表情を表現する工夫（アングルや習性利用）

目と口があれば、大概の生物は擬人化して見えてきます。魚の口はへの字に曲がっていることが多いので、下から見ればへの字ですが、多少上から見れば逆への字になって笑ったように写ります。鰓呼吸のタイミングに合わせてシャッターを切れば、膨らんだ顔と痩せた顔の輪郭によっても、別な印象を与えることができます（図-34）。

水槽内に水流を作ることでナチュラルな泳ぎを演出させた写真を撮影することも可能になります。

また、ハリセンボン（図-33）のようなフグ科魚類などは、襲われた時などに膨らむ習性を利用して、網などで覆ってみることで、普段とは違う表情を作り出すこともできます。ルリスズメダイやシイラなどは体色を変化させるので、被写体としては面白い魚類になります。

◉複数で撮影する工夫（雌雄のペアや群れ）

1匹だけを撮影用水槽に入れて撮るよりも、複数匹の魚を同時に入れることで、魚たちの恐怖心が薄れて、よい表情を撮影できる場合があります。このときの注意点は、全体ではなく1匹に集中して追いかけて見ることです。撮影前に、傷み具合や行動パターンなどをよく観察して把握しておくことで、よりよい撮影ができます。

雌雄であったり群れであったり、複数匹の魚を撮影すると、1匹で撮影していたときとはまったく違った意味合いと価値観の写真撮影を可能にします（図-35, 36）。ただし、1匹の場合よりも水の酸素消費量が多くなり、小まめな水替えやゴミ取り作業も大変になるのは覚悟してください。

図-35

2匹を同じ水槽に入れることで緊張がほぐれ、表情が和らぐ。

スズキ目カジカ科イダテンカジカ属
●標準和名：イダテンカジカ　●漢字表記：韋駄天鰍
●学名：*Ocynectes maschalis* Jordan & Starks, 1904
●採捕日：2017年8月14日　●採捕場所：神奈川県・横須賀市
●全長：55 mm

沿岸岩礁域や海草・海藻帯に生息する。頭部背面には房状の皮弁が3対見られることなどが特徴。

図-36

ボラの幼魚が、群れている状態は、お互いがぶつからない程度の距離感であり、全匹がカメラ目線なのはカメラ側を警戒しているのかもしれません。

ボラ目ボラ科ボラ属
●標準和名：ボラ　●漢字表記：鯔
●学名：*Mugil cephalus cephalus* Linnaeus, 1758
●採捕日：2016年11月11日　●採捕場所：神奈川県・千葉市
●全長：100～150 mm

ボラは色彩感覚を有し、眼がよいことでも有名である。JAS法が厳しくなかった時代には「マダイ」と詐称してボラの切り身が流通していたこともあり、美味。

COLUMN

撮影にあると便利なグッズの紹介

筆者が撮影時に重宝しているグッズを挙げておきます。専門的な機材でなくても、日常で使っているもので、充分撮影を助けてくれます。

拡大ミラー

ライトの反射を利用して補助光として当てるのに使用。ライトを当てるよりもバランスがとりやすい。

ハレ切り板

厚紙に黒ウールペーパーを貼った、逆光のハレーション防止板。

黒布（黒ベッチン）

ほぼ、無反射に近い状態で光を吸収してくれる水槽撮影の黒スタジオには欠かせない一品。壁に張ったり、カメラ側で筆者の体を隠すために使用する。

竹串と薄く削った竹箸

ガラス面に付着した気泡を取るのに使用する以外に､魚の向きを変えるのに使用する。筆者は、魚用の調教棒と呼んでいる。

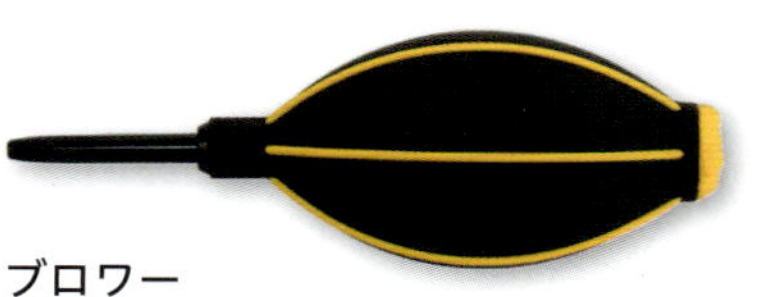

ブロワー

レンズや水槽のホコリを取ったり、水面を波立たせるのに使用。

筆

魚を移し替える際に付着した気泡を取り除く時や、小さなゴミを取ったりする時（特に鱗のないカワハギやサメ､アナゴなど）に使用。

ゴミ取り網

魚が吐き出したゴミなどを取り除く時に使います。

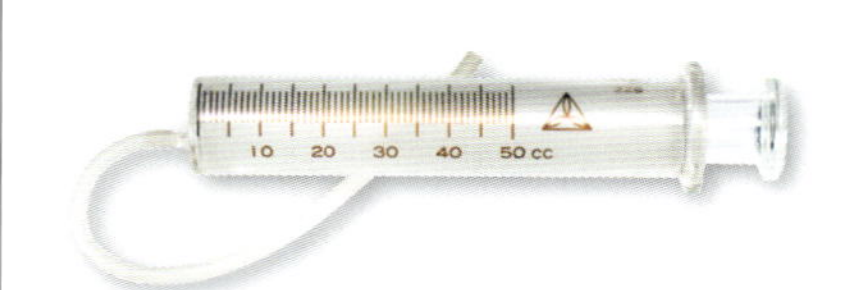

注射器

注射器の先にエアーチューブを付けて、沈んだゴミを吸い取る他、微妙な水量の調節や水流を作ったりします。

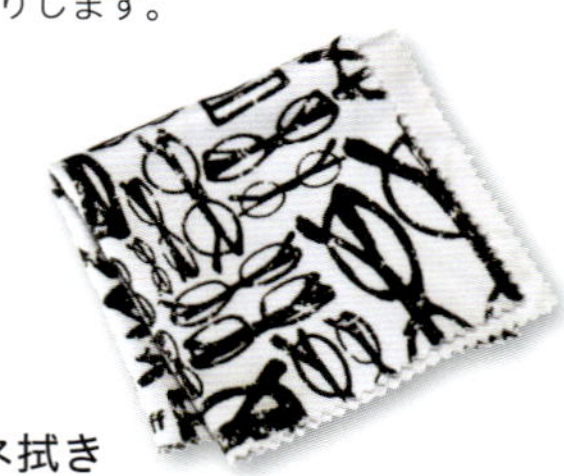

メガネ拭き

ガラスの水あと除去に使用。海水の場合はキッチンペーパーで拭き取った後に使用。

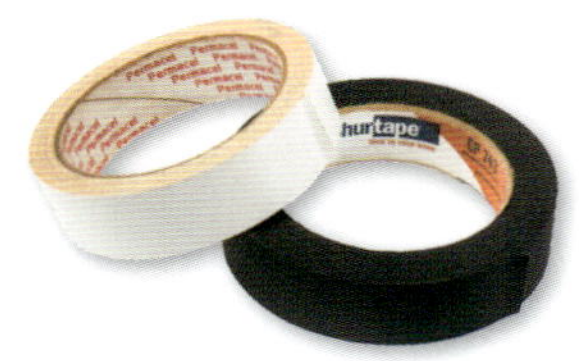

白テープ･黒テープ

粘着剤が残りにくく比較的熱にも強い撮影用パーマセル白黒テープは、たとえば水槽に写り込むカメラのロゴを隠したりする時に使用。

コンパクトタイプのLED

懐中電灯は、補助光としても使える。最近のルーメン表示は､購入の際に､明るさ指針になる。

ライトフィルター

光の色、拡散性や露出調整などに使用。ディヒューザー（光を拡散させるもの）類はトレーシングペーパー、エアーパッキンなどで代用することもできる。

透明アクリル板

水槽を浮かせて、下からライトを当てたりする際に使用。

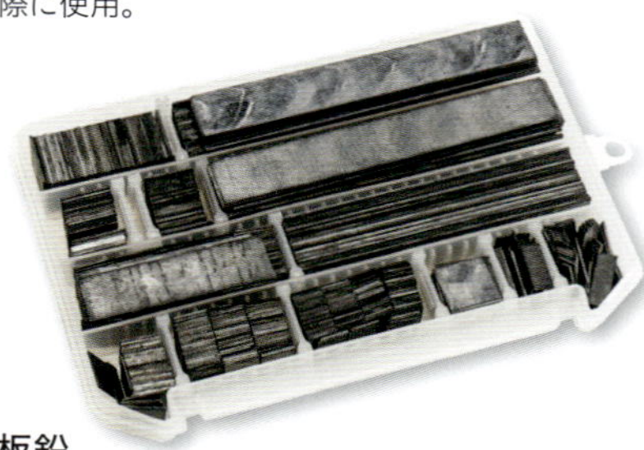

板鉛

水中で、さまざまな固定用テープで巻いて錘に使う。空き缶に入れて溶かし、型に流し込んで固まりにして使うこともできる（ただし､加熱する場合はガスが発生するので注意が必要）。写真は活版印刷の際に使用された板鉛をネット販売にて購入。

上記のように、撮影に必要な機材は、なにもカメラやストロボだけではありません。むしろ、このようなグッズを考え出すことの方が重要だったりします。まず、自分が撮りたい写真を確実にイメージし、そのイメージを具体化するにはどう撮影すればよいのか考えることが重要なのです。筆者は、写真撮影において準備さえしっかりしていれば、誰がシャッターを押しても仕上がりはある程度同じようになると考えています。皆さんも、創意工夫を凝らして、水槽さかな写真の世界を楽しんでいただけたらと思います。

6章

「魚博士になろう」好きから学問へ

本格的な魚類学を学べる場所から、
情報交換できる場まで、幅広い選択肢がある。

アカメバル

「魚博士になろう」好きから学問へ

“好き”を生かせる道はたくさんある

「魚のことをもっと知りたい！」という好奇心の方向性は人によってさまざまでしょう。学びを追及して学者になる人もいますし、漁師や水産関係の会社に進む人、釣り具を開発する人、観賞魚や水族館の飼育員から釣り雑誌や新聞の記者まで、“好き”を仕事にする道は多様です。

筆者の場合、魚の多様性に魅せられ、その解明と保全を追究するために大学、大学院の修士課程、そして博士課程へと進み、博士号を取得し、博物館の研究員を経て、大学教員への道を歩むことになりました。魚好きが高じて、魚の研究を仕事にすることは確かに可能なのだと、身をもってお伝えすることができます。そして、それは実力だけではなく、運の要素もかなり大きいものだという実感もともなっています。

しかし就業の難しさなどもあり、私の同級生では、博士課程まで進学する人はとても少なく、大半の人が企業や官公庁に就職しました。

そのような同級生、先輩や後輩も、休日を利用して継続的に生物との出会いを楽しみ、自身の興味・関心を追究している方は少なくありません。研究職に就かなくても、在野の研究者として活躍することは充分に可能です。

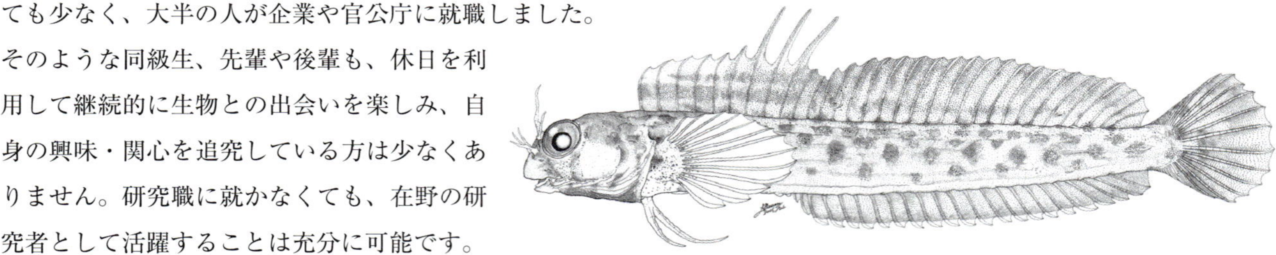

マダラギンポのスケッチ
村瀬 敦宣博士は、大学・学部の卒業論文においてはマダラギンポの新種記載に取り組み『Ichthyological Research』誌に発表した。その時に描画したホロタイプ標本のスケッチ。新種記載に憧れを抱く方は少なくないかもしれない。この事例のように、大学の卒業論文で魚類分類学に取り組み、見事に新種記載を成し遂げた方もいる。（イラスト：村瀬 敦宣）

漁師さんや水産会社はもちろんのこと、教育やマスメディアで魚を題材に取り扱う機会のような実学的な部分では、むしろ生物学分野の研究者よりも、その魚との関わりや接点ついて探究できる場にいる方も少なくないように思われます。

愛好家やマニアという壁を越えて、研究者・学者、あるいは在野の市民科学者（アマチュア研究者）となれるかどうかは、「学術的な貢献の可否」が一つの判断の尺度になってきます。つまり、自身の興味・関心を他者と共有したいという想いを、科学的な方法論に則って公表できるのか、あるいは個人的に満足するに留まるかの違いといってもよいでしょう。

客観的なデータ収集や緻密な論理構成のできる作文能力は、一筋縄では会得できない技かもしれませんが、科学の研究は一人でなし得ないものも多く、むしろ研究者同士や研究者と市民科学者とが手を取り合って初めて到達できる知見というものもあります。そのためにも、同じ志や興味関心を有する仲間との共感の輪を広げていくことが極めて大事なのです。

市民科学者（アマチュア研究者）になる

“Citizen Science”（市民科学）とは、「市民の科学への参画」を経た新興のアプローチ方法であり、学術領域です。専門家のみの力ではデータ収集できない身近な環境問題を解決するため、有志の市民が協力するという趣が強いかもしれません。

市民科学の意欲的な参加者については、“市民科学者”（citizen scientist）という表現が用いられます。日本では、アマチュア研究者などと呼ばれてきた人たちが該当します。市民科学という概念は、情報科学分野の発達にともなって近年急速に欧米を中心に広がってきたものです。しかし、その歴史は科学の成立とも繋がるほど古く、日本においても飛鳥時代（600年代）から続く桜の開花日の記録に始まるように、従来から市民による探究・学究が生物多様性領域でも行われてきました。魚類についても同様であり、身近な自然を専門家よりも詳しく記録できる市民の目に、その未来がかかっている分野といえます。

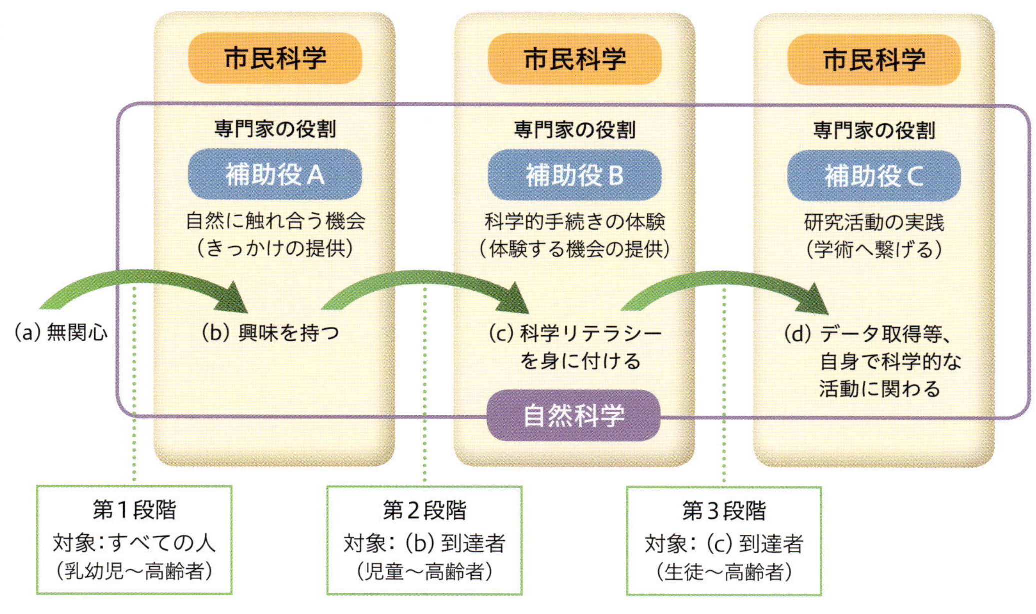

図6-1
“市民科学”の意義
市民科学とは、有志の市民が専門家に協力するということだけでなく、図のように一般市民が無関心から関心（リテラシーの取得）へと理解を深めていく段階まで、すべての状態を「市民科学」と呼ぶことができる。専門家は、市民の関心や理解の段階(a)〜(d)に応じて、補助役A〜Cの適切な関わりを持つ。

図6-1は、2016年11月発行の『保全生態学研究』第21巻2号243〜248頁に掲載された「“市民科学”が持つ意義を多様な視点から再考する」（著者：佐々木 宏展・大西 亘・大澤 剛士）において、第1〜3段階のいずれについても市民科学として捉えられるという意見を筆者が改変して示したものです（2018年5月発行の『保全生態学研究』第23巻1号167〜176頁に掲載の筆者論文も参照）。

第1段階を進むためには、無関心から興味を持つようになるための経験や知識の獲得が必要です。このきっかけの提供は、乳幼児であれば保護者や保育者が果たす役割が大きいでしょうし、それ以上の年齢層では友人・知人・教員などの幅広い方がその役割を担うことになるでしょう。次いで第2段階を進むためには、科学的な体験が重要となりますが、これには論理的な文章の読み書きや数学・理学的なものの見方の習得が必須です。したがって、中等教育や高等教育機関の果たす役割は極めて大きいといえるでしょう。最終的な第3段階を歩むにあたっては、高等教育機関や生涯学習機関がその育成を担うことになります。

図6-2
魚類写真資料データベース：
https://www.kahaku.go.jp/research/db/zoology/photoDB/
神奈川県立生命の星・地球博物館の魚類写真資料データベースの一部は、国立科学博物館との協働によってWEB上にも公開されており、その参照が可能。

魚類写真資料データベース　Database for Aquatic-vertebrate Science

[トップへ戻る]　[UODAS] [日本産淡水魚分布データベース]

このデータベースは神奈川県立生命の星・地球博物館の魚類写真資料データベースに登録されている画像に基づいて構築されています。また、データの検索機能は同博物館と国立科学博物館の共同作業によって開発されました。

新着情報
・2017年3月 画像を5,000件追加し、収録件数は104,195件となりました。
・2016年3月 画像を5,000件追加し、収録件数は99,195件となりました。
・2015年3月 画像を5,000件追加し、収録件数は94,195件となりました。
・2014年3月 画像を5,000件追加し、収録件数は89,195件となりました。

特徴
このデータベースは魚類の生態写真や標本写真から構成されています。魚類は種類ごとに独自の色彩をもっています。しかし、色彩は標本になるとすぐに消えてしまいます。このため生態写真や採集直後の標本写真は分類学的研究に欠かせない資料となっています。また、サンゴ礁性魚類をはじめとして、多くの魚類は美しい色彩や特徴のある色彩をもっています。そして、魚類の中には水中で興味深い生態を示す種類もいます。このデータベースを通じて、魚類の美しい姿やちょっと変わった姿を知っていただけることと思います。

たとえば、日本自然保護協会のような非営利団体が主催する自然観察会への参加や、博物館の公開講座やボランティア活動への参加などをお勧めします。自然観察の方法や知識の習得について効率よく学ぶことができますし、このような場には、同じ興味・関心を持つさまざまなバックグラウンドを有する方々が集まっており、貴重な出会いの場ともなります。そこからさらに一歩進み、自身が自然観察指導員になることを挑戦してみたり、教育研究機関の研究者と協働したりなどといった展開も可能です。一例として、神奈川県立生命の星・地球博物館では、魚類写真資料データベースへの情報集積は、スキューバダイビングの愛好家による貢献度が大きくなっています(図6-2)。

教育研究機関への進学(大学・専門学校)

最高学府としての高等教育機関は、人類全体で新たな知を共有する過程を学び、実践できる場です。大学・専門学校によってその特色は大きく異なります。どのような学術領域であったとしても、魚類学と無縁とは言い切れません。しかし、いわゆる理系の学部・学科の方が、魚類はより身近な対象となるでしょう。代表的な学部・学科の名称としては、「農学」、「生物資源学」、「水産学」、「海洋学」、「理学」や「環境学」などが挙げられます。

たとえば北海道大学や東京海洋大学などのように、実習船を持っている大学では乗船実習が経験できる学科も設けられています。また、入る大学・学部・学科によって異なりますが、指定された科目を修得できれば、中学校教諭一種免許状(理科)、高等学校教諭一種免許状(理科・水産)、食品衛生責任者、スキューバダイビングライセンスなどの資格が取得できる他、学芸員、食品衛生管理者、飼料製造管理者、環境衛生監視員などの任用資格の取得が見込めます。つまり、博物館への就職、中学・高等学校の理科の教員や、食品・薬品メーカーの研究開発など、資格の取得によって仕事の選択肢も変わってきます。

学校によって、また在籍する教員によってもその教育や研究の特色は異なります。総合大学なのか、単科大学・専門学校なのかで、友人の繋がり方も変わってくることもあります。時代として産官学の連携は、どの高等教育機関でも求められるようになってきました。大学の寄附講座のような形で食品・水産会社との繋がりを有している場合や、教員個人で産官学連携を進めているケースもあります。

大学院(修士・博士)

通常、大学院は、前半2年間の修士課程(あるいは博士前期課程)、及び後半3年間の博士課程(あるいは博士後期課程)という二つのパートに分かれています。修士課程を修了すると、修士号の学位が授与され、博士課程を修了すると、博士号の学位が授与されます。

大学院は、一人で研究を進められるようになるための修行の場といえます。一般的に、修士課程では新知見を学術的にとりまとめ、人類の共有財産とするまでの過程が一通り経験できるはずです。次の博士課程では、単に新知見を報告するだけではなく、一つの大きなテーマを持って体系的な研究を行う必要があります。したがって、自身の興味・関心があることを突き詰めていくような研究テーマを持てるかどうかが、その成就に大きく関わってきます。純粋な好奇心こそが博士課程の研究を進めるうえで最も重要な条件といっても過言ではないでしょう。

博士論文の審査に入る前に、大学院によって求められる数や媒体は異なりますが、学術雑誌での査読を経た論文の公表が求められます。博士課程では、独りでも研究論文を発表できる下地を整えるだけでなく、大枠の目標を持った研究プロジェクトの遂行を可能にする人材を育てる場といえるでしょう。

図6-3

宮崎大学農学部附属フィールド科学教育研究センター延岡フィールド(水産実験所)では、門川町や門川・庵川漁業協同組合との協働事業で2019年3月までの発行を目指した魚類図鑑の制作が進行している。このポスターは、宮崎大学の第13回清花祭においてフィールド科学教育研究センアーのブースで販売されたもので、事業成果の一部を含む。

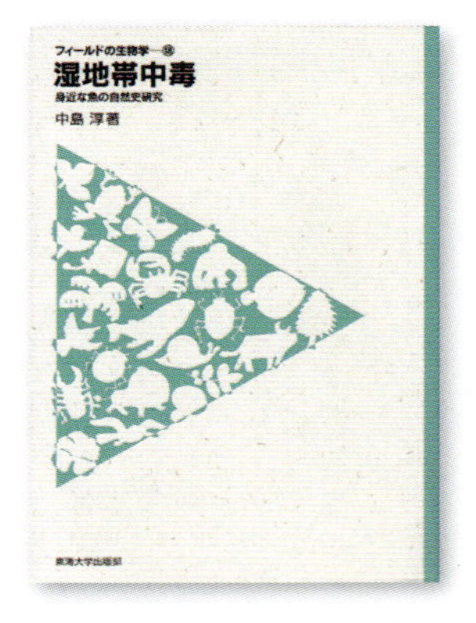

2015年10月に東海大学出版部より発行された『湿地帯中毒 身近な魚の自然史研究』(著者:中島 淳)。著者の博士論文『カマツカ *Pseudogobio esocinus esocinus* の自然史』における取り組みについて、卒業論文から博士課程修了後の研究も含めた部始終が面白くまとめられている良書。

筆者の博士論文『朱太川水系の魚類相およびその保全・再生の課題』については、2015年6月に東京大学出版会より発行された『保全生態学の挑戦 空間と時間のとらえ方』の第五章「河川のつながり 淡水魚類の移動と分散」に簡潔にまとめて紹介した。

教育機関や研究機関で働く

魚類に関する研究を仕事にできる教育機関や研究機関は多岐にわたります。中等・高等教育機関、研究所、博物館、公的なシンクタンクなどが挙げられるでしょう。専門士や学士号の取得で就職が可能な場合もありますが、その多くで修士号ないし博士号の取得が条件とされています。特に専門性が高い教育研究機関では、博士号の取得が必須の条件とされるところもあります。いずれも人気の職種で、狭き門といえるでしょう。

教育機関：中等教育機関の教員になるためには、大学で教職課程の指定単位を修得し、教員免許状を取得しなければなりません（大学や大学院などの高等教育機関の場合、修士号や博士号は必須の条件とならないこともあります）。教職に就きながら、休日を利用した研究活動を続けることはもちろん可能です。むしろ、生徒と一緒になった課外活動の展開や理科教育の領域のように、職業を活かした魚類の研究に取り組み、展開していくことも一興です。

研究機関：海洋研究開発機構（JAMSTEC）、国立環境研究所（NIES）や水産研究・教育機構（FRA）のような国立研究開発法人の各研究所では、研究職に就くためには基本的に博士号の取得が必須です。公務員試験はなく、研究業績や研究計画書といった部分が採用の可否を決める要素となることが多いです。なお、都道府県やそれよりも下位の自治体にも水産や環境に関わる各研究所が設置されていることがあり、そこも魚類の研究を仕事で続けられる場となり得ます。これらの地方の研究所は、上記の機関と異なり修士号の取得で研究業績を問われずに入職できるケースも珍しくありませんが、公務員試験の受験が必要となることがほとんどです。

シンクタンク：環境省自然環境局の生物多様性センターや、千葉県環境生活部自然保護課の生物多様性センターなどのような国公立のシンクタンクも、数は少ないですが、研究を仕事の一部にできる可能性があります。これらの機関に勤めるにあたっては、修士または博士課程を修了していることが条件になることが多いです。また、ほとんどの場合で公務員試験を受験しなければなりません。他方、専門士や学士でも就職が可能な民間のシンクタンクや環境コンサルタントでも魚類調査が仕事として入ることもあります。しかし、取得したデータは顧客のものとなるだけでなく、守秘義務が発生することが一般的です。そのため、業務で調査はできますが、研究成果の公表は難しい職種です。

博物館：博物館法では、水族館や動物園も博物館に含まれ、その形態によって登録博物館、博物館相当施設、及び博物館類似施設の三種に分けられます。公立博物館への就職は、やはり公務員試験の受験が必要になりますが、研究職の場合は一般の公務員試験を経ない特別な採用形態の場合もあり得ます。規模の大きな博物館では、その学芸員や研究員になるためには最低でも修士号の取得が、場合によっては博士号の取得が条件に課される場合もありますが、小規模の博物館の場合は専門士や学士でも採用されることがあります。また、博物館相当施設や博物館類似施設の場合は、民間による経営が行われているところも多く、その採用プロセスは多様です。ただし、民間経営の場合は研究職が設けられていないことがほとんどです。高等学校卒業や専門士・短期大学士でも就職可能な場が用意されており、工夫すれば魚類の研究を仕事にできる場面もあるかもしれません。

魚に関わる職種に就く

魚類と関われる仕事も多岐にわたります。たとえば水産業をとってみても、漁師から養殖業、仲卸業、加工業や小売店などさまざまです。観賞魚を取り扱うペット業界、釣りをはじめとした遊漁を取り扱うレジャー業界、出版・新聞・テレビ・広告業界などのマスメディア、その他にも教育業界、医薬品開発、飲食業、行政など、さまざまな業界で魚類と関わることができます。

こうした魚類や水環境と関わる産業がどう発展するかで、今後の魚類の持続可能な利用の可否に大きく影響が出てきます。たとえば、埋立地の造成は、工場や宅地を建てられるようになる一方で、同時に魚の生息場所がその分失われています。漁獲量が増えると魚を安価で食べられる代わりに、乱獲の場合は特定の魚種の絶滅を招く可能性もあるでしょう。魚類が好きで、魚と関わる仕事に就けることはとても幸せなことです。そして、魚類や水環境に大きな影響を与える立場にもなります。より敏感に生態系サービス*の源泉である生物多様性*の保全、持続可能性*について意識をしていかなければなりません。

昨今では、地球規模での人口の急増と自然資源の急減が目に見える形で進行していることを受けて、地球環境保全や人権保護のために「ESG投資」(環境：Environment、社会：Social、ガバナンス：Governanceに真摯な取り組みを行っている企業に投資する仕組み)が急速に広大しています。いずれの産業も自然環境の負荷を考えないわけにはいかない時代が訪れています。休日に水辺に出かける機会を持つだけでなく、直接的・間接的な魚類や水環境との繋がりについて、さまざまな業界で働く方やサービスの消費者が考える機会を持つようになるだけでも、社会的な意義は大きなものとなります。

海外で活躍する

世界的には人口増加の一途を辿っており、地球規模で自然環境の著しい喪失が進行しています。産官学のすべての領域で自然環境に関わる仕事は増加していくことでしょう。国内では人口減少や高齢化問題を抱えているため、むしろ留学や海外における就職を視野に入れていくと選択肢が大きく広がることは間違いありません。

また、たとえば国際協力機構(JICA)の青年海外協力隊で「生態調査」の募集があったり、日本学術振興会の海外特別研究員制度が設けられていたりなど、国内の大学院を修了、あるいは教育研究機関に所属している場合でも、海外に挑戦できるチャンスが設けられています。さらに、国内の機関や企業に勤務していながら、出張業務で海外をフィールドとすることもできるかもしれません。

*

生態系サービス
物質生産、分解や気候調整などの生態系が持つあらゆる機能のうち、直接的・間接的に人間に恩恵をもたらすもので、以下の4つに類型化される。基盤サービス(supporting services)：土壌の形成、光合成による物質生産、野生植物の授粉、分解など、生態系を成立・維持させる働き。供給サービス(provisional services)：食品、薬品、建材、繊維、燃料、水など、物質の提供。調整サービス(regulating services)：気候調整、水の浄化、作物の授粉など、非物質的な制御・調節。文化的サービス(cultural services)：美しい景色、癒し、教育の機会・教材、バイオミミクリーなど、情報が人間・社会にもたらす恩恵。

生物多様性
すべての生物の間の変異性を指す概念。種内の遺伝的多様性、種の多様性、生態系の多様性を含む。1992年の地球サミット(国連環境開発会議)において採択された生物多様性条約によって、生物多様性の構成要素の持続可能な利用や遺伝資源の利用から生ずる利益の公正かつ衡平な配分は、世界共通の目標として掲げられている。

持続可能性
自然資源の持続可能な利用のあり方が問われる時代となった。生物資源は再生可能な資源であり、資源量が維持される適切な利用方法であれば持続的であるとみなされる(再生不可能な絶滅や、絶滅のおそれを高めるような乱獲や生息地の破壊などが伴うことは持続可能な利用とはみなされない)。石油のような再生不可能な有限の資源については、その資源が枯渇するまでに代替技術・資源の開発を進め、再生可能な資源への移行を前提とすることが求められている。

未来の市民科学者に求められる姿勢

我々はまだ水環境や魚類のことはほとんどわかっていないといっても過言ではありません。生態がわからない種の方が、わかっている種よりもはるかに多く、未発見の種も少なくないでしょう。研究されるべき分野や課題は山積みで、その可能性は無限大といえます。しかし、一方で忘れてはならない厳しい現実もあります。

図6-4(1)は、国際自然保護連合(IUCN)による絶滅危惧種のレッドリストを簡単に取りまとめた冊子で、図6-5(1)は日本の環境省によるレッドリストのカテゴリーです。地球上で生じている生物の絶滅の速度は、現在のさらに10倍に加速するという試算もあります。このままでは将来、世界的にも私たちはますます多くの生物種を利用できなくなっていくでしょう。特に淡水魚は危機的な状況にあります。何とか少しでも絶滅種や絶滅危惧種を減らしていくための知恵、といった解の無い問いに答えていけるような柔軟で強固な創造性、他者との共感、客観的な判断のための理性、といった能力が求められています。

それには、研究者だけでなく、企業、官公庁や住民との連携がますます重要な世の中になっていくことは必至です。人類全員が市民科学者となって、純粋な生物学的な探究に加えて、社会的な課題の解決へも道を歩めるような社会を理想として思い描いています。

(1)

(2)

図6-4

絶滅危惧種の選定は、最も広いスケールとして、国際自然保護連合(IUCN)による地球規模のレベルの評価が実施されている(1)。日本では、それに次いで環境省による国レベル(2)、そして都道府県レベルで実施されている他、さらに市町村レベルなどの小スケールでも行われているケースもある。

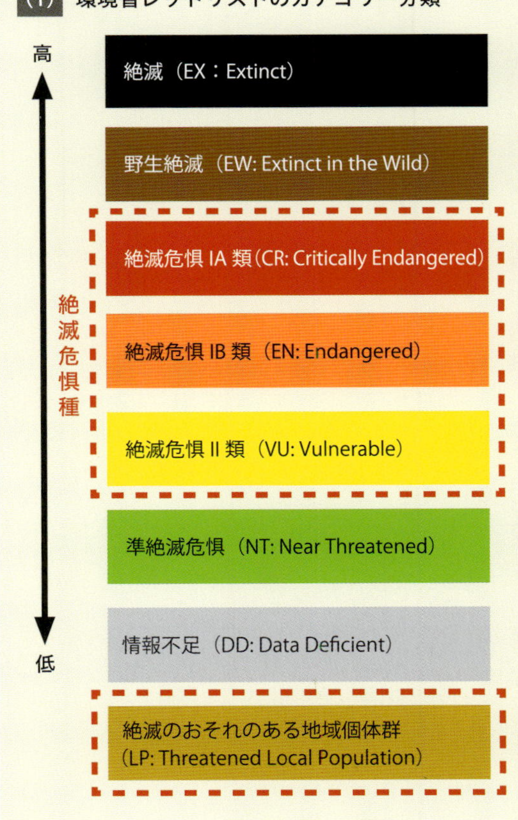

(1) 環境省レッドリストのカテゴリー分類

高 ↓ 低	カテゴリー	説明
	絶滅(EX:Extinct)	日本国において既に絶滅したと考えられる種
	野生絶滅(EW: Extinct in the Wild)	飼育下、あるいは自然分布域の明らかに外側で野生化した状態でのみ存続している種
絶滅危惧種	絶滅危惧 IA 類(CR: Critically Endangered)	ごく近い将来における野生での絶滅の危険性が極めて高い種
絶滅危惧種	絶滅危惧 IB 類(EN: Endangered)	絶滅危惧IAほどではないものの、近い将来における野生での絶滅の危険性が高い種
絶滅危惧種	絶滅危惧 II 類(VU: Vulnerable)	絶滅の危険性が増大している種
	準絶滅危惧(NT: Near Threatened)	現時点での絶滅の危険性は小さいものの、生息条件の変化によって「絶滅危惧」に移行しうる種
	情報不足(DD: Data Deficient)	評価にあたっての情報が不足している種
	絶滅のおそれのある地域個体群(LP: Threatened Local Population)	地域的に孤立している個体群で、絶滅のおそれが高い種

(2)

図6-5

レッドリストの選定は、国際的にはIUCNが定めた基準が用いられる。日本の環境省や各都道府県等の自治体は、それに準拠した基準を各自で定め、委員会を経た選定作業を行っている(1)。しかし、すべてがIUCNの選定基準やカテゴリーに基づいているとは限らない現状にある。たとえば、IUCNが設けている“Least Concern”というカテゴリーは環境省レッドリストでは採用されていなかったり、北海道が「留意種」という独自のカテゴリーを設けていたりすることなどが挙げられる。IUCNは、国・地域レベルにおいて、より客観的な評価を重視する国際基準を適用するための手法を開発し、その普及を進めている(2)。2017年12月には“IUCN Red List Assessor Training Workshop”が日本においても開催され、筆者を含む魚類・水生昆虫・植物などの研究者が参加し、IUCNによるレッドリスト選定基準、及びその基準を国・地域スケールで適用するための手法について学ぶ機会を得た。さらにこのワークショップに続き、“IUCN Freshwater Assessment Workshop”も開催され、日本産汽水・淡水魚類と水生昆虫(トンボ類)について世界版レッドリストの選定作業が行われた。今後は、このIUCNが開発した手法で、環境省レッドリストの選定作業が行われるようになることだろう。なお、「絶滅危惧種」は、「絶滅危惧Ｉ類」及び「絶滅危惧II類」に選定されている種に対して用いられ、「準絶滅危惧」や「情報不足」の種は含まない。

COLUMN

学校・研究機関以外の学びの場❶

水辺の教育活動

神奈川県立相模三川公園において、夏休み期間にあたる2017年8月19日に、水辺の生き物観察会を神奈川県立相模三川公園・関東学院大学・白梅学園短期大学で共催した。白梅学園短期大学保育科・宮崎ゼミナールは、２歳児から小学校４年生までを対象とした「さかなにふれよう、見てみよう」と題したイベントを開き、関東学院大学人間共生学部共生デザイン学科・二宮ゼミナールは小学校高学年から中学生までを対象としたイベントを開催した。

このような自然学習会における狙いはシンプルで、自身で生き物をつかまえられるようになること、次いでその生物に関心を持つようになることだ。魚類は子どもにとって人気の高い生物分類群の一つでありながら、採捕の難易度は決して低くない。どのような場所に棲んでいるのか？ どのようなつかまえ方がよいのか？ 実際に試行錯誤しながら、多少の介助は行うものの、子ども自身の力で魚類を採捕していく過程は、頭と身体を使ってさまざまな自然科学の領域を体感できる場になると考えている。

頻繁に地域の自然と触れ合う子どもは、そうでない子どもと比べて生物多様性（自然）への親近感とその保全意欲が高いという、小学生へのアンケート調査による研究結果が示されている。現在、多くの国と地域で自然体験の消失が進行している。自然体験の消失は健康や生活の質を害し、自然に対する興味や関心、保全意識を衰退させる。また、自然体験の消失には負の連鎖（悪循環）が存在し、現状のままでは社会の自然離れが今後もよりいっそう進んでいくおそれが危惧されている。地球環境問題がより深刻になっていくことが明白な将来を生きる世代にとって、現代の自然離れが加速している状況は好ましいとはいえないだろう。水辺の自然体験の機会を通して、少しでも生物多様性保全への関心を広げられればという思いでアウトリーチ活動に取り組んでいる。

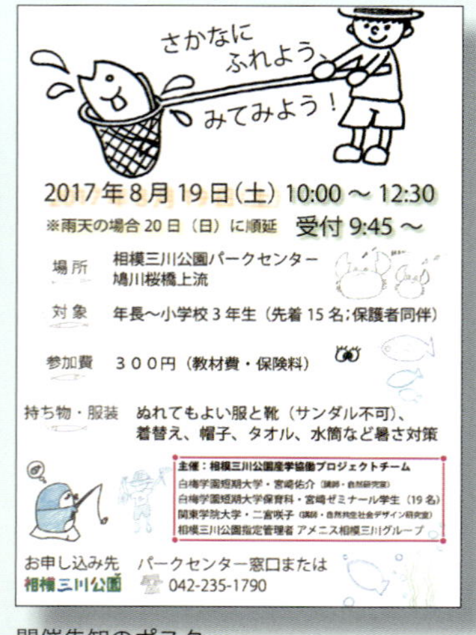

開催告知のポスター

鳩川（はとがわ）では子どもたちは思い思いに水生生物をつかまえる。屋内でじっくりつかまえた水生生物を観察する場を設けた。

COLUMN

学校・研究機関以外の学びの場❷

水辺の保全運動（かいぼり）

2013年度に東京都立神代植物公園の水生植物園、及び東京都立井の頭恩賜公園の井の頭池においてかいぼり（掻い掘り）が実施された。かいぼりは、冬場に灌漑用溜め池の水を抜き、底泥を除去し、陸地化を防ぐとともに水質の改善を図るための農作業の一環として行われてきた。現在では外来種の除去と在来種の再生も目的に追加されることも多い。特に継続的なかいぼりが実施されている井の頭池では、2016年には約60年ぶりにイノカシラフラスコモが野生復活した。

水抜き中の池

採集した小動物用の生簀（いけす）

蓄積した底泥からシードバンク栽培用に種子を取り分ける

2018年1月5～7日、東京都立農業高等学校神代農場の島池において、約70年という池の歴史の中で初めてのかいぼりが実施された。池の底泥に眠る土壌シードバンク*は60年を超えるとほとんどの種子の発芽能力が無くなる（復活可能な種の存在がほとんど見込めなくなる）ことが知られており、都心部では特に多くの池沼が絶滅のタイムリミットを迎えようとしている。島池の立地条件としては、住宅街に囲まれながらも、都立高校の土地ということで残ってきた谷津田の最奥部に位置し、湧水によって支えられている。しかし、コイ、ニジマス、アメリカザリガニやミシシッピアカミミガメなどの外来生物が導入され、あるいは侵入してきており、水生昆虫相は期待されたほどの種数が記録できなかったようだ。

今回のかいぼりによって、池の水を抜くことで正確に把握できていなかった水生生物相をより詳しく明らかにし、さらに在来の水草を復活させるためのシードバンクの栽培も行い、昔の景観をある程度復活させていくことが目標となっている。１回目のかいぼりの影響がどのように出てくるかを捉えるために、継続的な生物多様性モニタリングが必要となる。そのモニタリング結果を踏まえ、順応的に次の再生策を考案していくことが重要だ。

*
土壌シードバンク
土壌中に含まれる植物の種子（埋土種子）のこと。

このクロダハゼをはじめとする在来種を記録・保護した

※とうきゅう環境財団の助成（代表者：小作明則）を受けて実施

COLUMN

学校・研究機関以外の学びの場❸

触れて、遊んで「海を学ぶ」活動

ハマの海を想う会
●設立：2010年3月6日
●認定：横浜市港湾局みなとみどりサポーター
●URL：http://sites.google.com/site/hamaumi
●問い合わせ先e-mail：hamaumikai@yahoo.co.jp
●facebookページ：ハマの海を想う会

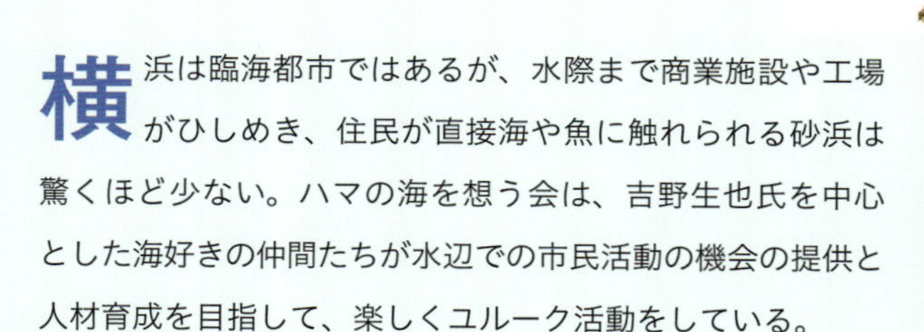

左：ヤマトカワゴカイ。右：餌のゴカイを掘ってとる参加者。

横浜は臨海都市ではあるが、水際まで商業施設や工場がひしめき、住民が直接海や魚に触れられる砂浜は驚くほど少ない。ハマの海を想う会は、吉野生也氏を中心とした海好きの仲間たちが水辺での市民活動の機会の提供と人材育成を目指して、楽しくユルーク活動をしている。

餌とりから始める釣り大会

地域の小学生たちとの「生き物観察会」や水質調査の他、子ども向けの釣り大会も開催している。ハゼやテナガエビを釣るのに、餌のゴカイを探すところから始めるのが「ハマ海」流。餌とりから始めることで、食物連鎖を体験的に学べ、魚の食性も理解しやすい。実際に水に手を浸す体験は、机上の学習より鮮明に子どもたちの記憶に刻まれ、地域の海への親しみにつながる。また「横浜市港湾局みなとみどりサポーター」としての象の鼻パーク清掃活動、船上カメラマンプロジェクトなど、都市部の海ならではの活動を通して、自分たちの住む地域と海が切り離せない存在であることを大人も子どもも一緒に遊びながら学ぶ活動をしている。

左：「ハマハゼ杯」で、とれた魚を説明。右：釣れたチチブを披露。

学校・研究機関以外の学びの場❹

知って考える「場」の提供

ヨコハマ海洋市民大学
●設立：2014年8月
●協力：東京海洋大学産学・地域連携推進機構、横浜市立大学、NPO法人ディスカバーブルー、濱橋会、ルーデンス株式会社、ハマの海を想う会
●後援：横浜市　海洋都市横浜うみ協議会
●URL：https://yokohamakaiyouniv.wixsite.com/kaiyo
●問い合わせ先e-mail：yokohama.kaiyou.univ@gmail.com

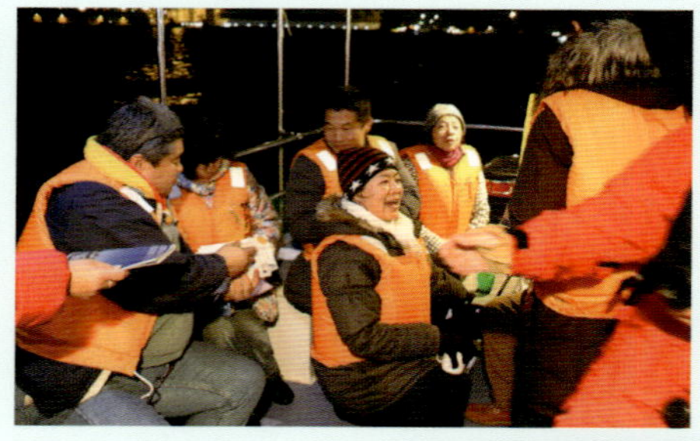

海好きの友たちが100人できる学びの「場」

ヨコハマ海洋市民大学は2014年の夏に海好きが集まり「横浜の海のためになにかを始めたい」とミーティングを繰り返す中から生まれた。

たくさんの市民に参加してもらい「それぞれの住む環境に適した環境活動を提案し、さらに周りを巻き込んで実現することの出来る人」を育成することを目的としている。そしてそんな活動をする（できる）人を「海洋教育デザイナー（海洋都市づくりのリーダー）」と呼び各年度の講座終了時には認定の名刺が手渡される。参加者は中学生からシニア（最高齢90歳！）までと、さまざまな立場の人が学んでいるが横浜の海を愛する気持ちはみな同じで熱い。

楽しく学びながら、その次の“行動”へ

堅苦しい座学だけではなく、海に親しむための体験（アクティビティ）も講座には組み込まれている。遊びや食、そして事業者や研究者とのふれあいも広く海を知るには欠かせない講座となる。さまざまな団体との連携やプラットホーム化を目指す学びの場が、新しい人材を創り出せると期待されている。

おわりに

生物多様性は減少の一途を辿り、その速度はさらに上回ると推測されています。地球上で、1種でも多くの生物と同居できた方が、人類全体のwell-being（良い状態にあること；福利）に繋がるはずです。開発と保全のバランスをうまくとるための手法を見出していくことが、今後の人類に求められているといえるでしょう。私は自身でも魚類をはじめとした生態系サービスを享受しつつ、その解決の糸口を生物の中でも特に愛している魚類を題材として探っています。

私は中学生のときからICT（Information and Communication Technology：情報通信技術）の発展を約20年にわたって体感してきました。生まれてくるのが遅ければ、もっと自身の記録を詳細に残せたのに……と思う反面、生まれてくるのが遅ければ確実に見られなかった生態系に身を置くことができた経験も持ちます。このような世代間における二律背反な現実を突きつけられる人たちを少しでも減らしていきたいものです。

一つの希望としては、ICTの興隆の勢いが未だ収まっていないことが挙げられます。今や水上や水中をドローンで駆け巡れたり、水中でも使用可能な全天球カメラによって360°の撮影ができたりと、その技術の応用が期待されます。また、言語の壁を越えられるような自動翻訳の技術の向上も目を見張るものがあります。ICTの発展によって、かつては不可能だったこと、あるいは膨大な労力や費用がかかっていたことが、より平易に、より安価に実現可能になります。誰もが容易に精度の高い生物多様性情報を取得・共有できる流れは、今後いっそう加速することでしょう。

水中は人類にとってほとんど未知の領域であるとともに、持続可能な開発と保全が急務の場でもあります。本書が知的好奇心を満たすだけでなく、知見を共有するための参照となるのであれば、著者としてこれ以上の喜びはありません。ICTの発展によって、内容が古いものとなってしまう可能性もあります。

そうしたら、また筆を改めるためにも、私も皆さんに追い越されて過去の人にならぬよう、引き続き研鑽していく所存です。

本書は、福井 歩さんによる希求力の高い綺麗な写真、オーム社の矢野さんの強い忍耐力と推進力、そして無茶な要求に応えてくださったヨコジマデザインさんのタッグ無くして、出版に漕ぎ着けることはあり得ませんでした。また、鹿野 雄一博士、中島 淳博士、村瀬 敦宣博士には本書の内容に関する大変有益なコメントを頂戴し、さかなクンからは帯の絵とコメントを、かわさきしゅんいちさんやISSCYさんにはイラストを快くお引き受けいただきました。取材・撮影協力、写真提供、及びコラムに登場する方々のご厚意を賜りました。さらに、本書の内容は、私の調査研究の履歴が反映されており、これまでに受けてきた文部科学省科学研究費補助金（たとえば、Nos. 25・11038, 26292181 & 16K16225）などの研究助成や、その他のここには書き切れないほどの多くの方々の直接的・間接的なご支援なしにも成立しませんでした。このような機会に私を導いてくださった、すべてのみなさんに深く感謝の意を表します。誠に有り難うございました。

2018年6月
宮崎佑介

引用・参考文献

- 明田 勝章・淀 太我・甲斐 嘉晃・吉岡 基（2012）若狭湾西部海域におけるメバル複合種群の食性比較．水産増殖，60: 207-214
- Dahl, E.（1956）Salinity boundaries in poikilohaline waters. Oikos, 7: 1-21
- Davison, A., S. Chiba, N. H. Barton & B. Clarke（2005）Speciation and gene flow between snails of opposite chirality. PLoS Biology, 3: e282
- Dingerkus, G. & L. D. Uhler（1977）Enzyme clearing of alcian blue stained whole small vertebrates for demonstration of cartilage. Stain Technology, 52: 229-232
- Helfman, G. S., B. B. Collette, D. E. Facey & B. W. Bowen（2009）The Diversity of Fishes: Biology, Evolution, and Ecology, Second Edition. John Wiley and Sons, New York
- 檜山 義夫（1964）魚拓．東京大学出版会，東京
- 細谷 和海（編・監修）（2015）山渓ハンディ図鑑 日本の淡水魚．山と渓谷社，東京
- 鹿野 雄一・中島 淳（2014）小・中型淡水魚における非殺傷的かつ簡易な魚体撮影法．魚類学雑誌，61: 123-125
- 鹿野 雄一・高田（遠藤）未来美・山下 奉海・田中 亘・小山 彰彦・菅野 一輝（2017）奄美琉球におけるフナの生息状況と体色多型．魚類学雑誌，64: 95-105
- 川那部 浩哉・水野 信彦・細谷 和海（編・監修）（2001）山渓カラー名鑑 改訂版 日本の淡水魚．山と渓谷社，東京
- 木村 清志（監修）（2010）新魚類解剖図鑑．緑書房，東京
- 岸本 浩和・鈴木 伸洋・赤川 泉（2006）魚類学実験テキスト．東海大学出版会，秦野
- 児玉 洋（監修）（2012）魚病学．緑書房，東京
- 国立科学博物館・海洋研究開発機構・NHK・NHKプロモーション・読売新聞社（編）（2017）特別展 深海2017～最深研究でせまる"生命"と"地球"～．NHK・NHKプロモーション・読売新聞社，東京
- Lalli, C. M. & T. R. Parsons（2005）生物海洋学入門 第2版．關 文威（監訳）・長沼 毅（訳）：Biological Cceanography An Introduction, Second Edition. 講談社，東京
- Matsuura, K.（1997）Fish collection building in Japan, with comments on major Japanese ichthyologists. In: T. W. Pietsch & W. D. Anderson, Jr.（eds）, Collection Building in Ichthyology and Herpetology. pp. 171-182. American Society of Ichthyology and Herpetology, Kansas
- 松浦 啓一（編）（2014）標本学 第二版 自然史標本の収集と管理．東海大学出版会，秦野
- 松沢 陽士（2012）川魚の飼育と採集を楽しむための本．学研教育出版，東京
- McDowall, R. M.（1988）Diadromy in Fishes: Migrations between Freshwater and Marine Environments. Croom Helm, London
- Mitsch, W. J. & J. G. Gosselink（2000）Wetlands, Third Edition. John Wiley and Sons, New York
- 宮下 直・西廣 淳（編）（2014）保全生態学の挑戦 空間と時間のとらえ方．東京大学出版会，東京
- 宮崎 佑介（2018）日本型の市民科学が抱える課題:乳幼児からの幅広い世代の市民と科学との関連性．保全生態学研究，23: 167-176
- Miyazaki, Y. & A. Terui（2017）Difference in habitat use between the two related goby species of *Gymnogobius opperiens* and *Gymnogobius urotaenia*: a case study in the Shubuto River System, Hokkaido, Japan. Ichthyological Research, 63: 317-323
- 本村 浩之（編）（2009）魚類標本の作製と管理マニュアル．鹿児島大学総合研究博物館，鹿児島
- 本村 浩之（2020）日本産魚類全種目録 これまでに記録された日本産魚類全種の現在の標準和名と学名．鹿児島大学総合研究博物館，鹿児島
- Murase, A.（2009）A new species of the blenniid fish, *Laiphognathus longispinis*（Perciformes: Blenniidae）, from southern Japan and Taiwan. Ichthyological Research, 54: 287-296
- 武藤 文人・渋川 浩一（2015）市販香辛料クローブ*Syzygium aromaticum*を用いた魚類の簡易麻酔．2015年度日本魚類学会年会講演要旨: 90
- 中坊 徹次（編）（2014）日本産魚類検索 全種の同定 第三版．東海大学出版会，秦野
- 中坊 徹次（編・監修）（2018）小学館の図鑑Z 日本魚類館～精緻な写真と詳しい解説～．小学館，東京
- 中江 雅典・千葉 悟・大橋 慎平（2015）生物多様性条約および名古屋議定書の魚類学分野への影響～知らなかったでは済まされないABS問題～．魚類学雑誌，62: 84-90
- 中村 守純（1969）日本のコイ科魚類．資源科学研究所，東京
- 中村 智幸・尾田 紀夫（2003）栃木県那珂川水系の農業水路における遡上魚類の季節変化．魚類学雑誌，50: 25-33
- Nelson, J. S., T. C. Grande & M. V. H. Wilson（2016）Fishes of The World, Fifth Edition. John Wiley & Sons, Hoboken
- 日本魚類学会（編）（1981）日本産魚名大辞典．三省堂，東京
- 日本魚類学会（2005）生物多様性の保全をめざした魚類の放流ガイドライン(放流ガイドライン，2005）．魚類学雑誌，81-82
- 日本水産学会水産増殖懇話会（編）（2005）遊漁問題を問う．恒星社厚生閣，東京
- 岡村 収・尼岡 邦夫（編・監修）（1997）山渓カラー名鑑 日本の海水魚．山と渓谷社，東京
- 沖山 宗雄（編）（2014）日本産稚魚図鑑 第二版．東海大学出版会，秦野
- 大阪市立自然史博物館（編）（2007）標本の作り方 自然を記録に残そう．東海大学出版会，秦野
- Reece, J. B., L. A. Urry, M. L. Cain, S. A. Wasserman, P. V. Minorsky & R. B. Jackson（2013）キャンベル生物学 原書9版．池内 昌彦・伊藤 元己・箸本 春樹（監訳）：Campbell Biology, 9th edition. 丸善出版，東京
- 佐々木 宏展・大西 亘・大澤 剛士（2016）"市民科学"が持つ意義を多様な視点から再考する．保全生態学研究，21: 243-248
- 瀬能 宏（1998）魚学史―日本の魚を研究した人たち．自然科学のとびら，4: 10-11
- 瀬能 宏（2002）標準和名の安定化に向けて．In: 青木 淳一・奥谷 喬司・松浦 啓一（編），虫の名、貝の名、魚の名 和名にまつわる話題．pp. 192-225. 東海大学出版会，東京
- 瀬能 宏・松沢 陽士（2008）日本の外来魚ガイド．文一総合出版，東京
- 小学館（編）（1994）日本大百科全書 Encyclopedia Nipponica 2001. 小学館，東京
- 須田 孫七（2009）あらたに見つかった「東京メダカ」「杉並メダカ」と井の頭自然文化園．どうぶつと動物園，(674)：26-29
- 武田 正倫（総監修）（2017）学研の図鑑LIVE 深海生物．学研プラス，東京
- 竹花 佑介・北川 忠生（2010）メダカ:人為的な放流による遺伝的攪乱．魚類学雑誌，57: 76-79
- Taylor, W. R.（1967）An enzyme method of clearing and staining small vertebrates. Proceedings of the United States National Museum, 122: 1-17
- 冨澤 輝樹・木島 隆・二見 邦彦・高橋 清孝・岡本 信明（2015）ミトコンドリアDNA および核DNA の解析による魚取沼テツギョの起源．魚類学雑誌，62: 51-57
- 筒井 学・萩原 清司・相馬 正人・樋口 幸男（監修）（2005）小学館の図鑑NEO 飼育と観察．小学館，東京
- 上原 伸二・清水 誠（1999）東京湾におけるイシガレイの成熟とそれに伴う肥満度，摂餌強度等の変化．日本水産学会誌，65: 209-215
- Vannote, R. L., G. W. Minshall, K. W. Cummins, J. R. Sedell & C. E. Cushing（1980）The river continuum concept. Canadian Journal of Fisheries and Aquatic Sciences, 37: 130-137
- Wentworth, C. K.（1922）A scale of grade and class terms for clastic sediments. The Journal of Geology, 30: 377-392
- 矢部 衛・桑村 哲生・都木 靖彰（編）（2017）魚類学．恒星社厚生閣，東京
- 米田 道夫・依田 真里（2006）キダイの生殖生態．水産総合研究センター研究報告別冊，4: 125-129

参照ホームページ

- California Academy of Science "Catalog of Fishes"：https://www.calacademy.org/scientists/projects/catalog-of-fishes
- FishBase: http://www.fishbase.org/search.php
- 魚類写真資料データベース：https://www.kahaku.go.jp/research/db/zoology/photoDB/
- 海上保安庁：http://www.kaiho.mlit.go.jp/
- 環境省：https://www.env.go.jp/
- 日本魚類学会：http://www.fish-isj.jp/
- 水産庁「遊漁の部屋」：http://www.jfa.maff.go.jp/j/enoki/yugyo/

はじめての魚類学 索引

魚種

その他

【著者紹介】

宮崎佑介（みやざき ゆうすけ）
東京大学大学院農学生命科学研究科博士課程修了。博士（農学）。
日本学術振興会特別研究員PD（受入機関：神奈川県立生命の星・地球博物館）、
白梅学園短期大学講師、同准教授を経て、近畿大学農学部環境管理学科准教授。
生物多様性の解明と生物多様性保全の普及啓発に取り組む。
著書に『保全生態学の挑戦 空間と時間のとらえ方』（共著，東京大学出版会）、『朱太川水系の魚類【第二版】』（単著，後志地域生物多様性協議会）、『小学館の図鑑Z 日本魚類館～精緻な写真と詳しい解説～』（共著，小学館）がある。
奈良県ふぐ処理師第2150号
大阪府ふぐ処理登録者第65449号

福井 歩（ふくい あゆみ）
桑沢デザイン研究所リビングデザイン研究科写真専攻卒業。
WALK PHOTO ATELIER［Freelance Photographer］普段の広告写真撮影以外に、
ライフワークとして東京湾の魚類を中心とした水棲生物を多数撮影している。
広告写真［WALK PHOTO ATELIER］ホームページ：https://www.walkphoto.net
水槽写真［福井 あゆみ］facebookページ：https://www.facebook.com/ayumi.fukui.photo
〈株式会社アフロ〉独占販売契約カメラマン
〈環境大臣登録人材認定事業〉環境教育インストラクター

WALK PHOTO

福井 あゆみ

はじめての魚類学

2018年7月24日　第1版第1刷発行
2025年7月10日　第1版第6刷発行

著　者　宮崎佑介
写　真　福井　歩
発行者　髙田光明
発行所　株式会社 オーム社
郵便番号　101-8460
東京都千代田区神田錦町3-1
電 話　03(3233)0641（代表）
URL　https://www.ohmsha.co.jp/

組版　ヨコジマデザイン　印刷・製本　TOPPANクロレ
ISBN978-4-274-50696-3　Printed in Japan